V. Sonnleitner, J. Rojacher

BASICS Biologie

Dipl.-Biol. Veronika Sonnleitner
StR z. A. Jürgen Rojacher (B/C)
Fachliche Unterstützung:
Frau PD Dr. med. Tina Buchholz
(Fachärztin für Humangenetik,
Fachärztin für Gynäkologie und Geburtshilfe)

BASICS
Biologie

ELSEVIER
URBAN & FISCHER

URBAN & FISCHER München

Zuschriften und Kritik bitte an:
Elsevier GmbH, Urban & Fischer Verlag, Lektorat Medizinstudium, Karlstraße 45, 80333 München, E-Mail: medizinstudium@elsevier.de

Wichtiger Hinweis für den Benutzer
Die Erkenntnisse in der Medizin unterliegen laufendem Wandel durch Forschung und klinische Erfahrungen. Die Autoren dieses Werkes haben große Sorgfalt darauf verwendet, dass die in diesem Werk gemachten therapeutischen Angaben (insbesondere hinsichtlich Indikation, Dosierung und unerwünschter Wirkung) dem derzeitigen Wissensstand entsprechen. Das entbindet den Nutzer dieses Werkes aber nicht von der Verpflichtung, anhand der Beipackzettel zu verschreibender Präparate zu überprüfen, ob die dort gemachten Angaben von denen in diesem Buch abweichen, und seine Verordnung in eigener Verantwortung zu treffen.

Bibliografische Information der Deutschen Nationalbibliothek
Die Deutsche Nationalbibliothek verzeichnet diese Publikation in der Deutschen Nationalbibliografie; detaillierte bibliografische Daten sind im Internet unter http://dnb.ddb.de abrufbar.

1. Auflage 2009

Der Urban & Fischer Verlag ist ein Imprint der Elsevier GmbH.

09 10 11 12 13 5 4 3 2 1

Programmleitung: Dr. med. Dorothea Hennessen
Planung und Lektorat: Christina Nussbaum, Dipl.-Biol. Veronika Sonnleitner
Redaktion: Dipl.-Biol. Isabella de la Rosée
Herstellung: Elisabeth Märtz, Rainald Schwarz
Zeichnungen: Stefan Dangl, Isabell Dützmann, Stefan Elsberger
Satz: Kösel, Krugzell
Druck und Bindung: MKT-Print d. d., Ljubljana
Covergestaltung: Spieszdesign, Büro für Gestaltung, Neu-Ulm
Bildquelle: © DigitalVision/GettyImages
Gedruckt auf 100 g Eurobulk 1,1 f. Vol.

Printed in Slovenia
ISBN 978-3-437-42396-3

Vorwort

„Der Beginn aller Wissenschaften ist das Erstaunen, dass die Dinge sind, wie sie sind."

Aristoteles
(griechischer Philosoph, 384–322 v. Chr.)

Liebe Studentinnen und Studenten,

die Biologie ist die wissenschaftliche Lehre der belebten Natur. Sie erforscht durch vielfältige Methoden die Lebenserscheinungen in all deren Formen und Gesetzmäßigkeiten.
Auch Sie als angehende Mediziner werden zu Beginn Ihres Studiums in diesem Fach unterrichtet, an einem Praktikum teilnehmen und Klausuren bestehen müssen, bis Sie schließlich im Ersten Abschnitt der ärztlichen Prüfung Biologie-Fragen kreuzen. Dieses BASICS soll Ihnen als Begleitlektüre zur Vorlesung und Prüfungsvorbereitung dienen. In den ersten drei Großkapiteln stehen die medizinisch relevanten Disziplinen Zellbiologie, Genetik, Mikrobiologie und Ökologie im Vordergrund. Das Einzigartige dieses Werkes ist der umfassende Praktikumsteil im vierten Großkapitel, der den repräsentativen Querschnitt der wichtigsten Versuche aus dem Biologiepraktikum für Mediziner darstellt.

Ohne unnötige Ausschweifungen konzentrieren wir uns auf das Wissen, das Sie wirklich brauchen, auf jeder Doppelseite wird ein Thema abgehandelt – typisch BASICS!
Darüber hinaus bietet dieses Buch weitere Vorteile:

- Die Klinikkästen stellen sofort den klinischen Bezug des Themas her und enthalten zugleich das nach dem aktuellen Gegenstandskatalog geprüfte Wissen.
- Die Zusammenfassungskästen heben die wichtigsten Inhalte der vorangegangenen Doppelseite(n) hervor.
- Die zahlreichen Farbabbildungen und Tabellen fördern das Verständnis und erleichtern Ihnen das Lernen.
- Das umfangreiche Glossar im Anhang listet die verwendeten Fachbegriffe mit zugehörigen Definitionen auf.

Wir hoffen, dass sich nach dem Durcharbeiten so manches Kapitels dann auch bei Ihnen das „aristotelische Erstaunen" einstellt und Sie dank der Biologie erkennen, warum manche Dinge in der Medizin so sind, wie sie sind.
Viel Erfolg mit dem BASICS Biologie!

München, im Frühjahr 2009
Veronika Sonnleitner und Jürgen Rojacher

Danksagung

Unser besonderer Dank gilt Frau *PD Dr. med. Tina Buchholz*. Sie stand uns mit ihrem fachkundigen Rat und viel Geduld stets zur Seite und unterstützte uns insbesondere bei der Erstellung der Klinikkästen. Für die fachliche Durchsicht und die konstruktiven Anregungen bedanken wir uns herzlich bei ihr wie auch bei ihrer Kollegin Frau *Dr. rer. nat. Sonja Weiß* und Herrn *Professor Dr. rer. nat. Benedikt Grothe* für seine Beratung zu den Texten zur „Abstammungsgeschichte der Vertebraten" und zur „Vergleichenden Anatomie der Vertebraten". Wir danken allen Studenten, die uns freundlicherweise ihre Praktikumsskripte aus ganz Deutschland zugeschickt und uns so bei der Auswahl der Versuche für den Praktikumsteil tatkräftig unterstützt haben. Ebenfalls möchten wir uns herzlich bei Frau *Dipl.-Biol. Isabella de la Rosée* bedanken, die die redaktionelle Bearbeitung der Texte übernahm.

Inhalt

Wissen im Klinikkasten von A – Z

Die folgende Tabelle soll Ihnen bei der Selbstkontrolle helfen. Was haben Sie gelernt, welches klinische Wissen fehlt noch? Auch wenn Sie Fragen zur Biologie vor einer Prüfung kreuzen und zu einem bestimmten Thema noch mehr wissen möchten, dann schlagen Sie auf den angegebenen Seiten nach. Dabei haben wir uns bemüht, mehrere Schlagwörter eines Klinikkastens aufzulisten, so dass Sie über jeden Suchweg zum Ziel finden.

Viel Glück bei Ihren Biologie-Prüfungen!

Abkürzungsverzeichnis

A.	*Aspergillus*
ADP	Adenosindiphosphat
AIDS	Acquired immune deficiency syndrome
AMH	Anti-Müller-Hormon
ASGPR	Asialoglykoproteinrezeptoren
ATP	Adenosintriphosphat
B.	*Borrelia*
bp	Basenpaare
BSE	bovine spongiforme Enzephalopathie
C.	*Candida, Clostridium, Cryptococcus*
ca.	circa
cAMP	zyklisches Adenosinmonophosphat
CdK	zyklinabhängige Kinasen (Cyclin-dependent kinases)
CF	Zystische Fibrose
cGMP	zyklisches Guanosinmonophosphat
CGN	cis-Golgi-Netzwerk
cM	Centimorgan
cm	Zentimeter
CoA	Coenzym A
D.	*Dermatophagoides*
DAG	Diacylglycerol
DDT	Dichlordiphenyltrichlorethan
d. h.	das heißt
DMD	Muskeldystrophie Typ Duchenne
DNA	Desoxyribonukleinsäure
E.	*Escherichia, Epidermophyton, Euglena*
EBS	Epidermolysis bullosa simplex
ER	endoplasmatisches Retikulum
etc.	et cetera
evtl.	eventuell
FISH	Fluoreszenz-in-situ-Hybridisierung
FSME	Frühsommermeningoenzephalitis
GABA	γ-Aminobuttersäure
GDP	Guanosindiphosphat
GFAP	Glial fibrillar acidic protein
GTP	Guanosintriphosphat
H.	*Histoplasma*
h	Stunde(n)
Hfr	High frequency of recombination
HIV	humanes Immundefizienzvirus
hnRNA	Heterogeneous nuclear RNA
i. d. R.	in der Regel
IP_3	Inositoltriphosphat
IQ	Intelligenzquotient
ISCN	International Standard of Chromosomal Nomenclature
ISH	In-situ-Hybridisierung
KBA	Kiemenbogenarterien
kb	Kilobasenpaare
kD	Kilodalton
lac	Laktose
LDL	Low-density-Lipoprotein
LSD	Lysergsäurediethylamid
M.	*Microsporum*
m	Meter
M6P	Mannose-6-Phosphat
max.	maximal
mb	Megabasenpaare
MIF	Mullerian inhibiting factor
mind.	mindestens
Mio.	Million(en)
MPF	M-Phase-Förderfaktor
mRNA	Messenger-RNA
mtDNA	mitochondriale DNA
MTOC	Mikrotubuli-Organisationszentrum
NADH	reduziertes Nicotinamidadenindinukleotid
nm	Nanometer
NOR	Nukleolus-Organisator-Regionen
o. g.	oben genannt
ori	Origin
OTC	Ornithintranscarbamylase
P.	*Paramecium, Plasmodium*
PAR	pseudoautosomale Region
PCR	Polymerase-Kettenreaktion
PKU	Phenylketonurie
PNS	peripheres Nervensystem
rER	raues endoplasmatisches Retikulum
RFLP	Restriktionsfragment-Längenpolymorphismus
RNA/RNS	Ribonukleinsäure
Rh/rh	Rhesus
rRNA	ribosomale RNA
S	Svedberg (Sedimentationskoeffizient)
s. a.	siehe auch
sER	glattes endoplasmatisches Retikulum
snRNA	Small nuclear RNA
snRNP	Small nuclear ribonucleoproteins
sog.	sogenannt/-e
spp.	Spezies, Arten (aufgeführte Namen werden für die gesamte Gattung verwendet)
SR	sarkoplasmatisches Retikulum
SRP	Signalerkennungspartikel (Signal recognition particle)
SRY	Sex-determining region of Y
s. S.	siehe Seite
SSB-Proteine	Einzelstrangbindungsproteine
s. u.	siehe unten

T.	*Taenia, Trichophyton, Trichosporon, Trypanosoma*
TDF	Testis-determining factor
TGN	trans-Golgi-Netzwerk
tRNA	Transfer-RNA
u. a.	unter anderem
UE	Untereinheit
u. g.	unten genannt
u. U.	unter Umständen
UV	Ultraviolett
v. a.	vor allem
vgl.	vergleiche
Xist	X-inaktivierungsspezifisches Transkript
XX	Geschlechtschromosomen bei der Frau
XY	Geschlechtschromosomen beim Mann
z.B.	zum Beispiel
ZNS	zentrales Nervensystem
z. T.	zum Teil

Die Zelle

Zellteilung und Zelltod

A Zellbiologie

Zellbegriff und zelluläre Strukturelemente

Zellbegriff und Zelltypen

Eine Zelle ist die kleinste strukturelle Einheit eines Lebewesens, die sich selbst erhalten und reproduzieren kann. Sie besitzt einen eigenen Stoffwechsel und ist ein offenes biologisches System, da sie im ständigen Stoff-, Energie- und Informationsaustausch mit ihrer Umwelt steht.
Die Organisationsstufe der Zellen eines Organismus erlaubt zwei Unterteilungen: Ein **Prokaryot** ist ein Einzeller und besteht aus einer **Prokaryozyte (Prozyte)** ohne Nukleus (Zellkern). Eukaryoten sind Organismen, die aus einer oder mehreren **Eukaryozyten (Euzyten)** aufgebaut sind, welche einen echten, von einer Doppelmembran umschlossenen Nukleus besitzen. Synonym zu den Begriffen Prokaryot und Eukaryot werden in der Literatur **Prokaryont** und **Eukaryont** verwendet.
Prokaryoten sind insgesamt einfacher aufgebaut als Eukaryoten (*griech.* eu = echt; karyon = Kern). Eine detaillierte Unterscheidung zwischen Prokaryoten und Eukaryoten findet sich in ▮ Tabelle 1 auf Seite 79.

Zellbestandteile – ein Überblick

Jede Zelle ist von einer **(Zyto-)Plasmamembran** umgeben. Sie dient als Barriere und ist selektiv durchlässig für bestimmte Stoffe. Der gesamte innere Bereich zwischen Plasmamembran und Nukleus wird als **Zytoplasma** bezeichnet. Es enthält die **Zellorganellen,** und hier finden zahlreiche Stoffwechselvorgänge statt. Ähnlich den Organen des menschlichen Körpers übernehmen die Organellen verschiedene Aufgaben.

Klinik: Das Volumenverhältnis zwischen Nukleus und Zytoplasma wird als Kern-Plasma-Relation bezeichnet. Es liegt normalerweise zwischen 1:7 und 1:10. In Tumorzellen ist dieses Verhältnis häufig zum Nachteil des Zytoplasmas verändert, weil die Kerne oftmals mehrfache Chromosomensätze aufweisen. Hier kann das Volumen des Kerns steigen, welches ein wichtiges diagnostisches Kriterium in der Histologie darstellt.

Im Zellinneren grenzen Membransysteme **Kompartimente** voneinander ab, so dass verschiedene **Reaktionsräume** entstehen. So können in einer Zelle gleichzeitig unterschiedliche Stoffwechselvorgänge ablaufen.
Die Vorgänge in einer Zelle werden durch den **Nukleus** gesteuert. In ihm befindet sich die **Desoxyribonukleinsäure (DNA),** die sämtliche Erbinformationen enthält. Abschriften der DNA, in Form von **Ribonukleinsäure (RNA),** gelangen zu den **Ribosomen,** wo die Information zur Proteinbiosynthese verwendet wird. Bestimmte Ribosomen schwimmen frei im Zytoplasma, andere sitzen auf der Oberfläche des **endoplasmatischen Retikulums (ER),** einem Netzsystem aus Membranen. Dieses wird **raues ER** genannt, während das ribosomenfreie als **glattes ER** bezeichnet wird. Das ER ist der Bildungsort von Organellmembranen und deren Bausteinen. Vom ER schnüren sich Blasen ab, sog. **Vesikel,** die zu ihren Bestimmungsorten transportiert und dort eingefügt werden. Sie können z. B. Proteine enthalten und zum **Golgi-Apparat,** einem weiteren Membransystem, wandern. Hierbei handelt es sich um Stapel aus flachen, membranumgrenzten Reaktionsräumen. Die eingehenden Proteine werden hier modifiziert und in **Golgi-Vesikeln** zum Bestimmungsort transportiert. Der hierbei entstehende Membranverlust wird durch ankommende Vesikel des ER ausgeglichen.
Der Hauptteil der von der Zelle benötigten Energie wird in **Mitochondrien** gewonnen, die in fast jeder Zelle vorkommen. In diesen Organellen findet die Zellatmung statt (s. a. S. 14).
Zwei weitere von Membranen umgebene Organellen sind die **Lysosomen,** die Verdauungsenzyme enthalten, und die **Peroxisomen (Microbodies),** in denen bestimmte Stoffwechselprozesse, z. B. der Fettsäureabbau, ablaufen.
Die hohe Formstabilität einer Zelle wird durch das **Zytoskelett** gewährleistet.
Eine kurze Übersicht über die Aufgaben der einzelnen Organellen gibt ▮ Tabelle 1. Detaillierte Bau- und Funktionsbeschreibungen der o. g. zellulären Strukturelemente finden Sie auf den folgenden Seiten 4 bis 25.

Endosymbiontenhypothese

Eine Symbiose ist eine Wechselbeziehung zwischen zwei Organismen, die für beide Seiten von Vorteil ist (s. a. S. 101). Die Endosymbiontenhypothese

Struktur	Funktion
Plasmamembran	Barriere, selektiver Stoffdurchlass, Zellkommunikation
Zytoplasma	Einbettung der Organellen, Ort verschiedener Stoffwechselvorgänge
Nukleus	Steuerung aller Vorgänge in der Zelle, Speicherung der Erbinformation
Ribosom	Proteinbiosynthese
ER	Membransynthese, Versendung von Vesikeln (z. T. mit Proteinen)
Golgi-Apparat	Proteinumwandlung und -versand
Mitochondrium	Ort der Zellatmung, Energiegewinnung
Lysosom	Verdauung
Peroxisom	Stoffwechselprozesse wie z. B. der Fettsäureabbau
Zytoskelett	Stabilität der äußeren Form der Zelle

▮ Tab. 1: Funktionen der Zellorganellen.

	Prozyte	Mitochondrium	Euzyte
Plasmamembran	hoher Proteinanteil	Doppelmembran; innere ähnelt der der Prozyte, äußere der der Euzyte	geringer Proteinanteil
DNA	ringförmig	ringförmig	in Chromosomen
Nukleus	keiner	keiner	vorhanden
Vermehrung	Zweiteilung	Zweiteilung	Mitose
Ribosomen	70-S-Ribosomen	70-S-Ribosomen	80-S-Ribosomen

Tab. 2: Vergleich Prozyte, Mitochondrium und Euzyte.

besagt, dass Eukaryoten sich aus großen organellfreien Prokaryoten entwickelt haben, die durch Phagozytose (s. a. S. 17) kleinere aerobe Bakterien einschlossen und, statt sie zu verdauen, mit ihnen eine Symbiose eingingen. Diese aerob lebenden Prokaryoten betrieben zur Energiegewinnung den Stoffwechselweg der Zellatmung. Im weiteren Verlauf wurden die aufgenommenen Bakterien zu Mitochondrien, deren Aufgabe die Energiegewinnung ist.
Heutzutage gibt es keine Übergangsformen zwischen Pro- und Eukaryoten mehr, es ist deshalb unklar, ob sich der echte Nukleus vor oder nach der Symbiose herausgebildet hat.
Neben den Mitochondrien sind die Chloroplasten der pflanzlichen Zellen (Zellorganellen, in denen die Fotosynthese abläuft) vermutlich ebenfalls durch Endosymbiose entstanden.
Tabelle 2 gibt durch einen Vergleich zwischen einer Prozyte, einem Mitochondrium und einer Euzyte Aufschluss über Merkmale, auf die sich die Endosymbiontenhypothese stützt.

Zelldifferenzierung beim Menschen

Abbildung 1 zeigt das Schema einer tierischen Euzyte. Nicht in jeder Zelle des menschlichen Organismus sind alle Strukturelemente enthalten. Die einzelnen Zellen besitzen je nach Aufgabe eine unterschiedliche Differenzierung; sie können sich in ihrer äußeren Gestalt, ihrer Größe und ihren Organellen deutlich unterscheiden.

- Eine stark abweichende Zellform besitzen die **Erythrozyten.** Ihr Durchmesser beträgt 7,5 µm, und sie sind bikonkav geformt. Eine weitere Besonderheit besteht im Fehlen des Nukleus (keine Zellteilung möglich!).
- **Hepatozyten** sind mit 20–30 µm relativ groß. Sie sind organellenreich, z. T. vielkernig und **polyploid** (haben mehr als einen Chromosomensatz).
- **Muskelzellen** der **glatten Muskulatur** haben eine spindelförmige Gestalt und sind zwischen 0,05 und 0,5 mm lang. Bei der **quergestreiften Muskulatur** verschmelzen mehrere Zellen miteinander, weshalb sie mehrere Nuklei besitzen. Die Länge einer Faser kann bis zu 15 cm betragen.
- Eine besonders auffällige Gestalt besitzen **Neuronen.** Aus dem Zellkörper wachsen mehrere **Dendriten,** die baumartigen Verzweigungen gleichen, und eine lange Faser, das **Axon.** An manchen Stellen des menschlichen Körpers, z. B. bei den Nerven zur Fußsohle, kann ein Axon über einen Meter lang werden.

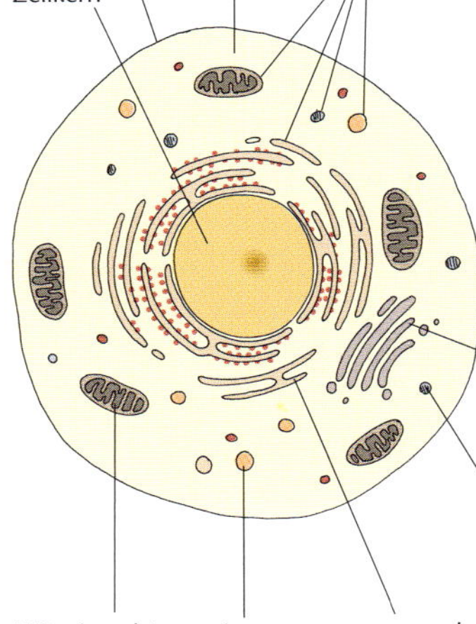

Abb. 1: Zellbau einer tierischen Euzyte. [21]

Zusammenfassung

- Es gibt zwei verschieden aufgebaute Zelltypen: die Prozyte der Prokaryoten (ohne Nukleus) und die Euzyte der Eukaryoten (mit Nukleus).
- Zellorganellen sind Strukturelemente in Zellen, die auf unterschiedliche Aufgaben spezialisiert sind.
- Die Kompartimentierung ermöglicht, dass in einer Zelle verschiedene Stoffwechselvorgänge zur gleichen Zeit ablaufen können.
- Endosymbiontenhypothese: Durch Phagozytose von aeroben Bakterien durch größere Prokaryoten entstanden Euzyten.
- Tierische Zellen sind prinzipiell gleich aufgebaut, können sich aber in Form, Größe und Anzahl/Vorhandensein der Organellen stark unterscheiden.

Plasmamembran I

Aufbau der Plasmamembran

Alle Zellen sind von einer **Plasmamembran (Zellmembran)** umgeben. Sie besteht größtenteils aus **Phospholipiden** und **Proteinen.** Die Phospholipide besitzen ein **hydrophiles** (Wasser anziehendes) und ein **hydrophobes** (Wasser abstoßendes) Ende und werden deshalb als **amphipatisch** bezeichnet. Sie bilden eine 6–10 nm dicke Doppelschicht, wobei die hydrophoben Schwänze zueinander und die hydrophilen Köpfe nach außen zeigen (▮ Abb. 1).

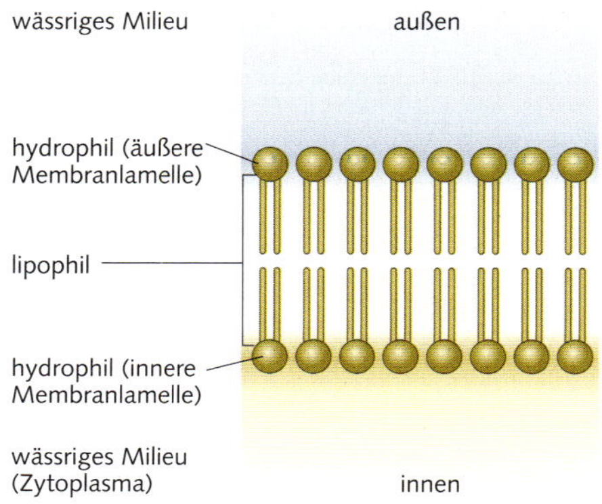

▮ Abb. 1: Schema einer Phospholipid-Doppelschicht. [21]

Die Plasmamembran umschließt das Zytoplasma und trennt es damit vom extrazellulären Raum. Sie dient als **selektive Barriere** und zum Schutz der Zelle. Zum einen ist sie eine passive Schranke, die Stoffe je nach ihrem Konzentrationsgradienten passieren lässt, zum anderen kann sie aktiv bestimmte Stoffe nach innen oder außen transportieren. Sie erhält also ein intrazelluläres Milieu aufrecht, das sich vom umgebenden Medium unterscheidet.
Prinzipiell sind alle Plasmamembranen nach dem gleichen Konzept aufgebaut. In die Phospholipid-Doppelschicht sind Transmembranproteine eingelagert, die beispielsweise Transport- oder Rezeptorfunktionen besitzen. Betrachtet man die Membran, entsteht der Eindruck eines Mosaiks. Weil sie kein starres Gebilde darstellt, sondern die Doppelschicht aus Phospholipiden flüssig ist, spricht man von einem **Flüssig-Mosaik-Modell** (*engl.* Fluid-mosaic-model, ▮ Abb. 2).

Um die richtige Fluidität der Plasmamembran bei unterschiedlichen Temperaturen zu gewährleisten, sind **Cholesterinmoleküle** in die Membran eingelagert. Bei niedrigen Temperaturen erhöht das Cholesterin die Membranfluidität, bei hohen Temperaturen senkt es diese. In eukaryotischen Zellen kann der Anteil von Cholesterin in der Plasmamembran relativ hoch sein, z. B. bis zu 30% bei Erythrozyten.
Ebenfalls in die Plasmamembran integriert sind **Glykolipide.** Sie bestehen aus hydrophoben Fettsäuren und hydrophilen Zuckerketten. Glykolipide sind nur in die äußere Membranschicht eingelagert, und ihre Zuckerketten ragen in den extrazellulären Raum. Zusammen mit den Zuckerstrukturen der **Glykoproteine** (s. u.) bilden sie die **Glykokalix.** Die Lipide und Proteine der Plasmamembran werden im ER gebildet und im Golgi-Apparat modifiziert (s. S. 10 ff.).

Epithelzellen, z. B. im Darm, besitzen häufig Membranausstülpungen, um ihre Oberfläche zu vergrößern und somit die Resorption zu verbessern. Diese sog. **Mikrovilli** werden durch Aktinfilamente des Zytoskeletts gestützt und bedecken als **Bürstensaum** die Zelloberfläche (s. S. 22 f.).

Glykokalix

Die Glykokalix ist eine Schicht, die sich aus den **Polysacchariden** der Glykolipide und der Glykoproteine zusammensetzt und die Außenseite der Membran überzieht (▮ Abb. 2). Die Vielfalt der Kombinationsmöglichkeiten der Zuckerreste ist art- und zellspezifisch und dient bei der Immunabwehr als Erkennungsmerkmal. Der Körper hat so die Möglichkeit, körperfremde Zellen von den eigenen zu unterscheiden, da die Bestandteile der Glykokalix als **Antigene** wirken. Mole-

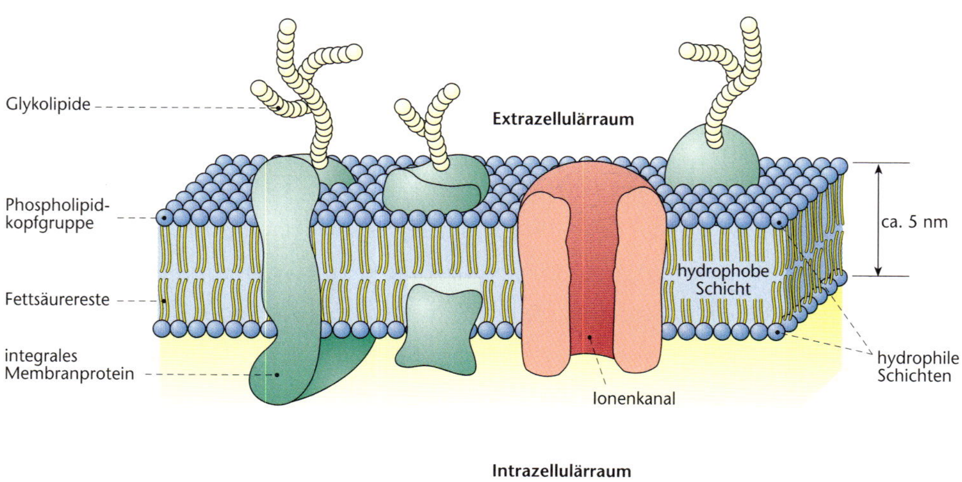

▮ Abb. 2: Struktur der Plasmamembran einer Tierzelle. [18]

küle der Glykokalix können aber auch Rezeptorfunktionen besitzen, die hormonspezifisch sind (s. S. 26 f.).

Klinik:
- Bekanntestes Beispiel für die Zellerkennung aufgrund der Glykokalix sind die Blutgruppenantigene.
- Tumorzellen können eine veränderte Struktur der Glykokalix besitzen und so vom Immunsystem erkannt werden.
- Wenn körperfremde Antigene (z. B. von Blütenpollen) an die Rezeptoren der Mastzellen binden, schütten die Zellen Substanzen – v. a. Histamin – aus, was für allergische Reaktionen verantwortlich ist.

Membranproteine

Ein Großteil der Aufgaben einer Membran wird von den integrierten Proteinen bewältigt. Der Proteingehalt der Plasmamembran beträgt ca. 50% der Gesamtmasse, wobei Proteinmoleküle deutlich größer sind als die Phospholipide und auch aus der Membran herausragen können (▮ Abb. 2). Membranproteine werden in zwei Gruppen unterteilt:

- **Periphere Proteine** lagern sich an die innere oder äußere Membranseite an, häufig an andere Membranproteine.
- **Integrale Proteine** besitzen einen hydrophoben Bereich, mit dem sie in die Membran eingelagert sind. Der hydrophile Teil reicht in den intra- oder extrazellulären Raum. Ein **Transmembranprotein** durchdringt die Membran, wobei ein Ende in den intra- und das andere in den extrazellulären Raum ragt.

Membranproteine besitzen eine Vielzahl von Funktionen, wobei ein Protein auch mehr als eine Aufgabe bewerkstelligen kann.

- **Transportproteine** können aktiv oder passiv selektiv Moleküle oder Ionen in die Zelle hinein- bzw. aus ihr herauslassen (s. S. 6 f.).
- **Enzyme:** Membranproteine können eine Enzymaktivität besitzen. Das aktive Zentrum ist für Substratmoleküle in der benachbarten wässrigen Lösung zugänglich. Häufig bilden mehrere benachbarte Proteine einen Multienzymkomplex, der Stoffwechselvorgänge katalysiert.
- **Rezeptorproteine** haben häufig auf der Membranaußenseite Bindungsstellen für Hormone oder andere chemische Botenstoffe (s. S. 26 f.).
- **Zellerkennung:** Zuckerketten der Glykoproteine sind Bestandteile der Glykokalix, die bei der Zellerkennung eine Rolle spielt (s. S. 7, „Kontaktinhibition").
- **Anheftung:** Membranproteine können durch Elemente des Zytoskeletts an einem Ort fixiert werden. Proteine können aber auch an extrazelluläre Elemente angeheftet werden (s. S. 23).
- **Zellverbindung:** Membranproteine verschiedener Zellen können miteinander verknüpft sein (s. S. 7, „Zelladhäsionsmoleküle").
- **Zellkommunikation:** Bei der Zellkommunikation spielen viele verschiedene Proteine eine Rolle (s. S. 26 f.)

Klinik: Spezifische Rezeptoren steuern komplexe Zellvorgänge:
- Bei Entzündungsreaktionen werden Leukozyten durch bestimmt Rezeptorproteine, sog. Selektine, aktiviert.
- Asialoglykoproteinrezeptoren (ASGPR) sind Proteine in der Leberzellmembran. Sie sind am Abbau von Antigen-Antikörper-Komplexen beteiligt, indem sie diese erkennen und binden. Im Anschluss werden so markierte Zellen in Vesikel verpackt und der Endozytose zugeführt. ASGPR-Antikörper sind Autoantikörper, die man meist im Rahmen der Abklärung einer Lebererkrankung im Blut bestimmt. Sie sind ein Hinweis auf das Vorliegen einer autoimmunen Hepatitis.

▮ Tabelle 1 fasst die Bestandteile einer Plasmamembran und deren Funktionen noch einmal zusammen.

Bestandteile	Struktur und Funktion
Phospholipide	Doppelschicht, wobei hydrophile Köpfe nach außen und hydrophobe Schwänze zueinander zeigen; bildet die Hülle, in die weitere Bestandteile eingebettet sind
Cholesterin	verantwortlich für die Stabilisierung der Membranfluidität
Proteine	teilweise durch die Membran reichend oder in sie eingelassen; sind verantwortlich für spezifische Funktionen einer Membran
Glykolipide	bestehen aus Fettsäuren und Zuckerketten, wobei Letztere mit den Zuckermolekülen der Glykoproteine die Glykokalix bilden

▮ Tab. 1: Übersicht über Bestandteile der Plasmamembran.

Zusammenfassung

- Die Plasmamembran besteht aus einer Phospholipid-Doppelschicht, in die Membranproteine (z. B. Enzyme, Rezeptoren etc.), Cholesterin und Glykolipide eingelagert sind.
- Cholesterin dient zur Stabilisierung der Membranfluidität.
- Glykolipide sitzen Membranproteinen auf und ragen in den extrazellulären Raum. Gemeinsam mit den Glykoproteinen bilden sie die Glykokalix.
- Die Strukturen der Glykokalix sind für Zellerkennung und Immunabwehr mitverantwortlich.

Plasmamembran II

Stofftransport

Um alle Lebensvorgänge aufrechtzuerhalten, müssen Stoffe in die Zelle hinein- und aus ihr heraustransportiert werden. Aufgrund des beschriebenen Aufbaus der Plasmamembran aus einer Phospholipid-Doppelschicht, deren innerer Bereich aus hydrophoben Fettsäureresten besteht, können geladene und somit hydrophile Teilchen, wie beispielsweise Ionen, die Membran nicht ohne Weiteres passieren. Daher gibt es neben den **passiven** Transportmechanismen **Diffusion** und **Osmose** auch **aktive** Transportmechanismen.

Passiver Transport

- **Diffusion:** Hydrophobe Moleküle, z. B. Steroidhormone, oder kleine ungeladene Teilchen wie CO_2 bzw. Wassermoleküle können die Membran passieren und diffundieren entlang dem Konzentrationsgradienten in die Zelle oder aus ihr heraus.
- **Osmose:** So wird die Diffusion von Lösungsmittel durch eine semipermeable Membran bezeichnet. Wasser ist das Lösungsmittel im intra- und extrazellulären Raum. Es strömt immer in die Richtung der höheren Stoffkonzentration. Sind zu viele Stoffe im Zellinneren gelöst, diffundiert Wasser in die Zelle und kann diese zum Platzen bringen.
- **Erleichterte Diffusion:** Abbildung 3a zeigt, wie polare Moleküle, z. B. Ionen, mit Hilfe kanalbildender Transportproteine durch die Membran diffundieren können. Dieser Vorgang wird auch **gerichteter Transport** genannt. Manche Transportproteine öffnen sich nur unter bestimmten Voraussetzungen wie einem elektrischen Impuls oder einem chemischen Signal (s. S. 26 f.).

Aktiver Transport

Im Gegensatz zum passiven Transport können Stoffe unter Energieverbrauch entgegen ihrem Konzentrationsgefälle transportiert werden. Da Ionen eine Ladung besitzen, spielt zusätzlich ihre Verteilung beiderseits der Membran eine Rolle (Tab. 2). Sind Anionen und Kationen ungleichmäßig verteilt, entsteht eine Spannung, das **Membranpotential.** Aus Membranpotential und Ionenkonzentration ergibt sich der **elektrochemische Gradient,** entlang dem die Ionen diffundieren. Das notwendige Milieu im Zellinneren wird durch sog. Ionenpumpen aufrechterhalten.

- Die **Natrium-Kalium-Pumpe** (Abb. 3b) transportiert in einem Zyklus drei Natrium-Kationen aus dem Zellinneren heraus und nimmt zwei Kalium-Kationen aus dem extrazellulären Raum auf. Die Energie hiefür stammt aus der Hydrolyse eines ATP-Moleküls.
- Beim **Kotransport** ist der Transport zweier gelöster Stoffe aneinander gekoppelt:
  - Beim **Antiport** werden die Stoffe in entgegengesetzte Richtungen transportiert (Abb. 3c).
  - Beim **Symport** passieren beide Stoffe die Membran in die gleiche Richtung (Abb. 3d).

Ionenkonzentration	[Na^+]	[K^+]	[Cl^-]	[A^-]
Zytoplasma	15 mmol/l	150 mmol/l	10 mmol/l	100 mmol/l
extrazelluläres Milieu	150 mmol/l	5 mmol/l	120 mmol/l	-

Tab. 2: Verteilung der Ionen, die an der Entstehung des Membranpotentials beteiligt sind, im intra- und extrazellulären Raum einer Säugetierzelle. [Na^+] Natriumionen; [K^+] Kaliumionen; [Cl^-] Chloridionen; [A^-] weitere Anionen. [nach 8]

Klinik: Bei Menschen mit Mukoviszidose, auch zystische Fibrose (CF) genannt, liegt eine genetisch bedingte Veränderung an einem Membrantransportprotein für Chloridionen vor. Chloridionen werden normalerweise ständig aus den Zellen gepumpt. Aufgrund des osmotischen Drucks folgen den Ionen Wassermoleküle in das Gewebe. Sind die Kanäle defekt, sinkt der Wassergehalt der Körpersekrete, und sie werden zähflüssig. Hiervon sind besonders die Bronchien betroffen, in denen sich zähflüssige Sekrete sammeln.

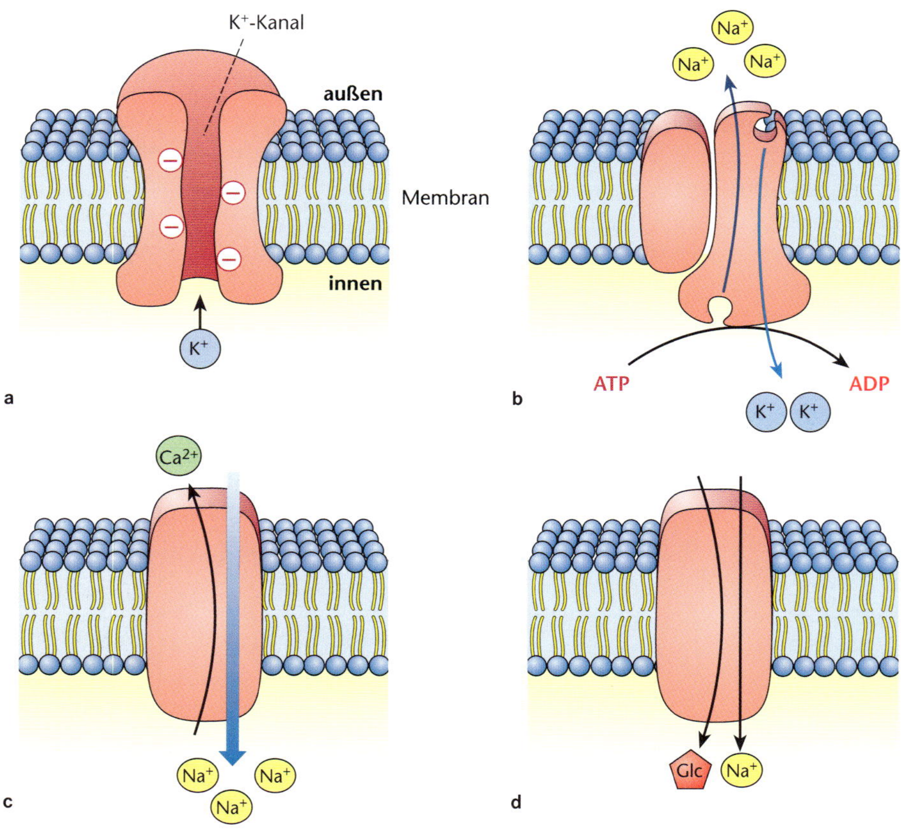

Abb. 3: a) Passiver Transport mittels eines Transportproteins; aktiver Transport: b) Na^+/K^+-Pumpe, c) Ca^{2+}-Na^+-Antiport, d) Na^+-Glukose-Symport. [18]

Klinik: Die Antibiotika Gramicidin A und D sowie die Substanz Valinomycin lagern sich in die Bakterienmembran ein und bilden einen Ionenkanal für Kaliumionen. Hierdurch strömen diese aus der Zelle und der elektrochemische Gradient an der Plasmamembran wird gestört, was zum Zelltod führt.

Zell-Zell-Kontakte

Zwischen benachbarten Zellen vielzelliger Organismen bilden sich Zell-Zell-Kontakte aus, die je nach Gewebetyp unterschiedlicher Gestalt und Funktion sein können. Mit Hilfe der Glykokalix sind die Zellen mechanisch miteinander verbunden. Die Zuckerketten beanspruchen einen gewissen Raum, weshalb sich zwischen den Zellen ein intrazellulärer Spalt befindet.

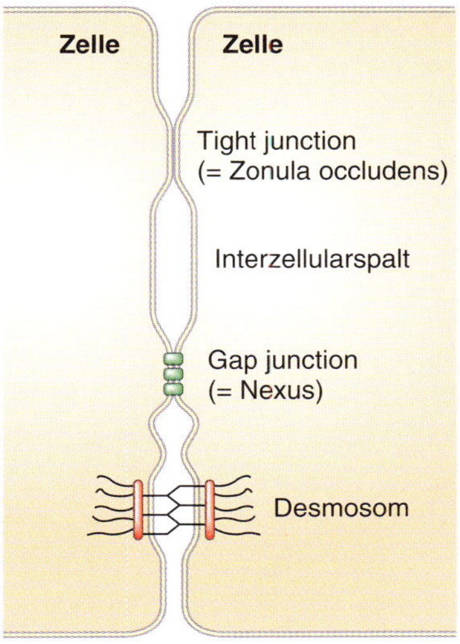

Abb. 4: Zell-Zell-Kontakte einer tierischen Zelle. [7]

- Die **Zonula adhaerens** ist ein gürtelförmiger Zellkontakt zur mechanischen Stabilisation. Hier sind Transmembranproteine, die Zelladhäsionsmoleküle zweier Zellen, miteinander verknüpft. Auf der Innenseite sind diese Proteine mit den Aktinfilamenten des Zytoskeletts verbunden (s. S. 23, Abb. 6 a).
- **Desmosomen (Haftplatten, Macula adhaerens)** stellen Zellkontakte zwischen mechanisch stark beanspruchten Zellen dar; sie können mit Nieten verglichen werden. Der intrazelluläre Spalt ist hier erweitert. Der Zellkontakt entsteht durch die Verknüpfung der Transmembranproteine zweier Zellen. Ähnlich wie bei der Zonula adhaerens sind die Desmosomen mit dem Zytoskelett verbunden, wobei es sich hier um Keratine, eine große Klasse der Intermediärfilamente, handelt (s. S. 24 f.).
- **Hemidesmosomen** sind keine echten Zell-Zell-Kontakte. Sie bestehen nur aus halben Desmosomen und verbinden die Zellen mit Strukturen der extrazellulären Matrix (z. B. Epithelzellen mit dem Bindegewebe).

Klinik: Beim Pemphigus vulgaris kommt es zu einer erbsen- bis pflaumengroßen Blasenbildung auf der sonst intakten Schleimhaut (v. a. Mund). Dabei richten sich Antikörper gegen Desmoglein 3 als Teil der Desmosomen (Autoimmunreaktion). Hierdurch kommt es zu einer Auflösung der Zellhaftung im Epithel, was zu einer schubhaften Blasenbildung mit Fieber und schwerem Krankheitsgefühl führt.

- Epithelzellen (z. B. im Darm oder Gehirn) sind durch **Verschlusskontakte,** die **Tight junctions (Zonulae occludentes)** miteinander verbunden. Die Membranen benachbarter Zellen treten hier direkt in Kontakt, und der intrazelluläre Spalt wird verschlossen. Die so entstehende Abdichtung verhindert, dass extrazelluläre Flüssigkeiten eine Epithelzellschicht durchdringen können. Beispielsweise wird so der Darminhalt von der Körperflüssigkeit getrennt.
- **Kommunikationskontakte,** die **Gap junctions (Nexus),** bilden Zytoplasmakanäle zwischen Zellen aus. Sie werden von Tunnelproteinen (hauptsächlich Connexin) gebildet und ermöglichen eine Kommunikation zwischen den Zellen. Durch die röhrenförmigen Poren können kleine Ionen, Zucker und Aminosäuren hindurchtreten.

Herzmuskelzellen sind sehr stark durch Gap junctions verbunden. Bei jedem Herzschlag breitet sich die Erregung vom Sinusknoten über das Herz aus, was zur synchronisierten Kontraktion des Herzens führt.

Eine Übersicht über die einzelnen Zell-Zell-Kontakte gibt Abbildung 4.

Glykoproteine haben Signalwirkung auf benachbarte Zellen. An den Oberflächeneigenschaften erkennen sich gleichartige Zellen, wodurch es zur **Kontaktinhibiton** kommt, d. h., die Zellbewegung und möglicherweise auch die Zellteilung werden gehemmt.

Klinik: Bei Tumorzellen kann die Kontaktinhibition verloren gehen, was u. a. zu unkontrollierter Vermehrung führt.

Zusammenfassung

- Der Stoffaustausch kann durch passiven Transport wie Diffusion, Osmose und erleichterte Diffusion oder durch aktiven Transport (z. B. Natrium-Kalium-Pumpe) stattfinden.
- Die Zonula adhaerens und Desmosomen dienen als Stabilisatoren zwischen Zellen.
- Hemidesmosomen verbinden Zellen mit Strukturen der extrazellulären Matrix.
- Tight junctions dichten Epithelschichten ab.
- Gap junctions bilden Plasmabrücken und dienen der Zellkommunikation.

Zytoplasma und Nukleus

Zytoplasma

Der Inhalt der Zelle ohne den Nukleus wird als **Zytoplasma** bezeichnet. Es besteht aus dem **Zytosol** (Grundplasma), den darin eingebetteten **Organellen** und dem **Zytoskelett.** Im Zytosol sind viele Proteine, Ionen und Stoffwechselprodukte gelöst. Je nach Proteingehalt, der in den einzelnen Zellregionen schwankt, ist es flüssig bis zähflüssig. Es ist der Ort zahlreicher Stoffwechselvorgänge, wie z. B. der **Glykolyse** (Abbau von Glukose zu Pyruvat) oder der Synthese von Aminosäuren, Monosacchariden, Nukleotiden, Fettsäuren und Triglyzeriden (Energiespeicherung). Überschüssige Glukose im Blut wird hauptsächlich im Zytosol der Hepatozyten zu Glykogen umgewandelt und gespeichert. Bei Bedarf werden die gespeicherten Kohlenhydrate wieder freigesetzt.

Klinik:
- Bei den autosomal-rezessiv vererbten Glykogenspeicherkrankheiten kann Glykogen nicht korrekt auf- oder vollständig abgebaut werden. Neben einer Hypoglykämie und Hepatomegalie können u. a. eine Leberinsuffizienz, später Nierenvergrößerung und Infantilismus auftreten. Je nach Enzymdefekt gibt es verschiedene Typen der Erkrankung.
- Aufgrund von Adipositas, Eiweißmangel, Diabetes mellitus oder chronischem Alkoholismus kann eine Fettleber entstehen. Sie ist das Resultat eines gestörten Fettsäureabbaus, einer gesteigerten körpereigenen Fettbildung oder einer Störung des Fettabtransports. Bei mindestens 50% der Hepatozyten tritt dann eine übermäßige Fettablagerung in Tröpfchenform auf.

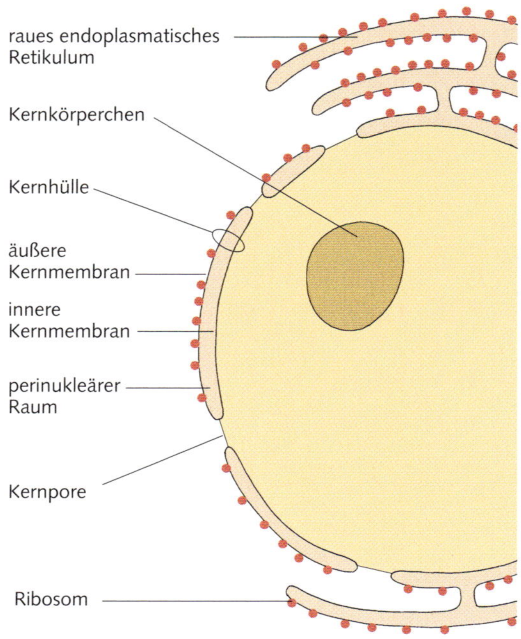

Abb. 1: Bau des Nukleus. [21]

Nukleus (Zellkern)

Der **Nukleus** ist der Träger der biologischen Erbinformation. In eukaryotischen Zellen besitzt er einen Durchmesser von ca. 5 μm und ist vom Zytoplasma durch eine **Kernhülle** getrennt. Das Innere des Nukleus wird als **Karyoplasma** bezeichnet, welches aus der Erbsubstanz **(Chromatin** bzw. **Chromosomen)** und dem **Nukleolus** (Kernkörperchen) besteht. In den meisten eukaryotischen Zellen befindet sich ein Nukleus. Erythrozyten besitzen keinen, Skelettmuskelzellen hingegen können viele Nuklei **(polykaryotisch)** besitzen.

Kernhülle

Die Kernhülle besteht aus einer Doppelmembran, die das Karyoplasma vom Zytoplasma trennt. So können Vorgänge wie die **Replikation** (s. S. 38 f.) oder die **Transkription** (s. S. 40 ff.) getrennt von zytoplasmatischen Prozessen wie z. B. der **Translation** (s. S. 44 f.) ablaufen. Die äußere Kernmembran wird vom ER gebildet. Sie steht mit seiner Membran in Verbindung und kann mit Ribosomen besetzt sein. Zwischen äußerer und innerer Kernmembran liegt ein Zwischenraum, der als **perinukleärer Raum** bezeichnet wird. Wie in Abbildung 1 ersichtlich ist, hat dieser eine direkte Verbindung zum Lumen des ER.

An der inneren Membran haftet ein Proteingeflecht aus Intermediärfilamenten, die **Kernlamina,** welches für die Stabilität der Kernhülle sorgt (s. S. 25). An bestimmten Stellen der Kernhülle verschmelzen innere und äußere Membran und bilden **Kernporen,** die einen Durchmesser von 30–100 nm besitzen. Diese Porenkomplexe bestehen aus ca. 50 Proteinen und werden beidseitig von je acht globulären (kugelförmigen) Proteineinheiten fixiert. Im Inneren der Kernporen befindet sich ein kleiner Transportkanal, der bei Bedarf erweitert werden kann.

Kerntransport

Am Kern herrscht reger Verkehr: Sämtliche Proteine, die im Kerninneren benötigt werden, kommen aus dem Zytoplasma und werden hineintransportiert, während die im Nukleus gebildete RNA und ribosomale Untereinheiten heraustransportiert werden. Neben diesen Molekülen können weitere Stoffe mittels verschiedener Transportmechanismen in den Kern hinein- und aus ihm herausgeschleust werden.

- **Kleine Moleküle** können durch die Membranen der Kernhülle oder die Kanäle der Kernporen diffundieren.
- **Größere Moleküle** können langsam durch die erweiterten Kanäle der Kernporen dringen. Makromoleküle, die nicht durch die Kernporen passen, können auch durch aktiven Transport in das Innere gelangen.
- Wieder andere Proteine gelangen über die Verbindung zwischen dem Nukleus und dem Lumen des ER in das Kerninnere.

Haben Proteine einen bestimmten Zielort im Nukleus, sind sie mit einer **Kernerkennungssequenz** aus Aminosäuren versehen. Sie werden aktiv durch die Kernporen in das Innere transportiert. Proteine können an verschiedenen Aufgaben im Nukleus, wie z. B. der Verdoppelung oder der Reparatur der DNA, beteiligt sein.

Erbsubstanz

Die Erbsubstanz in eukaryotischen Zellen liegt in Form von **Chromatin** vor, bei dem die DNA mit Proteinen, den **Histonen,** assoziiert ist. Während eines Großteils des Zellzyklus liegt das Chromatin locker, ohne definierte Form, im Nukleus vor. Betrachtet man einen angefärbten Nukleus unter dem Lichtmikroskop, so erkennt man neben dem Kernkörperchen unterschiedliche Bereiche in der Kernsubstanz: das einheitliche **Euchromatin** und das stärker gefärbte **Heterochromatin.** Das genreiche Euchromatin liegt entspiralisiert vor, da hier die Transkription abläuft (s. S. 40 ff.). Man vermutet, dass sich im Heterochromatin keine Gene befinden. Dementsprechend findet keine Transkription statt, und es ist wesentlich dichter gepackt.

Histone sind Proteine, die einen hohen Anteil an den positiv geladenen Aminosäuren Lysin und Arginin besitzen, wodurch eine feste Bindung zur negativ geladenen DNA entsteht. Bei den meisten Eukaryoten werden fünf Histontypen unterschieden: H1, H2A, H2B, H3 und H4. Durch die Verknüpfung der DNA mit den Histonen entsteht eine „perlenschnurartige" Kette, die ca. 11 nm dicke **Chromatinfibrille.** Eine „Perle" wird als **Nukleosom** bezeichnet. Es besteht aus einem Proteinkern, einem Oktamer aus je zwei Einheiten H2A, H2B, H3 und H4, und dem zweimal darum gewundenen DNA-Strang, welcher von außen durch den Histontyp H1 fixiert wird.

Bei der Vorbereitung zur **Mitose** (s. S. 28 f.) kondensiert das Chromatin zu einer festgelegten Zahl von kurzen, dicken **Chromosomen** (beim Menschen 46 Stück). Hierbei spiralisieren sich Chromatinfibrillen zu Chromatinfasern, die einen Hohlzylinder von ca. 30 nm Durchmesser bilden. Diese Fasern bilden Schleifen, die sog. **Domänen,** die an weiteren Proteinen fixiert sind. Die Domänen sind wiederum ineinandergefaltet und verknäuelt, so dass ein Chromosom entsteht (▌Abb. 2). Auf diese Weise wird der Packungsgrad der DNA um das 10 000-fache erhöht.

Nukleolus

Der Nukleolus ist eine kugelförmige, deutlich erkennbare Struktur in einem sich nicht teilenden Nukleus. Er enthält die Gene, die die Synthese ribosomaler RNA (rRNA) kodieren. Die rRNA bindet an Proteine und bildet die Untereinheiten der Ribosomen. Diese verlassen den Kern durch die Kernporen und lagern sich erst im Zytoplasma zum fertigen Ribosom zusammen (s. S. 10).

Der Nukleolus entsteht im Anschluss an die Mitose an den Nukleolus-Organisator-Regionen (NOR), die als Satelliten an den Chromosomen sichtbar werden (s. S. 57). Abhängig vom Zelltyp können auch mehrere Nukleoli auftreten.

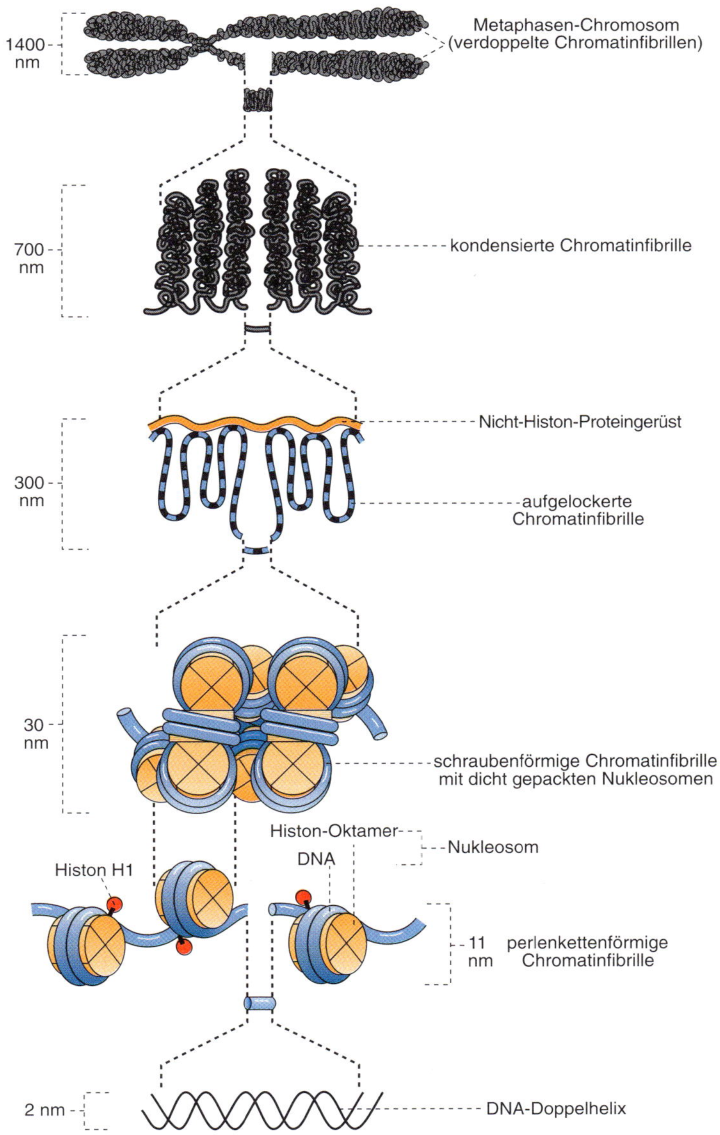

▌Abb. 2: Ebenen der Chromatinstruktur. [41]

Zusammenfassung

- ✖ Der Raum zwischen Membran und Nukleus wird Zytoplasma genannt. Er beinhaltet das Zytosol, die Organellen und das Zytoskelett.
- ✖ Die Kernhülle ist eine Doppelmembran und wird von innen durch die Kernlamina stabilisiert.
- ✖ Die Kernhülle ist von Kernporen durchzogen, welche spezielle Transportkanäle bilden.
- ✖ Die Erbsubstanz liegt in Form des Chromatins vor, das aus DNA und Proteinen besteht.
- ✖ Der Nukleolus ist eine Struktur im Kern, die für die rRNA-Synthese verantwortlich ist.

Organellen der Proteinbiosynthese I

Ribosomen

Ribosomen sind Zellorganellen, die an der **Proteinbiosynthese** beteiligt sind. Aus dem Nukleus wird die Erbinformation in Form von Messenger-RNA (mRNA) zu den Ribosomen im Zytoplasma transportiert. Der Prozess der Translation beschreibt die Übersetzung des mRNA-Codes in einen Aminosäurecode an den Ribosomen. Aus den Aminosäuren wird ein Polypeptid gebildet (s. S. 44 f.).

Aufbau

Es handelt sich um eiförmige Zellorganellen von ca. 25 nm Durchmesser. Sie bestehen aus ribosomaler RNA (rRNA) und Proteinen, weshalb sie auch **Ribonukleoproteine** genannt werden. Ribosomen setzen sich aus einer **großen** und einer **kleinen Untereinheit (UE)** zusammen, die nur während der Translation assoziiert vorliegen. Bei Eukaryoten werden die Untereinheiten im Nukleus zusammengebaut. Während die rRNA durch Transkription im Kern gebildet wird (s. S. 40 ff.), müssen die im Zytoplasma gefertigten Proteine in den Nukleus transportiert werden. Die fertigen Untereinheiten werden durch die Kernporen in das Zytoplasma entlassen.
Die Ribosomen von Prokaryoten und Eukaryoten sind sich in Bau und Funktion ähnlich, unterscheiden sich aber in ihrem Sedimentationskoeffizient in der Ultrazentrifuge. Dieser wird in der Einheit Svedberg (S) angegeben. Da neben der Molekülmasse auch die Gestalt bei der Sedimentation eine Rolle spielt, können die Sedimentationskoeffizienten nicht einfach addiert werden. Die Ribosomen von Eukaryoten werden 80-S-Ribosomen genannt, sie bestehen aus einer kleinen 40-S-UE und einer großen 60-S-UE. Die Ribosomen in den Mitochondrien ähneln denen der Prokaryoten und stimmen in den Sedimentationskoeffizienten mit ihnen überein; ihre Ribosomen werden als 70-S-Ribosomen bezeichnet (kleine 30-S-UE, große 50-S-UE).

Funktion

Ribosomen können **frei im Zytoplasma** oder **an den Nukleus** bzw. **das endoplasmatische Retikulum gebunden** vorliegen (raues ER). Je nach Aufenthaltsort bilden sie unterschiedliche Proteine:

- Freie Ribosomen synthetisieren hauptsächlich Proteine, die gelöst im Zytosol vorliegen oder mit der Innenseite der Plasmamembran assoziieren. Sie bilden auch Enzyme, die in Peroxisomen oder Mitochondrien zum Einsatz kommen.
- Die Ribosomen des rauen ER stellen vorwiegend Glykoproteine der Plasmamembran sowie lysosomale und sekretorische Proteine her.

Klinik: α_1-Antitrypsin ist ein Glykoprotein im menschlichen Serum, das als wichtigster Proteaseinhibitor auf Trypsin und Chymotrypsin wirkt. Das Laurell-Eriksson-Syndrom ist ein autosomal-rezessiv vererbter Mangel dieses sog. Antienzyms, dessen Aufgabe die Regulierung der Leukozytenelastase ist. Bei Patienten greift diese verstärkt elastisches Gewebe an. Homozygote erkranken z. T. an einer frühkindlichen progressiven Hepatitis, die zur Leberzirrhose führen kann. Bei Erwachsenen entsteht häufig eine chronisch-obstruktive pulmonale Erkrankung, die zum Cor pulmonale (*lat.* für „Lungenherz") führt. Heterozygote weisen zwar einen Mangel an α_1-Antitrypsin von bis zu 50% auf, zeigen aber keine klinischen Symptome.

Endoplasmatisches Retikulum

Das endoplasmatische Retikulum (ER) ist ein umfangreiches **Membransystem,** das bei eukaryotischen Zellen über die Hälfte der gesamten Membranmenge ausmachen kann. Der Name setzt sich aus endoplasmatisch (im Inneren des Zytoplasmas) und reticulum (*lat.* für „Netz") zusammen. Es ist ein Schlauchsystem aus Röhren und Säcken, die sich zu **Zisternen** erweitern können. Das Innere, das ER-Lumen, bildet einen **Reaktionsraum** (s. u.). Es beteiligt sich am Stofftransport, ist Bildungsort von Organellmembranen und deren Bausteinen und dient als Membrandepot.
Das ER steht mit den anderen inneren Membransystemen wie z. B. der Kernhülle, dem Golgi-Apparat oder den Lysosomen in Verbindung. Diese Verbindung kann unmittelbar, wie im Fall der äußeren Kernmembran (▮ Abb. 1), oder über Vesikel erfolgen. Das ER wird in zwei Bereiche mit unterschiedlichen Funktionen unterteilt (s. u.).

Bau und Funktion: raues ER (rER)

Das rER spielt bei der Herstellung **nichtzytosolischer Proteine** eine wichtige Rolle. Auf der zytoplasmatischen Seite der Membran sind in gleichmäßigen Abständen Ribosomen angeheftet. In Zellen, die Proteine sezernieren, ist es sehr stark ausgeprägt, wie z. B. in den Zellen der Langerhans-Inseln des Pankreas, die Insulin produzieren. Neben den

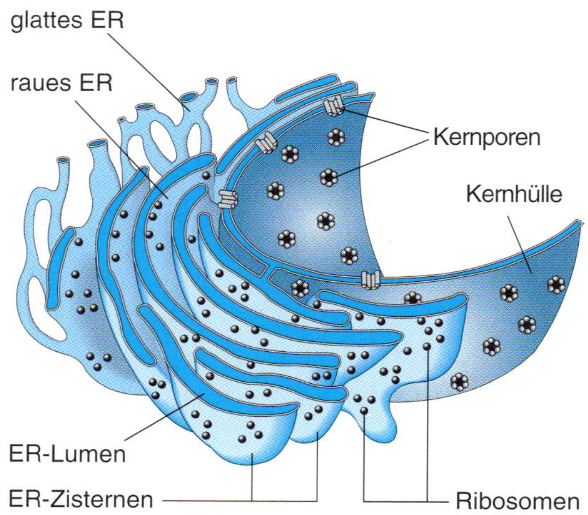

▮ Abb. 1: Aufbau des ER. [nach 9]

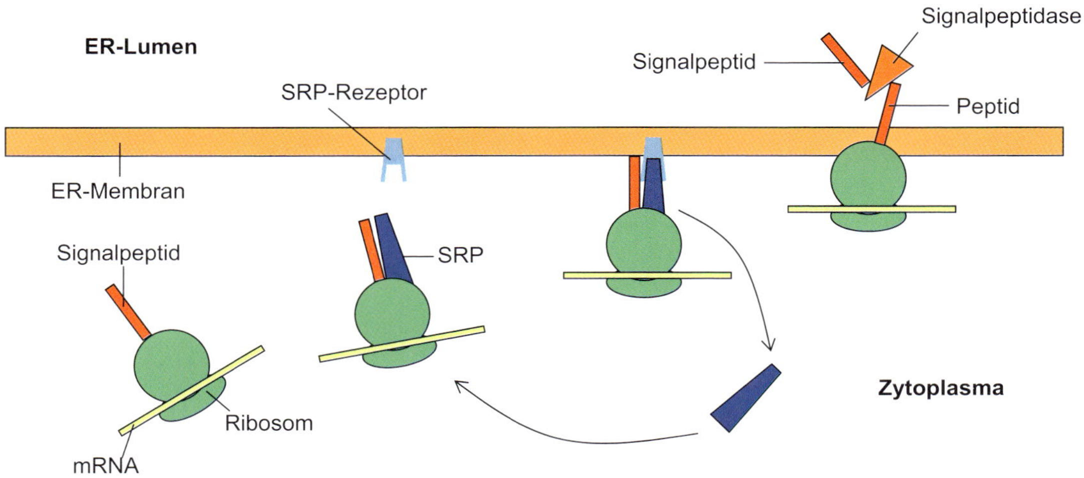

Abb. 2: Proteinsynthese am rER. [nach 40]

sekretorischen werden vom rER **lysosomale Proteine** sowie **Membranproteine** synthetisiert.
Freie Ribosomen werden im Zytoplasma mit mRNA beladen (s. S. 44) und wandern zum rER, wo die mRNA translatiert wird. Die mRNA besitzt eine ca. 15–30 Aminosäuren lange Basensequenz, die für ein **Signalpeptid** am N-terminalen Ende des wachsenden Proteins kodiert. Dieses wird zuerst translatiert. Sobald das Peptid aus dem Ribosom herausragt, wird es von einem **Signalerkennungspartikel** (= SRP, *engl.* Signal recognition particle) erkannt und gebunden. Der Komplex aus SRP und Signalpeptid bindet über ein Rezeptormolekül an die ER-Membran, den **SRP-Rezeptor.** Das wachsende Protein wird über einen Kanal, den **Proteintranslokator,** direkt in das ER-Lumen geschickt. Am Ende der Proteinsynthese trennt eine Signalpeptidase die Signalsequenz ab, und der Komplex dissoziiert (Abb. 2).
Im ER-Lumen **faltet** sich das Protein und wird durch die Ausbildung von **Disulfidbrücken** stabilisiert. Bestimmte Mechanismen verfolgen diese Prozesse und sichern die korrekte Faltung. Treten Fehler auf, wird das Protein repariert. Die meisten rER-Proteine werden zusätzlich **glykosyliert,** d. h. mit **Oligosacchariden** (= kurze Kohlenhydratketten) versehen. Die Proteine gelangen über Transportvesikel an ihren Bestimmungsort oder zur weiteren Modifikation zum Golgi-Apparat (s. S. 12 f.).

Bau und Funktion: glattes ER (sER)

Das rER geht direkt in das ribosomenfreie sER (Smooth ER, *engl.* für „glattes ER") über (Abb. 1). Im Folgenden sind die Funktionen des sER kurz aufgelistet:

- **Synthese von Steroidhormonen:** In den Hoden bzw. Eierstöcken sowie in den Nebennieren werden Steroidhormone wie Testosteron, Östrogene oder Aldosteron gebildet. In den Zellen dieser Organe ist das sER umfangreich ausgebildet.
- **Synthese von Phospholipiden:** Synthese und Einbau von Phospholipiden in die Membran führen zu Membranwachstum, so dass beispielsweise Transportvesikel abgeschnürt werden können.
- **Ionenspeicherung:** In das Lumen des **sarkoplasmatischen Retikulums (SR),** das sER der Muskelzellen, werden Ca^{2+}-Ionen aus dem Zytoplasma gepumpt, so dass ihre Konzentration im Inneren deutlich höher ist (Kalziumspeicher). Bei Erregung wird die Membran des SR für Ca^{2+}-Ionen durchlässig, und die Ca^{2+}-Konzentration im Zytoplasma steigt an, wodurch die Muskelkontraktion ausgelöst wird.
- **Abbau von Giftstoffen:** Stark oxidative Enzyme des sER, z. B. Zytochrom P 450, sorgen für die Entgiftung des Körpers von körpereigenen Metaboliten und körperfremden Substanzen wie z. B. Medikamenten. Indem sie Hydroxygruppen an die betreffenden Moleküle anheften, werden diese wasserlöslich und können so über die Nieren aus dem Körper ausgewaschen werden. Besonders in der Leber ist Zytochrom P 450 stark angereichert.
- **Beteiligung an der Glykogenolyse:** Zur Steuerung des Blutzuckerspiegels wird bei Glukosemangel in den Leberzellen Glykogen abgebaut. Hierbei entsteht letztlich Glukose-6-Phosphat, das nicht aus den Zellen in das Blut gelangen kann. Die Glukose-6-Phosphatase ist ein Enzym in der Membran des sEr, das die Phosphatgruppe abspaltet, so dass Glukosemoleküle entstehen, die in die Blutbahn gelangen können.

Klinik:
- Die Glykogenose ist eine Glykogenspeicherkrankheit. Beim Typ I ist das Enzym Glukose-6-Phosphatase defekt, Glykogen kann nur unzureichend abgebaut werden. Die Anreicherung von Glykogen in Leber und Nieren bedingt Hypoglykämie, Gicht und Kleinwuchs.
- Fehlende Zufuhr von Früchten/Gemüse führt innerhalb von vier bis sechs Monaten zu Skorbut (Vitamin-C-Hypovitaminose). Aufgrund der Mangelversorgung mit Ascorbinsäure kann die Hydroxylierung von Prolin nur unzureichend stattfinden. Zur Synthese von Kollagen ist diese jedoch sehr wichtig. Das Bindegewebe verändert sich krankhaft, es kommt u. a. zu Blutungen der Haut, des Zahnfleischs, der Muskulatur und in der Bauchhöhle sowie Zahnlockerung und -ausfall. Hinzukommend leiden Patienten an Mattigkeit, Schwäche und Gliederschmerzen.

Organellen der Proteinbiosynthese II

Golgi-Apparat

Aufbau

Bei dem Golgi-Apparat handelt es sich um Stapel von flachen, scheibenförmigen, membranumgebenen Zisternen, an deren Rändern sich Vesikel abschnüren. Eine Zisterne wird als **Sacculus,** ein Zisternenstapel als **Diktyosom** bezeichnet. In einer Zelle können mehrere Diktyosomen vorliegen. Kennzeichnend ist die Polarität des Golgi-Apparats: Er besitzt eine Biegung, wobei die konvexe **cis-Seite** stets dem ER bzw. dem Nukleus zugewandt ist. Hier treffen die Transportvesikel vom ER ein. Seine konkave **trans-Seite** zeigt in Richtung der Plasmamembran, hier treten Transportvesikel aus (▮ Abb. 3). ▮ Abbildung 4 gibt einen Überblick über Bau und Lage einiger Zellorganellen.

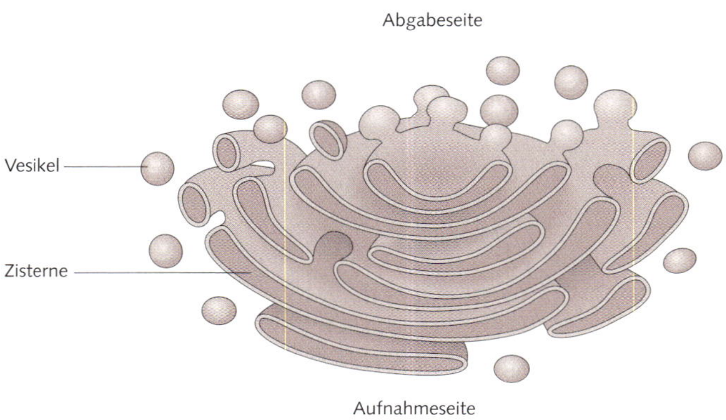

▮ Abb. 3: Golgi-Apparat. [21]

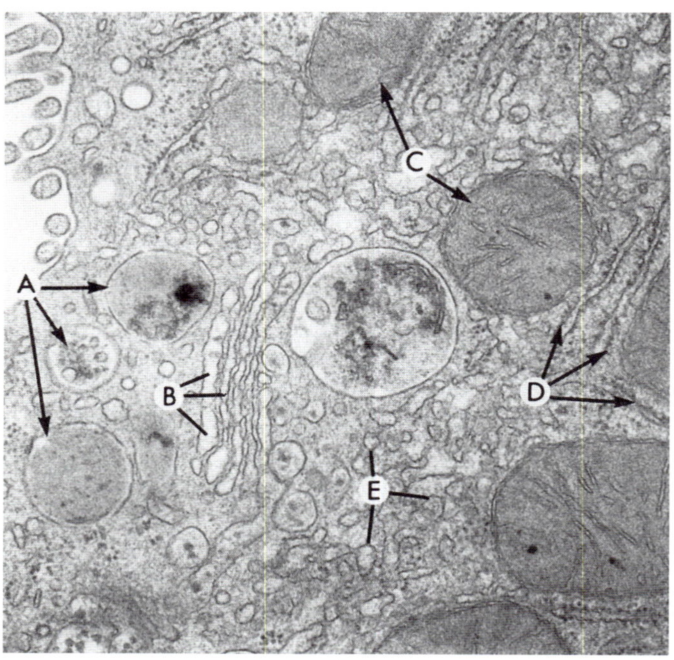

▮ Abb. 4: Zellorganellen: A = Lysosomen, B = Golgi-Apparat, C = Mitochondrien, D = rER, E = sER. [24]

Feinbau des cis-trans-Golgi-Netzwerks

Die cis-Seite besitzt eine relativ dünne Membran (ca. 6 nm), die der trans-Seite ähnelt der Zellmembran und ist etwas dicker (ca. 10 nm). **Cis- und trans-Golgi-Netzwerk (CGN bzw. TGN)** stehen über ein komplexes System von Membranen und Vesikeln miteinander in Verbindung. An der cis-Seite des Golgi-Apparats kommen die Vesikel vom rER an, verschmelzen mit ihr und entleeren ihren Inhalt in sein Inneres. Abgehende Transportvesikel verlassen den Golgi-Apparat stets an der trans-Seite.

Aufgabe und Funktion

Die wesentlichen Aufgaben des Golgi-Apparats bestehen in der **Sortierung, Modifikation** und **Speicherung** von Proteinen, Phospholipiden und Hormonvorstufen, die vom ER in Transportvesikeln ankommen. Durch chemische Veränderung werden die Vorstufen der Substanzen in ihre biologisch aktive Form überführt. Zusätzlich ist der Golgi-Apparat am Membranaustausch und an der Membranregeneration beteiligt.
Nach Ankunft der ER-Produkte am CGN entscheidet sich, ob die Proteine wieder zurück in das rER gebracht oder schrittweise modifiziert werden. Hierzu verlassen sie die Zisterne des CGN in **Übergangsvesikeln,** die sie in die nächste Zisterne transportieren. Auf diese Weise durchlaufen die Proteine das mediale Golgi-Netzwerk, bis sie das TGN erreichen (▮ Abb. 5). Dort werden sie gespeichert und in Transportvesikel abgeschnürt, die sie zu ihrem Bestimmungsort, entweder der Zellmembran oder zu anderen Organellen, bringen. Wie diese Zielsteuerung erfolgt, ist bisher nur teilweise erforscht. Eine Rolle spielen vermutlich Proteine, die eine Außenhülle auf der Vesikelmembran bilden und die Vesikel adressieren. Eine solche Proteinbeschichtung bildet beispielsweise **Clathrin,** welches eine Art Stachelsaum bildet. Diese Beschichtung führt, an der Zellmembran angekommen, zur Exozytose (s. S. 14) und somit zur Ausschüttung von Sekreten. Vesikel mit unspezifischem Transport tragen den Proteinkomplex **Coatomer,** der sich aus sieben Proteinen zusammensetzt.
Folgende Modifikationen finden im Golgi-Apparat statt:

- **Veränderung der Oligosaccharidketten:** Die Oligosaccharide der Glykoproteine des rER sind bei Ankunft am Golgi-Apparat alle gleich. Durch Abspaltung bzw. Anknüpfung von Zuckermonomeren erhält jedes Glykoprotein seine typische Kohlenhydratkomponente.
- **Fortführung der im rER begonnenen N-Glykosylierung** (s. S. 10 f.)
- **O-Glykosylierung:** Zuckerreste werden an Hydroxygruppen der Aminosäuren Serin oder Threonin von Proteinen angehängt. Sie findet nur im Golgi-Apparat statt.
- **Sulfatierung:** Sulfotransferasen verknüpfen eine Hydroxygruppe des Proteins mit einer Sulfatgruppe. Sulfatierte Proteine spielen häufig bei der Zelladhäsion eine Rolle.

- **Abspaltung von Polypeptidketten:** Bestimmte Hormone werden in ihre biologisch aktive Form überführt, indem Teile ihrer Polypeptidketten abgespalten werden. Beispielsweise gelangt Proinsulin vom rER zum Golgi-Apparat, wo eine interne Sequenz, das C-Peptid, entfernt wird und Insulin entsteht.
- **Acylierung:** An die Proteine werden Fettsäuren angeheftet. Bei Proteinen kann dies eine Verlagerung aus dem Zytoplasma an die Membran zur Folge haben.
- **Lysosomenbildung:** Lysosomen sind Membranvesikel, die der intrazellulären Verdauung mittels hydrolysierender Enzyme (v. a. Hydrolasen) dienen (s. a. S. 18 f.). Die Hydrolasen erhalten im CGN ein Mannose-6-Phosphat-(M6P-)Signal. Im TGN befinden sich M6P-Rezeptoren, welche die Hydrolasen in Vesikel verpacken.
- **Synthese von Makromolekülen:** Neben den o. g. Aufgaben werden im Golgi-Apparat auch Makromoleküle wie Polysaccharide oder Glykolipide synthetisiert. Ein Beispiel hierfür ist das Polysaccharid Hyaluronsäure, das dazu beiträgt, dass Zellen aneinander haften.

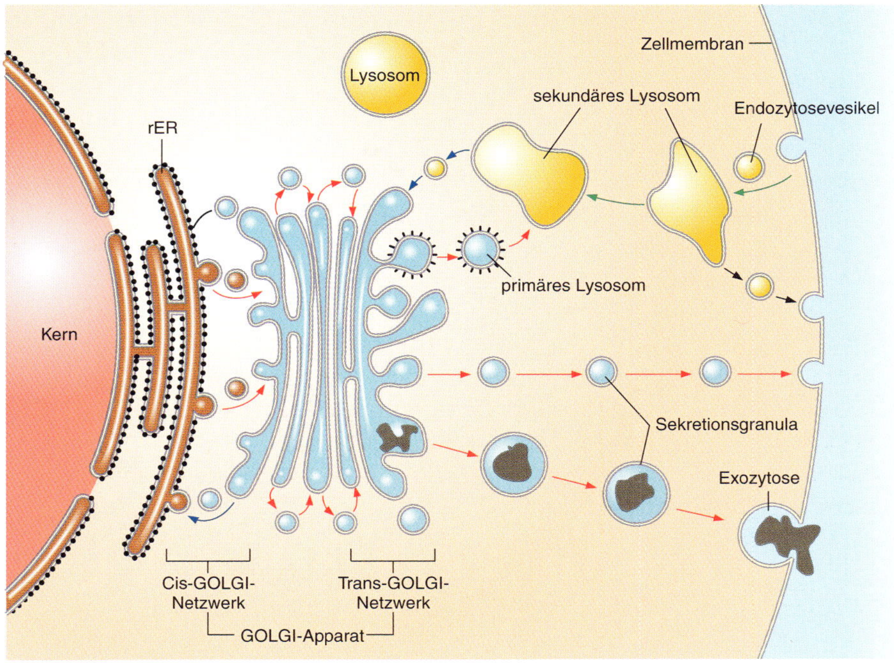

Abb. 5: Funktionsweise des Golgi-Apparats. [41]

Klinik:
- Bei der Hyperproinsulinämie, einer Form des Diabetes mellitus, ist die Insulinherstellung in den Betazellen des Pankreas gestört: Proinsulin wird nur ungenügend in Insulin umgewandelt, was zum Mangel führt.
- Bei Mukolipidose II (I-Zellen-Krankheit) handelt es sich um eine autosomal-rezessiv erbliche, lysosomale Speicherkrankheit. Das Enzym Phosphotransferase ist nicht in der Lage, die Mannose der Hydrolasen mit einer Phosphatgruppe zu markieren. Somit entsteht kein M6P-Signal, und im TGN werden die Hydrolasen nicht in Lysosomen verpackt. Stattdessen werden sie über den Harn ausgeschieden. Die Patienten sind psychomotorisch retardiert, weisen Skelettdeformationen auf und sterben im Kindesalter.

Zusammenfassung

- Ribosomen bestehen aus einer großen und einer kleinen UE, die nur während der Proteinsynthese miteinander assoziiert sind. An ihnen findet die Translation statt.
- Das ER ist ein Membransystem im Zytosol. Sind Ribosomen an der zytoplasmatischen Seite der Membran angeheftet, spricht man vom rauen ER. Fehlen sie, nennt man es glattes ER.
- Das rER spielt bei der Synthese nichtzytosolischer Proteine (Membranproteine, sekretorische und lysosomale Proteine) eine wichtige Rolle.
- Die Funktionen des sER sind: Synthese von Steroidhormonen, Phospholipiden und anderen Lipiden, Ionenspeicherung, Entgiftung und Beteiligung an der Glukoneogenese.
- Der Golgi-Apparat besteht aus Stapeln (Diktyosomen) flacher membranumgebener Zisternen (Sacculi).
- Am CGN treten Transportvesikel des ER ein, am TGN treten Vesikel in Richtung ihres Bestimmungsorts aus.
- Funktionen des Golgi-Apparats sind: Modifikation von Produkten des rER, Sortierung und Speicherung der Produkte, Austausch und Regeneration der Membran sowie die eigenständige Synthese von Makromolekülen.

Mitochondrien

Aufbau

Bei den **Mitochondrien** handelt es sich um länglich-ovale Organellen, die in fast allen tierischen Zellen vorkommen (Ausnahme z. B. Erythrozyten). Eine typische eukaryotische Zelle enthält ca. 2000 Mitochondrien, in stoffwechselaktiven Leberzellen können es noch viel mehr sein. Die Mitochondrien werden als Kraftwerke der Zelle bezeichnet, da hier der Großteil der in der Zelle benötigten Energie in Form von **ATP** (Adenosintriphosphat) gewonnen wird (s. u.).

Die **Endosymbiontenhypothese** (s. S. 2 f.) geht davon aus, dass Mitochondrien ursprünglich aerobe Prokaryoten waren, die von einem großen Prokaryot phagozytiert wurden und mit ihm in Symbiose lebten. Verschiedene typische Merkmale der Mitochondrien stützen diese Hypothese: Sie besitzen **keinen Zellkern,** aber eine **ringförmige DNA,** die auch als mitochondriale DNA (mtDNA) bezeichnet wird. Diese enthält 37 Gene, die für 2 rRNAs, 22 tRNAs und 13 Enzyme der Atmungskette kodieren. Somit besitzen Mitochondrien auch eigene **RNA** und **Ribosomen.** Letztere ähneln in ihrem Sedimentationskoeffizient von 70 S dem von Prokaryoten (s. a. S. 3). Mitochondrien stellen ihre eigenen Proteine her. Damit diese funktionsfähig sind, werden aber weitere Proteine benötigt: Die Gene dafür liegen auf den Chromosomen des Zellkerns; die Produkte werden an den freien Ribosomen im Zytoplasma gefertigt.

Die Vermehrung der Mitochondrien durch Zweiteilung ist vom Zellzyklus unabhängig. Da Mitochondrien nur über die Eizelle an die Nachkommen weitergegeben werden, erfolgt die Vererbung der mtDNA ausschließlich über die Mutter (s. a. S. 52 f.).

Auch die **Doppelmembran** von Mitochondrien stützt die Endosymbiontenhypothese. Durch sie wird der Innenraum eines Mitochondriums in Kompartimente unterteilt. Die beiden Membranen selbst stellen je ein Kompartiment dar. Zwischen ihnen befindet sich der **Intermembranraum,** die innere Membran umschließt die **Matrix.** Die äußere Membran enthält das Transportprotein **Porin,** das praktisch alle Moleküle bis 10 kDa (somit auch kleine Proteine) durchlässt. Erst die innere Membran dient als Barriere. Sie enthält einen großen Anteil des Phospholipids **Cardiolipin,** durch das die Permeabilität der Membran herabgesetzt wird. Die spezifische Permeabilität wird über Transportproteine, wie Permeasen und Kanalproteine, gewährleistet. Auffälligstes Kennzeichen der inneren Membran sind ihre vielfachen Einstülpungen, die zu einer Vergrößerung der Oberfläche führen. Je nach Form der inneren Membran lassen sich drei Mitochondrientypen unterscheiden:

- Der **Cristae-Typ** mit faltigen Einstülpungen ist der häufigste Typ (Abb. 1).
- Beim **Tubulus-Typ** sind die Einstülpungen röhrenförmig. Er findet sich in Zellen, die Steroidhormone bilden, d. h. in der Nebenniere, dem Ovar und den Hoden.
- Der **Sacculus-Typ** mit seinen sackartigen Einstülpungen kommt in den Zellen der Zonula fasciculata der Nebenniere vor.

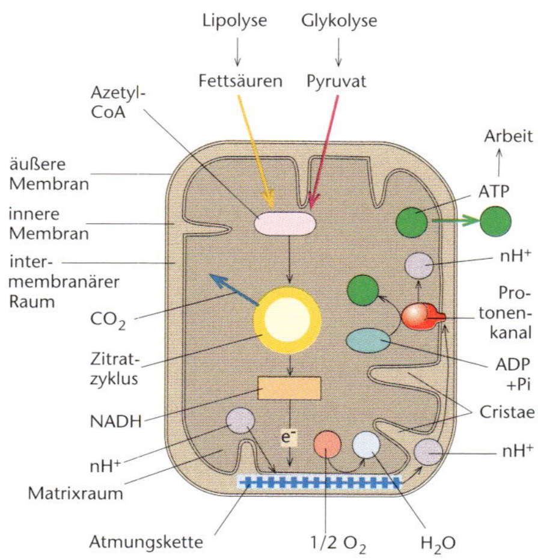

Abb. 1: Mitochondrium vom Cristae-Typ. [21]

Funktion

Außerhalb der Mitochondrien wird ATP nur in der **Glykolyse,** die im Zytoplasma abläuft, gewonnen. Hierbei wird Glukose zu Pyruvat abgebaut, wobei zwar ATP gewonnen wird, welches eukaryotischen Organismen aber langfristig nicht ausreicht. Pyruvat wird beim Transport in die Mitochondrien zu Azetyl-CoA umgewandelt und so in den **Zitratzyklus,** der hauptsächlich in der Matrix abläuft, eingebracht. Auch Fettsäuren werden in den Mitochondrien durch die Enzyme der β-Oxidation zu Azetyl-CoA abgebaut. Im Zitratzyklus werden aus dem Abbau von Azetyl-CoA zu CO_2 energiereiche Elektronen gewonnen, die im Anschluss mittels NADH in die **Atmungskette,** die in der inneren Membran stattfindet, eingeschleust werden (Abb. 1). Die Energie der Elektronen wird dazu benutzt, Protonen aus der Matrix in den Intermembranraum zu pumpen. Am Ende der Atmungskette werden die Elektronen auf Sauerstoff übertragen, der mit zwei Protonen zu Wasser reagiert. Aus dem entstehenden elektrochemischen Gradienten (s. S. 6) wird der Großteil der benötigten Energie in Form von ATP gewonnen.

Klinik:

- Mitochondriale Enzephalomyopathien beruhen auf einer Störung in der Atmungskette, die durch Deletionen (s. a. S. 65) in der nukleären sowie der mitochondrialen DNA verursacht wird. Betroffen sind v. a. das Muskel- und Nervensystem, die Symptome reichen von Muskelschwäche und epileptischen Anfällen bis hin zu Schlaganfällen.
- Die hereditäre Leber-Optikusneuropathie ist durch eine erbliche Mutation der mtDNA bedingt, die durch einen Schwund des Sehnervs zur Erblindung führt. Aufgrund des hohen Energieverbrauchs der okulären Gewebe sind diese besonders anfällig für Störungen in der Energieproduktion.

Zusammenfassung

- Mitochondrien sind die „Energiekraftwerke" der Zelle und werden nur mütterlicherseits vererbt.
- Sie besitzen DNA, RNA und Ribosomen. Die Doppelmembran unterteilt das Mitochondrium in Kompartimente mit unterschiedlichen Funktionen (Zitratzyklus in der Matrix, Atmungskette in der inneren Membran).

Exozytose und Endozytose I

Exozytose

Die Plasmamembran stellt eine selektive Barriere dar, die von Makromolekülen meist nicht überwunden werden kann. Deshalb werden diese häufig durch **Exozytose** ausgeschleust. Dabei wandert ein Transportvesikel entlang dem Mikrotubuli-Schienensystem (s. S. 20 f.) vom Golgi-Apparat zur Plasmamembran. Berühren sich Vesikel- und Plasmamembran, so ordnen sich die Lipidmoleküle um, und die Membranen verschmelzen zu einer einheitlichen Struktur. Die Innenseite der Vesikelmembran kehrt sich nach außen und zeigt dann in Richtung der extrazellulären Matrix. Hierdurch wird der Inhalt des Vesikels aus der Zelle ausgeschüttet (▮ Abb. 1). Die Innenseite der Vesikelmembran entspricht der des Golgi-Apparats bzw. ähnelt der des ER (s. a. S. 10 ff.).
Vor allem sekretorische Zellen haben ausgeprägte Golgi-Apparate, um ihre Produkte in Vesikel zu verpacken (s. a. S. 10 f.). Über die Exozytose werden beispielsweise bestimmte Hormone in das Blut oder Transmitter von Neuronen abgegeben. Man unterscheidet zwei Hauptformen der Exozytose.

Konstitutive Exozytose

Sie läuft kontinuierlich ab. Ständig werden Vesikel am Golgi-Apparat abgeschnürt, welche zur Plasmamembran wandern und ihre Inhalte in den extrazellulären Raum entlassen. So werden laufend Substanzen ausgeschleust, die in die extrazelluläre Matrix gelangen. Diese können sich an die Zelloberfläche anheften oder als Nahrung bzw. Signal für andere Zellen dienen. Hierdurch wird die Plasmamembran kontinuierlich vergrößert, was u. a. der Vorbereitung auf die nächste Zellteilung dienen kann. Durch die Vorgänge der Exo- und Endozytose (s. u.) kann aber auch ein Gleichgewicht entstehen, so dass die Gesamtmembranmenge weder zu- noch abnimmt. Auf diese Weise kommt es zum kontinuierlichen Austausch und somit zu einer steten Erneuerung.

Regulierte Exozytose

Sie kann zusätzlich in Zellen ablaufen, die auf **Sekretion** spezialisiert sind. Neben der konstitutiven Exozytose werden große Mengen der auszuscheidenden Substanzen in sekretorischen Vesikeln in der Nähe der Plasmamembran gesammelt. Ein externes Signal, wie z. B. ein elektrischer Impuls oder das Andocken eines Hormons an einen Rezeptor auf der Zellaußenseite, führt dazu, dass die Ca^{2+}-Konzentration im Zytosol ansteigt, wodurch die Exozytose ausgelöst wird. Dies ist z. B. bei Insulin oder auch bei dem Neurotransmitter Azetylcholin der Fall. Sekretorische Proteine besitzen aufgrund der Bedingungen im Golgi-Apparat besondere Oberflächeneigenschaften, was eine besonders dichte Verpackung in Vesikel im TGN ermöglicht. Der Vorgang der Fusion zwischen Vesikel- und Plasmamembran ist äußerst kompliziert. **Annexine** sind eine Proteinklasse, welche die Fusion induziert und am korrekten Vesikeleinbau beteiligt ist.
Ihre Bindung an die Membranoberfläche wird durch eine hohe Ca^{2+}-Konzentration sowie einen sauren pH-Wert ausgelöst.

Klinik: Synaptobrevin, ein Membranprotein sekretorischer Vesikel, spielt eine wesentliche Rolle bei der exozytotischen Freisetzung von Neurotransmittern. Die Toxine der Bakterien *Clostridium tetani* (Tetanospasmin) und *C. botulinum* (Botulinumtoxin) zerstören das Synaptobrevin und verhindern so die Ausschüttung von Azetylcholin, was schwerste Folgen wie Muskelschwäche oder Lähmungen hat.

Bei der **Apozytose,** einer der Exozytose verwandten Form der Ausschleusung, werden Vesikel von der Plasmamembran abgeschnürt oder ganze Zellteile abgespalten. Dieser Mechanismus dient dazu, im Zytoplasma synthetisierte Substanzen in Form von Vesikeln in die extrazelluläre Matrix abzugeben:

- Apozytose findet in apokrinen Drüsen statt, z. B. bei der Sekretion von Milchfett an der Milchdrüse.
- Während der Reifung von Erythrozyten werden die Zellkerne mittels Apozytose abgestoßen.
- Viele Viren, wie z. B. das Influenzavirus, verlassen die Zelle über eine spezielle Apozytose.
- In verkalkenden Knochen entstehen durch Apozytose Matrixvesikel, die an deren Kalzifizierung beteiligt sind.

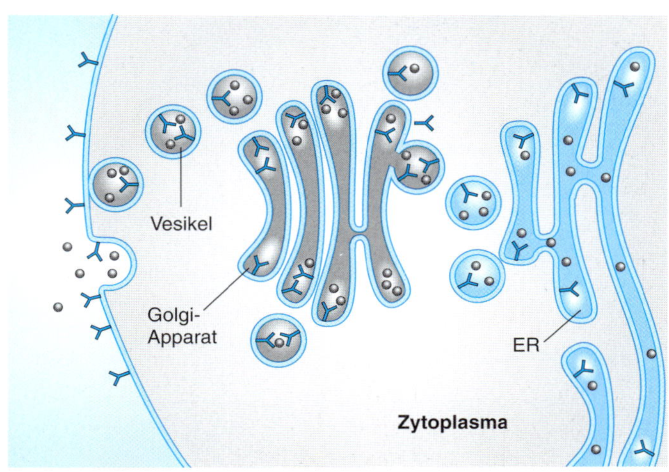

▮ Abb. 1: Überblick über die Exozytose. [nach 9]

Exozytose und Endozytose II

Endozytose

Die **Endozytose** ist die Stoffaufnahme aus dem extrazellulären Raum in die Zelle über Membranvesikel. Sie wird häufig als eine Umkehrung der Exozytose bezeichnet, da, ausgehend von einer Membraneinstülpung, ein Vesikel mit extrazellulärer Substanz eingeschnürt wird. Man unterscheidet die Aufnahme von festen Partikeln, die **Phagozytose,** und die von Flüssigkeit mit den darin gelösten Stoffen, die **Pinozytose.** Die entstehenden Vesikel bezeichnet man als **Endosomen.**

Rezeptorvermittelte Endozytose

Diese Form der Endozytose ermöglicht eine selektive Anreicherung von bestimmten Stoffen. Sie beginnt an spezifischen Stellen der Plasmamembran, den **Clathrin-coated pits.** Dies sind Membraneinstülpungen, die auf der Zytoplasmaseite mit dem Protein Clathrin besetzt sind. Clathrin ist ein Trimer mit einer besonderen Struktur, seine drei Untereinheiten sind in Form eines Dreibeins angeordnet. Hierdurch ist es möglich, dass ein zweidimensionales Netzwerk mit einer gekrümmten Fläche, der Membraneinstülpung, gebildet wird. An der Außenseite der Plasmamembran befinden sich Rezeptoren, welche die anzureichernde Substanz binden. Beladende Rezeptoren werden durch **Adaptine** erkannt, die anschließend an Clathrin binden. Hierdurch vertieft sich die Einstülpung, bis schließlich die Vesikelbildung erfolgt (▮ Abb. 2). Die äußere Vesikelmembran ist folglich mit einem Clathringeflecht überzogen, weshalb man auch von **Coated vesicles** spricht. Nach kurzer Zeit verlieren die Vesikel diese Ummantelung. Direkt nach der Abschnürung spricht man von endozytotischen Vesikeln, die sich in frühe Endosomen umwandeln.

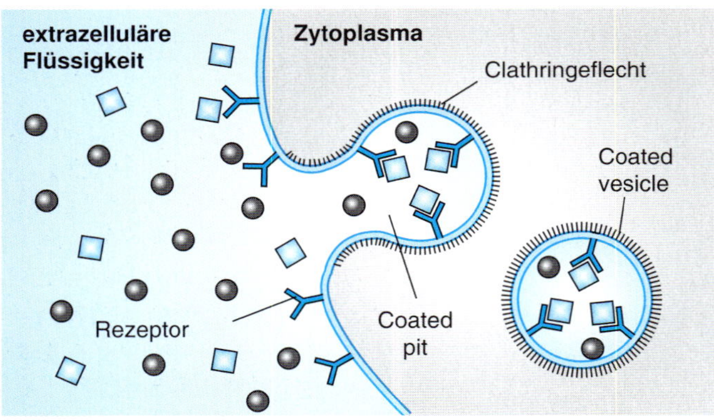

▮ Abb. 2: Rezeptorvermittelte Endozytose. [nach 9]

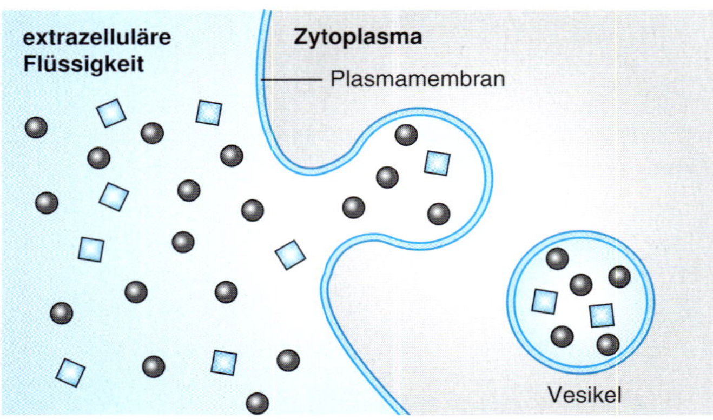

▮ Abb. 3: Pinozytose. [nach 9]

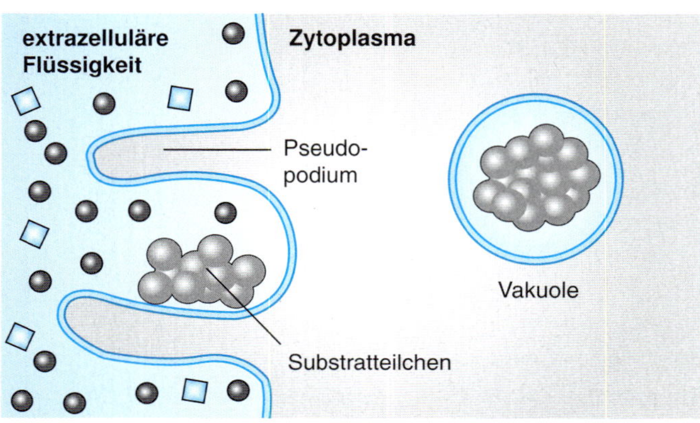

▮ Abb. 4: Phagozytose. [nach 9]

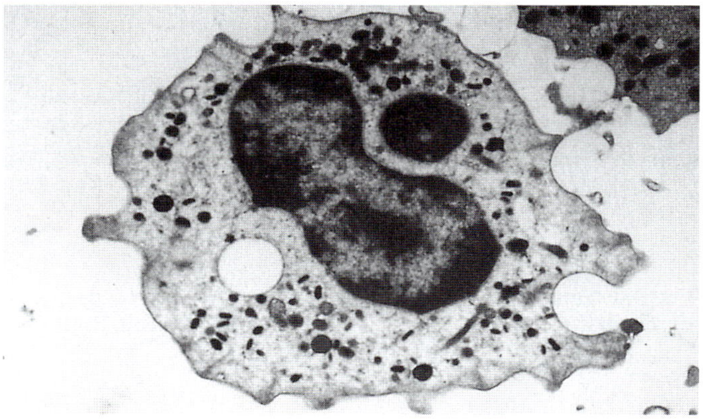

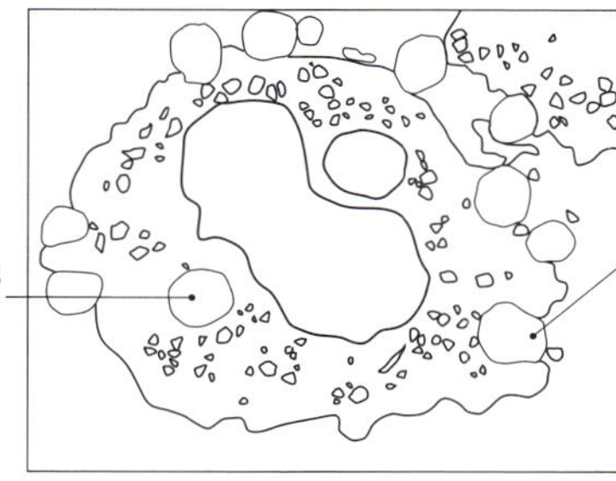

Abb. 5: Phagozytose von Latexpartikeln durch einen Makrophagen: Originalaufnahme und Schema. [22]

Hierbei handelt es sich um „Sortierstationen", die dafür sorgen, dass nicht alle Rezeptoren bei der Fusion mit einem primären Lysosom (s. S. 18) verdaut werden. Das späte Endosom verschmilzt mit einem primären Lysosom zu einem sekundären Lysosom. Rezeptoren und andere Proteine werden im Anschluss durch Exozytose wieder zur Plasmamembran transportiert.
Beispiele für die rezeptorvermittelte Endozytose:

- Cholesterin bindet in seiner Transportform im Blut an einen LDL-(Low-density-Lipoprotein-)Rezeptor an der Zelloberfläche.
- An das Protein Transferrin sind im Blut zwei Fe^{3+}-Ionen gebunden. Wird es durch rezeptorvermittelte Endozytose in ein Endosom gebracht, so setzt es die Eisenionen frei und wird in die extrazelluläre Flüssigkeit ausgeschüttet.
- Influenzaviren binden an Rezeptoren und schleusen sich mittels Endozytose in die Wirtszelle ein (s. S. 92).

Klinik: Eine Form der familiären Hypercholesterinämie wird autosomal-dominant vererbt und beruht auf einem mutierten LDL-Rezeptor, der zwar LDL-Cholesterin, nicht aber an Adaptin binden kann. Eine Endozytose kann nicht stattfinden, wodurch es zu einem erhöhten Cholesterinspiegel und Cholesterinablagerungen in Gefäßwänden (Arteriosklerose) kommt.

Pinozytose

Bei der Pinozytose wird unspezifisch **extrazelluläre Flüssigkeit** mit den darin gelösten Stoffen über Endozytose aufgenommen (Abb. 3).

Phagozytose

Die Aufnahme von **festen Partikeln** durch Endozytose wird als **Phagozytose** bezeichnet. Sie spielt eine wichtige Rolle bei der Abwehr von Bakterien bzw. bei der Beseitigung von Fremdstoffen. Amöboid bewegliche Zellen, wie Makrophagen, Monozyten und Granulozyten, sind zur Phagozytose befähigt. Sie schützen den Körper vor Mikroorganismen, indem sie diese in ihrem Inneren verdauen. Dieser Vorgang wird ausgelöst, sobald Rezeptoren an der Oberfläche der Zellen die Antikörper der Mikroorganismen identifizieren. Die Plasmamembran bildet Ausstülpungen, sog. **Pseudopodien** (s. a. S. 104 f., „Die Amöbe"), die den Fremdkörper umfließen (Abb. 4 und 5). Ist dieser komplett umschlossen, wird er als ein Endozytosevesikel, genannt **Phagosom**, aufgenommen. Dieses verschmilzt mit einem oder mehreren primären Lysosomen, und der Fremdkörper wird verdaut. Intakte körpereigene Zellen tragen Signalmoleküle, die die Phagozytose inhibieren.

Zusammenfassung

- Exozytose: Transportvesikel entlassen ihren Inhalt in die extrazelluläre Matrix, indem sie mit der Plasmamembran verschmelzen. Es gibt die konstitutive und die regulierte Exozytose.
- Apozytose: Im Zytoplasma gebildete Stoffe werden über Vesikel, die aus der Plasmamembran gebildet werden, aus der Zelle ausgeschieden.
- Endozytose: Flüssigkeit (Pinozytose) oder Festkörper (Phagozytose) werden, ausgehend von einer Einschnürung der Plasmamembran, in Vesikel aufgenommen. Bei der rezeptorvermittelten Endozytose werden spezifische Stoffe von Rezeptoren gebunden und somit im Vesikel angereichert.

Membranvesikel

Lysosomen

Aufbau

Lysosomen sind ca. 0,5 µm große, membranumgebene, kugelförmige Vesikel, die der intrazellulären Verdauung dienen. Im Unterschied zu anderen Organellen enthalten sie in ihrem Inneren keine Strukturen. Sie entstehen am Golgi-Apparat als **primäre Lysosomen** und enthalten in ihrem Inneren hydrolytische Enzyme zur Zerlegung von Makromolekülen, v. a. **saure Hydrolasen.** Inzwischen sind über 50 verschiedene Enzyme wie Phosphatasen, Nukleasen oder Glukosidasen in Lysosomen nachgewiesen worden. Das Leitenzym ist die **saure Phosphatase.** Allen lysosomalen Enzymen ist gemeinsam, dass ihr **pH-Optimum im sauren Bereich** liegt. Im Innenraum der primären Lysosomen herrscht ein pH-Wert von ca. 4–5, der von einer membranständigen H^+-ATPase (= ATP-getriebene Ionenpumpe) aufrechterhalten wird. Sollte ein Lysosom platzen, ist für die Zelle die Gefahr der Selbstverdauung gering, da aufgrund des pH-Werts im Zytosol die Enzyme fast inaktiv sind.
Die Hydrolasen werden im rER gebildet und wandern in Transportvesikeln zum Golgi-Apparat. Am CGN wird an den Mannoserest der Hydrolasen eine Phosphatgruppe gebunden, so dass ein M6P-Signal entsteht. Ein Defekt an diesem Protein führt zur Mukolipidose II (s. S. 13). In der Membran des TGN befinden sich M6P-Rezeptoren, welche die Hydrolasen binden. Hierdurch werden diese in bestimmten Regionen des TGN konzentriert und dort gezielt zu Lysosomen verpackt. Der niedrige pH-Wert im Inneren der so entstandenen primären Lysosomen führt dazu, dass sich die Hydrolasen von den Rezeptoren ablösen und funktionsfähig werden. Die leeren Rezeptoren werden in Vesikeln zum Golgi-Apparat zurücktransportiert.

Funktion

Primäre Lysosomen verschmelzen mit Vesikeln, welche die zu verdauenden Stoffe enthalten, zu **sekundären Lysosomen.** Je nachdem, welches Material verdaut wird, unterscheidet man **drei** Formen von sekundären Lysosomen (▮ Abb. 1). Verschmilzt das primäre Lysosom mit einem

- späten Endosom (s. S. 17), spricht man von einem **Heterolysosom.**
- Phagosom (s. S. 17), spricht man von einem **Phagolysosom,** einer speziellen Form eines Heterolysosoms. Es ist bei der Infektabwehr von Bedeutung, da es beispielsweise Mikroorganismen verdaut.
- **Autophagosom,** spricht man von einem **Autolysosom.** In einem Autophagosom befinden sich zelleigene Partikel, wie z. B. defekte Zellorganellen oder Teile des Zytosols. Es entsteht, indem das zu verdauende Material von einer abgeschnürten Membran des ER umschlossen wird. Dieser Vorgang wird als **Autophagozytose** bezeichnet. Die hydrolytischen Enzyme im Autolysosom zerlegen die Makromoleküle in Monomere, die anschließend zur erneuten Verwendung in das Zytosol gelangen.

Lysosomen enthalten keine Lipasen, welche die Spaltung von Fetten ermöglichen; deshalb befinden sich in ihnen nicht zu verwertende bzw. nicht verdaubare Substanzen. Diese werden eingelagert, und es entstehen **tertiäre Lysosomen (= Telolysosomen/Residualkörper).** Sie enthalten häufig fetthaltige Rückstände, sog. Lipofuszine, die eine bräunliche Färbung besitzen, weshalb sie auch als Alterspigmente bezeichnet werden. Tertiäre Lysosomen können durch Exozytose die Zelle verlassen und sind deshalb selten in mikroskopischen Präparaten zu sehen. In Makrophagen oder Neuronen, in denen mehr Lipofuszine entstehen, sind sie häufiger zu finden.

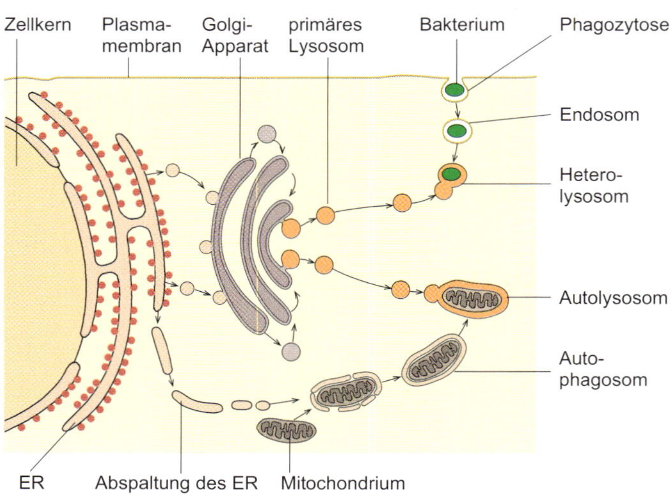

▮ Abb. 1: Entstehung von Lysosomen. [21]

Spezielle Funktionen

Bei der **Apoptose** (s. S. 33) und der **Autolyse** werden kontrolliert größere Mengen lysosomaler Enzyme freigesetzt, was zum Untergang der Zelle führt.

> **Klinik:** Bei Entzündungsprozessen kann es nach Auflösung der Lysosomenmembran zur Autolyse (Selbstverdauung = Autodigestion) einer Zelle kommen. Die große Menge an freigesetzten lysosomalen Enzymen ermöglicht die Selbstverdauung auch außerhalb des pH-Optimums. Die Membran der Lysosomen kann durch entzündungshemmende Glukokortikoide wie Kortison stabilisiert werden.

Primäre Lysosomen müssen nicht zwangsläufig mit zu verdauendem Material zu sekundären Lysosomen verschmelzen. Sie können auch mittels Exozytose lysosomale Enzyme in die extrazelluläre Matrix abgeben, welche dort bei Verdauungsvorgängen oder bei der Verflüssigung von Sekreten helfen. Verschiedene Zelltypen sind hierzu in der Lage:

- **Osteoklasten** sind mehrkernige Zellen, deren Hauptaufgabe die Resorption der Knochensubstanz ist. Sie lösen die Knochenmatrix auf und phagozytieren die entstehenden Fragmente.
- **Leukozyten** greifen auf diese Weise körperfremde Substanzen an.
- **Spermien** besitzen am Vorderende das Akrosom. Hierbei handelt es sich um ein spezielles Lysosom, das verschiedene Enzyme enthält, die zur Auflösung der Schutzhülle der Eizelle dienen (s. a. S. 114).

> **Klinik:**
> - Das Tay-Sachs-Syndrom ist eine autosomal-rezessiv erbliche, lysosomale Speicherkrankheit (Sphingolipidose), die einen lysosomalen Enzymdefekt bei der β-N-Hexosaminidase A verursacht. Durch einen Mangel dieses Enzyms kommt es in den Liposomen zur Anreicherung von Gangliosiden (eine Gruppe der Glykolipide) v. a. im ZNS und zur Zellschwellung. Symptome sind u. a. Sehverlust und geistige Retardierung, Patienten versterben im 2.–3. Lebensjahr.
> - Bei Gicht und Silikose werden die Membranen der Lysosomen durch Kristalle geschädigt, was zur Freisetzung ihrer Enzyme führt und Entzündungen verursacht. Bei Gicht ist der Purinstoffwechsel gestört, und Harnsäurekristalle zerstören die Lysosomen. Bei der Silikose (Steinstaublunge) erfolgt die Schädigung durch feine Quarzkristalle.
> - Die Zystinose ist eine autosomal-rezessiv erbliche Krankheit. Der Transport der Aminosäure Cystein aus dem Lysosom ist nicht möglich. Es kommt zur Anreichung dieser Aminosäure in den Lysosomen aller Körperzellen, insbesondere in den Zellen der Niere, was bei der infantilen und juvenilen Form zu Nierenfunktionsstörungen führt.

Peroxisomen

Peroxisomen (auch Microbodies) sind ebenfalls kleine Membranvesikel. Sie dienen dem oxidativen Abbau von Fett- und Aminosäuren, indem sie mittels verschiedener **Oxidasen** und **Peroxidasen** von diesen Substanzen Wasserstoff abspalten und auf Sauerstoff übertragen. Bei der sauerstoffabhängigen Oxidation entsteht das namensgebende, stark **zytotoxische Wasserstoffperoxid (H_2O_2).** Um die Zelle davor zu schützen, findet die Oxidation in Peroxisomen statt. Wasserstoffperoxid wird dann durch das Enzym **Katalase** gespalten und so für die Zelle unschädlich gemacht.
Der Abbau von Fettsäuren läuft über den Stoffwechselweg der β-Oxidation, wobei die Kohlenstoffketten in kleinere Bestandteile zerlegt werden. Sie gelangen über das Zytosol zu den Mitochondrien, wo der weitere Abbau stattfindet (s. a. S. 14). In den Peroxisomen der Leber werden Alkohol und andere Schadstoffe abgebaut, sie dienen also auch der Entgiftung des Körpers.
Peroxisomen „wachsen" durch die Aufnahme von Proteinen und Lipiden, die im Zytoplasma hergestellt wurden. Erreichen sie eine bestimmte Größe, teilen sie sich. Ob das ER an der Bildung von Peroxisomen beteiligt ist oder ob sie nur durch Teilung entstehen, wird noch kontrovers diskutiert.

> **Klinik:**
> - Die häufigste Form der Adrenoleukodystrophie ist X-chromosomal gebunden und wird rezessiv vererbt. Sie betrifft nur männliche Nachkommen. Zugrunde liegt eine Genveränderung, wodurch langkettige Fettsäuren nicht abgebaut werden können und sich deshalb stark anreichern. Folgen sind häufig Nebenniereninsuffizienz und fortschreitende Demenz.
> - Das Zellweger-Syndrom ist eine autosomal-rezessiv erbliche Krankheit, bei der die Peroxisomenbildung gestört verläuft. Die Folge ist eine Kombination von Hirnfehlbildungen, Lebervergrößerung und polyzystischen Nieren. Die Betroffenen sterben meist schon in den ersten Lebensmonaten, das 6. Lebensjahr wird kaum überschritten.

Zusammenfassung

- ✖ Lysosomen sind Membranvesikel, die der intrazellulären Verdauung dienen. Sie enthalten hydrolysierende Enzyme mit einem pH-Optimum im sauren Bereich.
- ✖ Primäre Lysosomen werden am Golgi-Apparat gebildet. Sie verschmelzen mit Vesikeln zu sekundären Lysosomen, die je nach zu verdauendem Material in Heterolysosomen, Phagolysosomen oder Autolysosomen klassifiziert werden.
- ✖ Lysosomale Enzyme können durch Exozytose in die extrazelluläre Matrix abgegeben werden und dort bei Verdauungs- bzw. Zersetzungsvorgängen eine Rolle spielen.
- ✖ Peroxisomen sind Membranvesikel, die mittels Oxidasen/Peroxidasen Wasserstoff abspalten. Das entstehende zytotoxische Wasserstoffperoxid wird durch Katalase gespalten.

Zytoskelett I – Mikrotubuli

Das Skelett der Zelle ist ein dreidimensionales Gebilde, ein Netzwerk aus feinsten Verstrebungen, welches ihre Form stabilisiert und sie stützt, bei der Zellteilung eine wichtige Rolle spielt, Zellorganellen fixiert, die Plasmazirkulation ermöglicht und den Zellen bei der Fortbewegung hilft.
Verschiedene Proteinfilamentstrukturen bauen das Zytoskelett auf, wobei man drei Filamenttypen nach dem Durchmesser ihrer Fasern unterscheidet: **Mikrotubuli, Aktinfilamente und Intermediärfilamente.**

Mikrotubuli

Kennzeichen: Sie sind die dicksten der drei Filamenttypen. Diese geraden, hohlen „Stäbe" besitzen einen Durchmesser von 25 nm und sind zwischen 200 nm und 25 µm lang. Sie verleihen den Zellen ihre **Form** und dienen als **Stütze,** können von Organellen als **„Schienensystem"** genutzt werden, finden sich in **Zilien** und **Geißeln** (s. a. S. 105) und bilden die **Zentriolen** und den **Spindelfaserapparat** (s. a. S. 29). Sie durchziehen praktisch die gesamte Zelle.

Bau: Aufgebaut sind sie aus α- **und β-Tubulin,** zwei verwandten globulären Proteinen. Über Disulfidbrücken hängen sich die Tubuline abwechselnd hintereinander und bilden Ketten. Eine Tubulinkette wird als **Protofilament** bezeichnet; 13 solcher Ketten ordnen sich zu einem Mikrotubulus an (▮ Abb. 1). Dabei sitzen die Ketten etwas versetzt nebeneinander, so dass sich eine Spiralform ergibt. Die Protofilamente besitzen eine **Polarität,** wobei α-Tubulin am Minusende und β-Tubulin am Plusende sitzt. Eine Verlängerung oder Verkürzung der Ketten erfolgt durch Anheften oder Abbau der globulären Tubuline. Die Verlängerung geht meist von einem **sog. Mikrotubuli-Organisationszentrum (MTOC)** aus.

Funktion in Körperzellen:

- Mikrotubuli dienen als **Transportschienen,** auf denen sich Organellen (z. B. Vesikel, Mitochondrien) fortbewegen können. Diese Organellen sind mit **Motorproteinen** (z. B. **Dynein**) besetzt. Unter Verbrauch von ATP werden die Motorproteine wie Füßchen benutzt (Energiegewinnung aus der Spaltung von ATP zu ADP). Dabei machen sie eine Konformationsänderung, lassen los, greifen ein Stück weiter wieder zu und knicken ab, wodurch sie die Zellorganellen an dem Mikrotubuli-Schienensystem entlangziehen.
- Ein Beispiel für die oben erwähnten **MTOCs** ist das **Zentrosom.** Es befindet sich in der Nähe des Nukleus und besteht aus **zwei Zentriolen** (treten immer paarweise auf!), die eine zueinander senkrechte Position einnehmen. Ihr Feinbau geht aus ▮ Abbildung 2 hervor, in der man sehen kann, dass sich je neun Mikrotubuli-Dreiergruppen ringförmig zusammenlegen. Vor der Zellteilung verdoppeln sich die Zentriolen. Der Aufbau des **Spindelfaserapparats** beginnt im Zentrosom. Die Fasern bestehen aus Mikrotubuli des Zytoskeletts, das extra dafür partiell abgebaut wird. Mehrere parallel angeordnete Mikrotubuli bilden ein dickes Bündel, das man sogar unter dem Mikroskop erkennen kann. In der Pro- und Prometaphase, in denen die Zentrosomen immer weiter Richtung Zellpole auseinanderrücken, verlängern sich die Spindelfasern, strahlen in alle Richtungen aus und bilden eine sternförmige Struktur, die sog. Aster. Nun folgt die Anheftung der Fasern an die Kinetochore der Chromosomen. Mehr dazu finden Sie im Kapitel „Zellzyklus" auf Seite 28 ff.

Klinik: Mitosehemmer

- Colchicin, das Gift der Herbstzeitlose, *Colchicum autumnale,* verhindert die Polymerisation, indem es an die Tubulindimere bindet. Intrazelluläre Transport- und Bewegungsmechanismen werden dadurch gestört und der Spindelfaserapparat nicht korrekt aufgebaut (s. a. S. 29, „Chromosomenanalyse").
- Vinca-Alkaloide (Vincristin und Vinblastin) werden aus Immergrün, *Catharanthus roseus,* gewonnen. Sie hemmen ebenfalls die Ausbildung des Spindelfaserapparats.
- Taxol wird aus der Rinde der Pazifischen Eibe, *Taxus brevifolia,* gewonnen. Es stört den Abbau der Mikrotubuli und somit die Funktion des Spindelfaserapparats.

Die letzten beiden Stoffe werden zur Krebsbekämpfung eingesetzt (Chemotherapie). Zwar haben sie Wirkung auf alle sich teilenden Zellen, da Krebszellen sich schnell teilen, sind diese aber stärker betroffen.

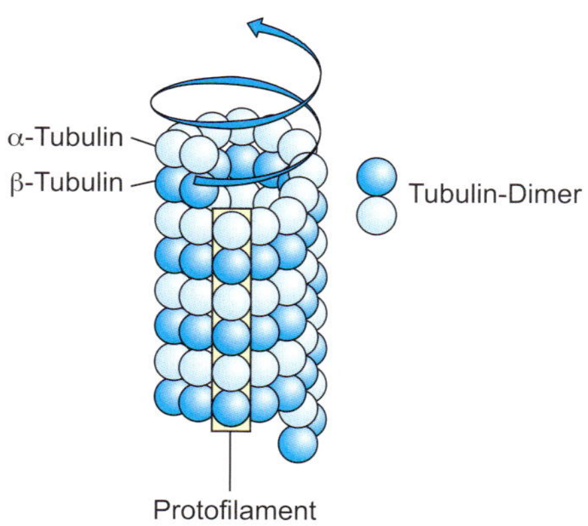

▮ Abb. 1: Feinbau eines Mikrotubulus. [nach 9]

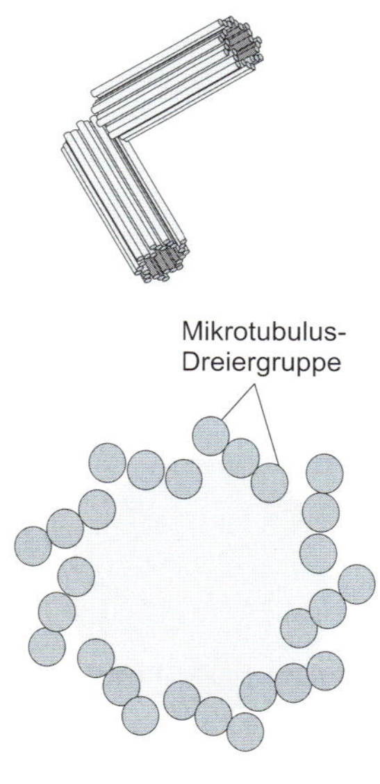

▮ Abb. 2: Anordnung der Zentriolen im Zentrosom (oben); Zentriolenbau im Querschnitt (unten). [21]

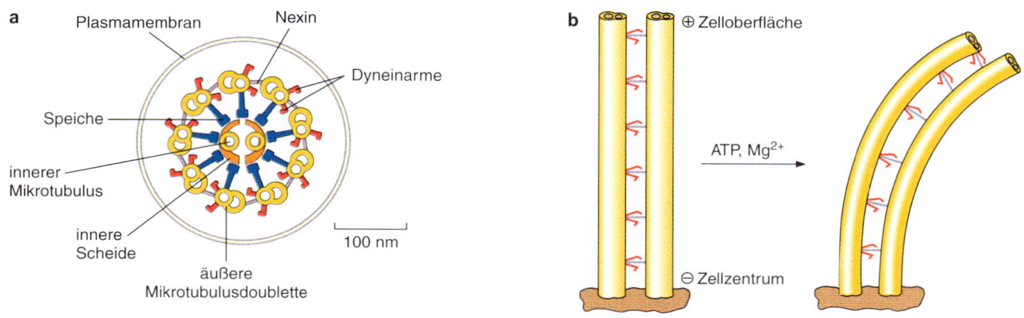

Abb. 3: (a) Bau und (b) Funktionsweise einer Geißel/Zilie. [13]

Funktion in beweglichen Eukaryotenzellen mit Geißeln und Zilien: Bei fast all diesen Zellen sind Zilien und Geißeln sehr einheitlich aufgebaut (s. a. S. 105). Das Prinzip beruht auf einer ganz bestimmten Anordnung von Mikrotubuli: Neun Doppel-Mikrotubuli, die einen Kreis um zwei zentrale Mikrotubuli bilden, werden von der Plasmamembran umgeben. Diesen Bau bezeichnet man als **9+2-Anordnung.** Jeder Doppel-Mikrotubulus besitzt einen Mikrotubulus mit „Dyneinärmchen", die er seinem benachbarten Mikrotubulus entgegenstreckt; Nexin verbindet alle Doppelmikrotubuli untereinander (Abb. 3). Über Speichenproteine steht der äußere Ring mit den zentralen Mikrotubuli in Kontakt. Die Verankerungsstelle einer Geißel oder Zilie in der Zelle bezeichnet man als Basalkörper oder Kinetosom (ähnlich einem Zentriol). Wie bei der Zellorganellenbewegung (s. o.) können die Dyneinarme (Motorproteine) unter ATP-Verbrauch eine Konformationsänderung vollziehen, die ein Umgreifen der Arme entlang den Mikrotubuli bewirkt. Weil die Radialspeichen für Gegenzug sorgen und kein „endloses" Aneinandervorbeigleiten erlauben, biegt sich die Geißel, und der Schlagmechanismus wird ausgelöst. Dabei zeigen Geißeln i. d. R. einen wellenförmigen Schlag, wogegen Zilien eher wie Ruder funktionieren.

Mit Zilien (Kinozilien) besetzte Zellen befinden sich beim Mensch z. B. in der Luftröhre im sog. Flimmerepithel, wo sie Schmutzpartikel mit dem Schleim aus dem Atemtrakt befördern (Abb. 4). Dabei vollzieht jede Zilie ihren Schlag ein wenig zeitversetzt zur nächsten. Kraft- und Erholungsschlag einer Zilie entfalten ihre Kraft im rechten Winkel zu ihrer Achse. Spermien besitzen Geißeln. Ihre Wellenbewegung treibt die Spermienzelle in Richtung der Geißelachse voran.

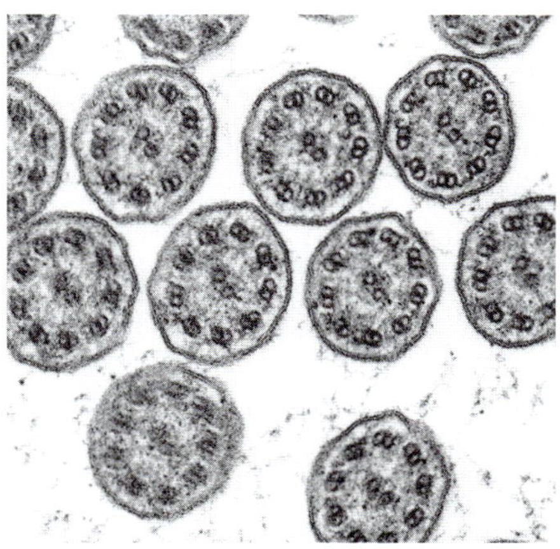

Abb. 4: Querschnitt durch Kinozilien im Bronchialepithel des Menschen. [41]

Klinik: Bei der ziliären Dyskinesie liegt ein angeborener Defekt der Zilien vor. Sie können keinen gerichteten Schlag mehr vollziehen, wodurch die Selbstreinigung der Lunge und Nasennebenhöhlen nicht möglich ist. Die Betroffenen leiden unter chronischer Bronchitis, chronischem Schnupfen, vermehrter Polypenbildung und häufig auch eingeschränkter Hörfähigkeit. Bei 50% der Betroffenen liegt ein Situs inversus (seitenverkehrte Anlage der inneren Organe) vor. Das Vollbild der Krankheit wird als Kartagener-Syndrom bezeichnet (Trias: Situs inversus, Bronchiektasen, Hypo- oder Aplasie der Nasennebenhöhlen).

Funktion in Nervenzellen: Für den Transport von Neurotransmittern sorgt hier das sog. Motorprotein **Kinesin.** Es ermöglicht den **axonalen Transport** der Neurotransmittervesikel entlang dem mikrotubulären System (meist) vom Nukleus zur Synapse. Sein Aufbau ähnelt dem des Myosins, welches im folgenden Kapitel besprochen wird.

Zytoskelett II – Aktinfilamente

Aktinfilamente

Kennzeichen: Sie sind die kleinsten der drei Filamenttypen. Ihr Durchmesser beträgt etwa 5–7 nm, weshalb sie auch als **Mikrofilamente** bezeichnet werden. Praktisch in jeder Tierzelle dienen sie als **mechanische Stütze.** Sie sind grundlegend an der **Bewegung von Muskelzellen** beteiligt; gemeinsam mit den **Myosinfilamenten** (aus der Familie der Motorproteine) bilden sie hier den **Kontraktionsapparat.** Die Aktinfilamente machen mit 10% einen relativ hohen Anteil der Proteine in einer Muskelzelle aus. In anderen Körperzellen beträgt ihr Anteil nur die Hälfte oder weniger.
Je nachdem, mit welchen weiteren Proteinen die Aktinfilamente verbunden sind, erfüllen sie verschiedene Funktionen (s. u.).

Bau: Globuläres Aktin (G-Aktin) ist zu Ketten verknüpft, und stets zwei solche Ketten sind spiralförmig miteinander zu einem **Aktinfilament (F-Aktin)** verdrillt. Der Mensch besitzt in seinen Muskelzellen mehrere **Isoformen** des G-Aktins, die sich nur in wenigen Aminosäuren unterscheiden. Sie werden als α-, β- und γ-Aktin bezeichnet. Ein G-Aktin-Molekül ist aus ca. 375 Aminosäuren aufgebaut.
Vorgang der Polymerisation/Depolymerisation: Ein Aktinfilament ist polar und hat ein Plusende, an dem es Monomere schneller anbaut als am Minusende, wo bevorzugt abgebaut wird. Alle Aktinmoleküle besitzen Magnesiumionen als Bindungsstelle für ADP oder ATP. Ist ein freies G-Aktin aktiviert, d. h., wurde sein ADP gegen ATP ausgetauscht, so kann es sich an ein wachsendes Aktinfilament anlagern (auf den genauen Mechanismus, an dem weitere Proteine beteiligt sind, kann nicht eingegangen werden). Dieser Vorgang erfordert Energie, die aus der hydrolytischen Spaltung von ATP zu ADP gewonnen wird. **Profilin,** ein dem Aktin assoziiertes Protein, kann die Polymerisation hemmen, indem es an das freie G-Aktin bindet. Dieses kann dann mit anderen G-Aktinen keine Kette bilden, was den vorzeitigen Start einer Polymerisation verhindert. Auf diese Weise sorgt die Zelle für einen ständigen Vorrat an freiem G-Aktin. Wenn die Gesamtstruktur einer Kette, die durch weitere Proteine zusammengehalten wird, sich löst, kommt es zur Depolymerisation.
Der gesamte Polymerisations-/Depolymerisationsvorgang ist ein hochdynamischer und u. U. sehr rascher Prozess, der v. a. bei der **amöboiden Fortbewegung** (s. u.) eine wichtige Rolle spielt.

Besonderer Bau in Muskelzellen: Der **Kontraktionsapparat einer Muskelzelle** besteht aus Aktinfilamenten und **Tropomyosin,** das ebenfalls aus zwei Ketten aufgebaut ist, die sich in die Windungen zwischen die Aktinfilamentketten legen. Tropomyosin ist ein **regulatorisches Protein,** das im Ruhezustand des Muskels die Bindungsstellen für Myosin (Motorprotein) blockiert. An das Tropomyosin ist ein weiterer Molekülkomplex gebunden, das **Troponin** (▮ Abb. 5).

Funktion in Muskelzellen:
- Hier sind die Aktinfilamente besonders regelmäßig angeordnet. Tausende von ihnen liegen parallel nebeneinander; zwischen ihnen sind dickere **Myosinfilamente** eingeschoben. Querverbindungsproteine sorgen für die komplexe und stabile Anordnung der Aktinfilamente. Ausgelöst durch das Aktionspotential, steigt der Ca^{2+}-Gehalt in der Muskelzelle. Die Kalziumionen binden an Troponin, was die Wechselwirkung zwischen Troponin und Tropomyosin beeinflusst. Dies führt zur Veränderung der Struktur dieses Komplexes, und die Myosinbindungsstellen werden freigegeben. Durch die hydrolytische Spaltung von ATP zu ADP wird Energie freigesetzt, und die **Myosinköpfchen** der Myosinfilamente ändern ihre Konformation, binden an die Aktinfilamente und ziehen diese an sich entlang: Der Muskel kontrahiert **(Gleitfilamenttheorie).**
- Außerdem sorgt das Aktinfilamentsystem für die **Stabilität** der mechanisch sehr beanspruchten Muskelzellen. **Dystrophin** verbindet in Muskelzellen die Aktinfilamente mit der Plasmamembran und der extrazellulären Matrix (s. u.). Es ist ein Netzwerk aus über 50 verschiedenen Proteinen. Ist es falsch aufgebaut oder fehlt es, führt dies zur Instabilität der Muskelzellen.

Klinik: Genveränderungen führen zum inkorrekten Aufbau von Dystrophin, was die sog. Muskeldystrophie verursacht. Beim schweren Krankheitsverlauf des Typs Duchenne fehlt Dystrophin völlig, Muskelzellen werden durch Fett und Bindegewebe ersetzt. Die Lebenserwartung liegt bei etwa 20 Jahren. Beim Typ Becker ist das Dystrophin strukturell verändert und eingeschränkt funktionsfähig (günstigerer Verlauf).

Funktion in Zellen mit amöboider Fortbewegung: Zellmotilität beschreibt die Fähigkeit von Zellen, aus Verbänden auszutreten und in andere Regionen abzuwandern.
Dies passiert z. B. in der Entwicklung bei Zellwanderungen im Embryo (s. a. S. 117). Makrophagen bewegen sich, angelockt von chemischen Stoffen (Chemotaxis), auf Mikroorganismen und Viren zu, die sie durch Phagozytose aufnehmen und unschädlich machen. Der amöboiden Bewegung und Phagozytose mittels Pseudopodien (s. S. 17 und 104 f.) liegen Viskositätsänderungen zugrunde. Die **Viskosität** (Zähigkeit, Fließeigenschaft) des Zytoplasmas wird von den Aktinfilamenten beeinflusst: In

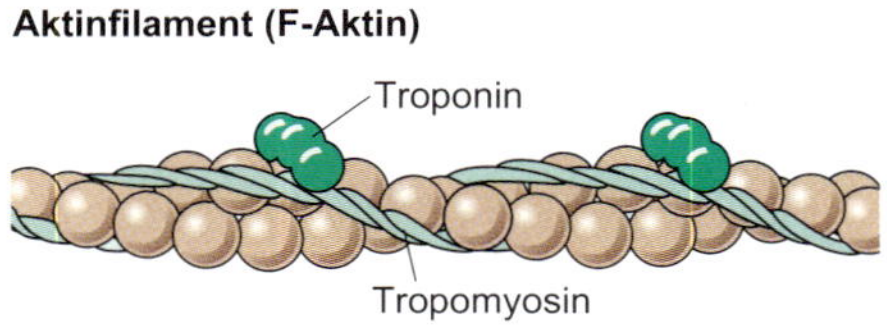

▮ Abb.5: Bau eines Aktinfilaments mit Troponin-Tropomyosin-Komplex. [17]

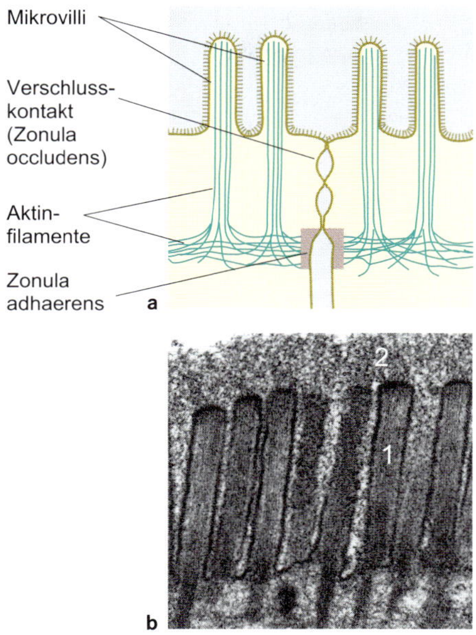

Abb. 6: Aktinfilamente: a) Stütze der Mikrovilli; b) Mikrovilli in Epithelzellen des Ileums. 1 = Mikrovilli, 2 = Mikrovilli-Glykokalix. [21], [41]

der Nähe der Plasmamembran ist das Plasma eher fest (gelartig), bedingt durch viele Filamente. Im Inneren ist es flüssiger (solartig), da hier der Anteil der Aktinfilamente geringer ist. **Gelsolin** ist ein intrazelluläres Enzym, das die Filamente zerschneidet und so den Solzustand bedingt. **Filamin** vernetzt Aktinfilamente und macht den gelartigen Zustand aus. In Amöben wird ständig Gelplasma in Solplasma umgebaut und umgekehrt, was ihnen die Fortbewegung ermöglicht (s. S. 105).

Funktion in Körperzellen:

- In Teilen der Zelle befinden sich Miniaturausgaben des oben beschriebenen Kontraktionsapparats. Diese Aktin-Myosin-Komplexe können örtliche Kontraktionen bewirken. Sie tragen entscheidend zur Ausbildung der Teilungsfurche bei der Zellteilung bei (s. S. 29).
- Mikrofilamentbündel bilden in Zellen mit Mikrovilli, das sind winzige Ausstülpungen zur Oberflächenvergrößerung (z. B. resorbierende Zellen im Dünndarmepithel), die stützende Achse (Abb. 6 a und b).
- Aktinfilamente beteiligen sich an der **Stabilisation der Zellform:** Sie bilden das **Membranzytoskelett.** Auf der Innenseite der Plasmamembran wird jede Zelle von einem Netzwerk aus Aktinfilamenten durchzogen. Auf der Erythrozytenmembraninnenseite befindet sich das fibrilläre Protein **Spektrin,** das über **Ankyrin** an die Aktinfasern bindet. Dieser Komplex ist an Membranproteinen verankert, z. B. **Glykophorinen** oder **Bande-3-Proteinen,** und bildet so ein stabiles Netzwerk, welches den Erythrozyten ihre typische bikonkave Gestalt verleiht.

> **Klinik:** Die Kugelzellanämie (Sphärozytose) ist die häufigste erbliche (meist autosomal-dominant) hämolytische Anämie in Mitteleuropa (Inzidenz 1 : 5000), verursacht durch einen Defekt des Moleküls Spektrin. Die Erythrozyten sind kugelförmig statt bikonkav und bilden sog. Sphärozyten, weil die o. g. Verbindung von Ankyrin, Spektrin und/oder Bande-3-Protein nicht korrekt hergestellt werden kann.

- Aktinfilamente ermöglichen die **Verbindung von Intrazellularraum und extrazellulärer Matrix** über die sog. **Integrine,** Transmembranmoleküle, die als „Ankerstellen" des Zytoskeletts betrachtet werden können. Sogenannte **Stressfasern** sind Verbindungen von Aktin und Myosin und können „in die Länge gezogen" werden (fangen Zugkräfte ab). In der extrazellulären Matrix sind die Integrine über Fibronektin an Kollagenfasern gebunden, was dem ganzen Gewebe eine hohe Stabilität verleiht.
- Auch an **Zell-Zell-Kontakten vom Adhaerens-Typ** (s. a. S. 7, Abb. 6, „Zonula adhaerens") beteiligen sich die Aktinfilamente. Über sog. Zelladhäsionsmoleküle (Transmembranproteine) stehen die Zellen miteinander in Kontakt. Auf der intrazellulären Seite binden die Aktinfilamente an die **Zelladhäsionsmoleküle,** was dazu führt, dass eine Zelle ringsum mit Nachbarzellen verbunden ist.

Funktion in Pflanzenzellen: Hier spielen die Aktinfilamente eine wichtige Rolle bei der Zytoplasmaströmung, die durch Kreisbewegung dafür sorgt, dass die Substanzen innerhalb der Zelle rasch verteilt werden (s. S. 104, Abb. 2).

Zytoskelett III – Intermediärfilamente

Intermediärfilamente

Kennzeichen: Die Intermediärfilamente sind etwas dicker als die Aktinfilamente und besitzen einen Durchmesser von etwa 8–12 nm. Sie gehören zu einer sehr umfangreichen Familie der Zytoskelettproteine. Ihre Feinstruktur ist zwar sehr heterogen, aber es entsteht eine sehr hohe Zellspezifität aufgrund der unterschiedlichen Proteinuntereinheiten, die bestimmte Intermediärfilamenttypen kennzeichnen. In tierischen Zellen (außer bei Arthropoden) übernehmen sie Stützfunktionen. In Pflanzenzellen konnten sie nicht nachgewiesen werden.

Klinik: Aufgrund ihres zellspezifischen Baus können Intermediärfilamente zur Tumordiagnostik herangezogen werden (Kennfilamente). Da die Karzinomzellen Eigenschaften des Ursprungsgewebes beibehalten, können immunhistologisch bestimmte Proteine nachgewiesen werden. So lässt sich ein Karzinom einem bestimmten Organ zuordnen.

Bau: Ein Intermediärfilament ist aus Polypeptidketten (Durchmesser ≤ 1 nm) aufgebaut. Zwei Ketten sind zu einem Heterodimer verdrillt (Länge ca. 35, Durchmesser ca. 1,5 nm). Zwei Heterodimere legen sich antiparallel zueinander, wodurch ein Tetramer entsteht (Durchmesser 2–3 nm). Mehrere Tetramere hängen sich bis zu einer Länge von 70 nm zu **Protofilamenten** zusammen. Viele Protofilamente bilden durch laterale Assoziation **Protofibrillen,** die gleichfalls durch laterale Assoziation ein Intermediärfilament bilden (▮ Abb. 7). Insgesamt unterscheidet man fünf Klassen von Intermediärfilamenten (▮ Tab. 1).

Klasse	Proteine
I und II	Zytokeratine
III	Vimentin, Desmin, Peripherin, GFAP (Glial fibrillar acidic protein)
IV	Neurofilamentproteine
V	Lamine

▮ Tab. 1: Die fünf Intermediärfilamentklassen.

Funktion allgemein: In vielen Fällen stehen Intermediärfilamente mit Desmosomen (s. a. S. 7) in Verbindung, was für eine starke mechanische Haftung sorgt.

Funktion in Nervenzellen:

- In sehr langen **Axonen** der Neuronen bilden bestimmte Intermediärfilamente, die **Neurofilamente,** gemeinsam mit Mikrotubuli (s. S. 21) das Strukturgerüst (▮ Abb. 8).
- **Gliazellen** und **Astrozyten** im ZNS sind charakterisiert durch das Protein Glial fibrillar acidic protein (GFAP). Es könnte u. a. zur Beweglichkeit der Astrozyten beitragen.

Funktion in Körperzellen: Gerade Zellen, die starken mechanischen Belastungen ausgesetzt sind, besitzen einen sehr hohen Anteil an Intermediärfilamenten.

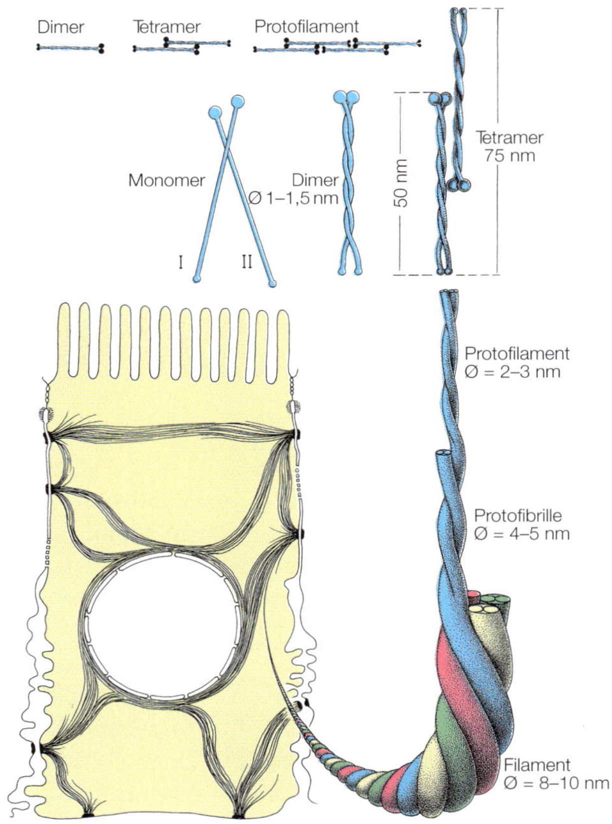

▮ Abb. 7: Feinbau eines Zytokeratinfilaments. [2]

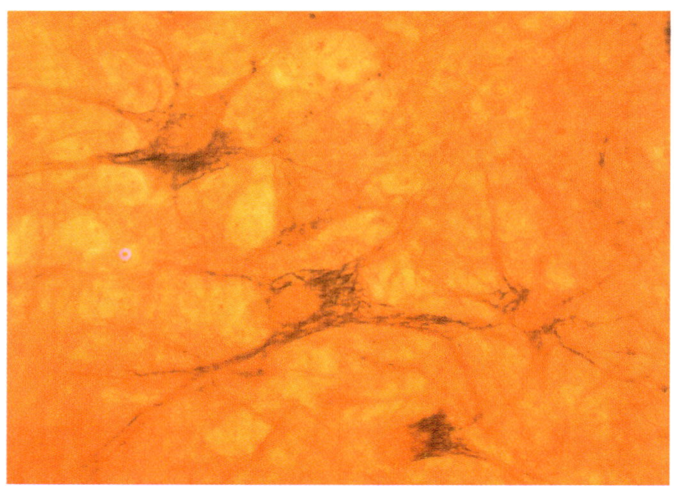

▮ Abb. 8: Neurofibrillen, Medulla oblongata des Menschen. [41]

▶ Die verschiedenen **Epithelzellen** erhalten ihre Stabilität durch eine große Klasse der Intermediärfilamente, die **Keratine.** Man findet rund ein Drittel in Nägeln und Haaren (harte Epithelien) und zwei Drittel im Zytoplasma als sog. **Zytokeratine.** Verschiedene Proteinkombinationen charakterisieren ganz bestimmte Epithelien.

Klinik: Eine sehr seltene Erbkrankheit ist die Epidermolysis bullosa simplex (EBS). Weniger als 20 Fälle aus verschiedenen Regionen der Welt sind bekannt. Die EBS beruht auf einer Veränderung des Gens, das für das Protein Zytokeratin 14 kodiert. Bei dieser Erkrankung entstehen schon an leicht traumatisierten Stellen bullöse Hautläsionen (Blasen), bedingt durch Freisetzung Eiweiß abbauender Enzyme in den Epidermiszellen, was zur Auflösung der Zellen führt.

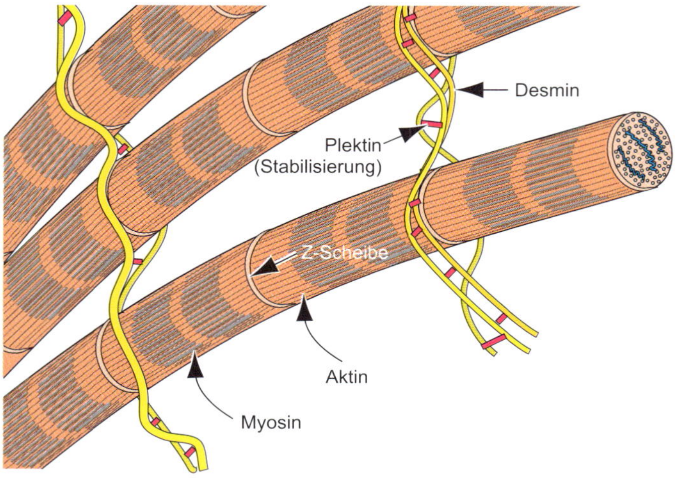

Abb. 9: Desmin fixiert die Myofibrillen nebeneinander. [19]

▶ In Zellen der **quergestreiften** Muskulatur findet sich u. a. **Desmin.** Ein Muskel besteht aus Muskelfaserbündeln, diese wiederum aus Myofibrillen. Die Verankerung der Z-Scheiben des Sarkomers benachbarter Myofibrillen wird durch Desmin bewerkstelligt (▌Abb. 9), wodurch sie nebeneinander fixiert werden (Grund für die typische Querstreifung).

▶ **Vimentin** wird in **nichtmuskulären Mesenchymzellen** wie Fibroblasten, Chondrozyten und Osteozyten synthetisiert.

▶ Die **Fotorezeptoren** der Netzhaut bilden das Zytoskelettprotein **Peripherin.** Es befindet sich am Rand und/oder im Außensegment des Rezeptors.

▶ Die **Lamine** sind eine **Sonderform** der Intermediärfilamente und stellen die V. Klasse dar. Im Gegensatz zu den bisher genannten Intermediärfilamentproteinen, die im Zytoplasma Filamente aufbauen, sind sie im Nukleus lokalisiert. Sie bauen die Kernlamina auf, welche die Kernhülle innen auskleidet und die Form des Kerns stabilisiert (s. a. S. 8).

Zusammenfassung

- Das Zytoskelett ist aus drei unterschiedlichen Filamenttypen (Mikrotubuli, Aktin- und Intermediärfilamente) aufgebaut.
- **Mikrotubuli** sind die größten Filamente; 13 Tubulinketten (Protofilamente) ordnen sich zu einem Mikrotubulus an. Sie dienen als Schienensystem der Zelle, ermöglichen Zellteilung (Spindelfaserapparat) und Fortbewegung durch Geißeln/Zilien.
- **Aktinfilamente** sind die kleinsten Filamente. Globuläre Aktine sind zu Ketten verknüpft und bauen gemeinsam mit Myosin den Kontraktionsapparat auf. Sie ermöglichen u. a. Muskelkontraktion, amöboide Fortbewegung, Zellteilung (Teilungsfurche) und stützen Mikrovilli.
- **Intermediärfilamente** sind Filamente mittelgroßen Typs. Viele Protofilamente bilden durch laterale Assoziation Protofibrillen, die ihrerseits durch laterale Assoziation ein Intermediärfilament bilden. Sie stehen oft mit Desmosomen in Verbindung (starke mechanische Verhaftung, s. a. S. 7); Sonderform: Kernlamine.
- Mutationen in Genen, die für den Aufbau der drei Filamenttypen oder assoziierter Proteine kodieren, rufen schwere Krankheiten hervor, wie z. B. das Kartagener-Syndrom (Mikrotubuli der Zilien defekt, betrifft alle zilientragenden Zellen des Körpers), die Muskeldystrophie (Störung des Aktin-Dystrophin-Aufbaus in Muskelzellen) und die Epidermolysis bullosa simplex (Störung des korrekten Aufbaus von Zytokeratin in Epidermiszellen).

Zellkommunikation und Signaltransduktion

Ob hochkomplexer Körperbau wie bei einem Wirbeltier oder einfacherer Bau niederer Wirbelloser – um zu funktionieren, müssen die Zellen eines Organismus miteinander kommunizieren, und dies geschieht auf sehr vielfältige Weise.

Kommunikationsprinzipien

Im Vergleich zur Kommunikation mittels elektrischer Impulse im Nervensystem ist die Kommunikation durch Botenstoffe über die Blutbahn langsam, aber auch länger anhaltend.

Endokrine Zellen: Sie geben **Hormone** oder ähnliche Stoffe, wie z. B. **Wachstumsfaktoren,** in die Blutbahn ab, von wo diese zu den spezifischen Geweben gelangen. Sie steuern zahlreiche Körpervorgänge: Stoffwechsel, Wachstum, Fortpflanzung, Entwicklung, Stimmung oder Verhalten. Diese Kommunikation über Botenstoffe bietet sehr weit voneinander entfernten Zellen die Möglichkeit, miteinander in Kontakt zu treten. Der Sender übermittelt Botenstoffe, die bei der Empfängerzelle zu einer bestimmten Reaktion führen.

Parakrine Zellen: Sie wirken auf benachbarte Zellen, also nur lokal. Ihre regulatorisch wirkenden Stoffe, z. B. **Histamin** aus Mastzellen und basophilen Granulozyten oder **Interleukin-1** aus Makrophagen, geben sie in den Zellzwischenraum ab. Einige Zellen sind sowohl endo- als auch parakrin aktiv.

Autokrine Zellen: Sie regulieren sich selbst. Die ausgeschiedenen Stoffe wirken unmittelbar auf die Zellen selbst bzw. auch auf Nachbarzellen des gleichen Typs. Stimulierte T-Zellen sezernieren **Interleukin-2** autokrin, was zur Proliferation der T-Zellen führt.

Klinik: Die Produkte der sog. Tumorsuppressorgene werden als Tumorsuppressoren bezeichnet. Sie sind an Signaltransduktionsketten und an der Übermittlung von wachstumsinhibierenden Stoffen beteiligt oder regulieren selbst direkt Zellzyklus und Apoptose. Sie hindern Zellen an unkontrolliertem Wachstum und schützen sie so vor maligner Entartung. Führt eine Mutation zum Funktionsverlust in diesen Genen, erhält die Zelle ein fehlerhaftes Teilungssignal und kann entarten.

Direkte Botenstoffwirkung

Lipophile Steroidhormone, Calcitriol (der in der Niere aus Calcidiol gebildete eigentliche Wirkstoff von Vitamin D_3) und Schilddrüsenhormone können problemlos durch die Plasmamembran in die Zelle eindringen. Durch Bindung an intrazelluläre spezifische Rezeptoren im Zytoplasma entstehen wirksame Hormon-Rezeptor-Komplexe, die in den Kern wandern und die Proteinbiosynthese steuern.

Klinik: Ein Patient mit testikulärer Feminisierung besitzt genetisch das männliche Geschlecht (XY), ist phänotypisch jedoch weiblich. Häufige Ursache für diese Erkrankung ist ein fehlender oder nicht funktionierender Testosteronrezeptor. Dieser ist im Fetus und in der Pubertät für die Entwicklung der primären und sekundären Geschlechtsmerkmale notwendig. Testosteron wird zwar produziert, aber die Zellen sind nicht in der Lage, darauf zu reagieren. Dies führt zur äußeren genitalen Entwicklung nach weiblichem Muster. Die Entwicklung der inneren weiblichen Organe wird durch das vom fetalen Hoden produzierte Hormon MIF (Mullerian inhibiting factor) verhindert: Die Vagina endet blind, Uterus, Eileiter und Ovarien fehlen.

Indirekte Botenstoffwirkung

Hydrophile Peptidhormone, **First messenger,** besitzen eine indirekte Wirkung und lösen eine **Signalkaskade** aus. Sie binden an Rezeptoren an der Oberfläche der Zielzellen. Daraufhin werden auf kompliziertem Weg intrazelluläre Botenstoffe gebildet, die sog. **Second messenger** (s. u.). Sie übertragen die Information weiter und können dadurch verschiedene Enzymreaktionen auslösen. Die Umwandlung eines Signals in ein anderes wird als **Signaltransduktion** bezeichnet. Die Signalkaskade führt zu einer Verstärkung des Signals, so dass schon sehr wenige extrazelluläre Signalmoleküle zu einer starken Reaktion führen.

Weitere Formen der Kommunikation

- Das Molekül **NO (Stickstoffmonoxid)** dient in Zellen ebenfalls als Botenstoff. Bestimmte Reize (z. B. Ca^{2+}-Anstieg) können in **Endothelzellen** eine Anregung der NO-Synthase auslösen. Über einen Stoffwechselweg entsteht das sehr kurzlebige NO-Radikal und diffundiert in Gefäßmuskelzellen, wo es die Guanylatzyklase aktiviert, die wiederum GTP zu cGMP (zyklisches Guanosinmonophosphat) umbaut. Dieses aktiviert die Proteinkinase G, was zum Anstieg des intrazellulären Ca^{2+}-Gehalts und zur Vasodilatation (Gefäßerweiterung) führt.

Klinik: Herzmedikamente, die bei Angina pectoris oder Herzinfarkt verabreicht werden, machen sich diesen Effekt zunutze (z. B. wird NO durch Enzyme von Nitroglyzerin abgespalten). Man verabreicht sie zur Senkung der arteriellen Pumplast, da sie die peripheren Gefäße erweitern und somit dem Herzen weniger Blut zugeführt wird (Sauerstoffverbrauch ↓).

- Die Kommunikation eines **Nervs** z. B. mit einem Muskel oder einem anderen Nerv erfolgt ebenfalls über Botenstoffe, sog. **Neurotransmitter.** Bei einem elektrischen Nervenimpuls werden diese freigesetzt, überqueren den synaptischen Spalt und binden an Rezeptoren der postsynaptischen Membran.

Signalrezeptoren

Die individuelle Rezeptorausstattung der Zielzelle ist verantwortlich für das Ansprechen auf Liganden (Botenstoffe) in der Zellumgebung.

Ionengekoppelte Rezeptoren

Bau: ligandengesteuerte Ionenkanäle mit Rezeptor für Liganden auf der extrazellulären Seite.

Funktionsweise: Nach Andocken eines Liganden kommt es zu einer **Konformationsänderung** des Kanalproteins, was, je nach Funktion, zum Öffnen oder Schließen des Ionenkanals führt. Ein Öffnen ermöglicht die Diffusion von Ionen durch die Membran entlang ihrem **Konzentrationsgradienten** (in Richtung der niedrigeren Konzentration), ein Schließen unterbindet dies. Auf diese Weise ändert sich das Zellmilieu, was weitere Reaktionen auslöst (z. B. Ca^{2+} ↑, s. u.).

Botenstoff: z. B. GABA (γ-Aminobuttersäure), Glutamat.

> Ca^{2+} ist ein wichtiger Botenstoff und übernimmt gleichzeitig die Rolle eines Second messenger. Calmodulin ist ein intrazelluläres Rezeptorprotein für Ca^{2+}, besitzt aber keine Enzymaktivität. Bindet Ca^{2+} an Calmodulin, aktiviert dieser Komplex sog. Calmodulinkinasen, was letztendlich eine Muskelkontraktion auslöst.

G-Protein-gekoppelte Rezeptoren

Bau: Transmembranprotein, das mit sieben α-Helices die Plasmamembran durchspannt. Es besitzt eine Bindestelle für Liganden auf der extrazellulären Seite und eine für ein G-Protein (guaninnukleotidbindendes Protein, das als Vermittler zwischen Rezeptor und hydrophilen Stoffen wirkt) auf der intrazellulären Seite.

Funktionsweise: Ein Ligand bindet an den extrazellulären Rezeptor. Das führt dazu, dass auf der Plasmamembraninnenseite ein inaktives G-Protein, das in der Nähe des Rezeptors vorliegt, an den Rezeptor binden kann. Dieses G-Protein ist ein Heterotrimer, bestehend aus einer α- und βγ-Untereinheit. Die α-Untereinheit, an die im inaktiven Zustand GDP gebunden ist, hydrolysiert GDP zu GTP (Aktivierung). Das G-Protein wird gespalten in Gα-GTP und Gβγ. Gα-GTP ist aktiviert und somit in der Lage, weitere Prozesse in der Zelle anzustoßen. Je nachdem, ob es sich um ein hemmendes oder aktivierendes G-Protein handelt, folgen ganz unterschiedliche Signaltransduktionskaskaden. Es wirkt z. B. auf die **Guanylatzyklase,** die den Second messenger **cGMP** synthetisiert, oder die **Adenylatzyklase,** die **cAMP** (zyklisches Adenosinmonophosphat) synthetisiert. Auch die **Phospholipase C** kann aktiviert werden, was zur Synthese der Second messenger $\mathbf{IP_3}$ (Inositoltriphosphat) oder **DAG** (Diacylglycerol) führt. Die Second messenger führen die Signalkaskade weiter. Spaltet eine GTPase das GTP zu GDP, geht die α-Untereinheit wieder in den inaktiven Zustand über und lagert sich mit der Gβγ-Untereinheit zusammen.

Botenstoff: z. B. Glukagon.

Enzymgekoppelte Rezeptoren

Bau: Transmembranproteine (benachbarte, getrennte Monomere) mit einer Ligandenbindungsstelle auf der extrazellulären Seite. Auf der Membraninnenseite besitzt das Protein **Tyrosinkinasefunktion.** Tyrosinkinasen übertragen Phosphatgruppen auf die Hydroxygruppe der Aminosäure Tyrosin eines anderen Proteins.

Funktionsweise: Ein Botenstoff dockt an **beide Monomere** gleichzeitig an, was zur Bildung eines **Rezeptordimers** führt. Daraufhin wird auf der Membraninnenseite die Tyrosinkinasefunktion des Dimers aktiviert. ATP bindet an eine Untereinheit des Komplexes. Eine Phosphatgruppe wird von ATP auf ein an die andere Untereinheit gebundenes Protein (z. B. **Ras-Protein,** s. u.) übertragen. Diese Phosphorylierung kann den Funktionszustand des Proteins modifizieren oder Andockstellen für weitere Proteine schaffen. Da an einer Untereinheit mehr als ein Substrat gebunden sein kann, können durch diesen Prozess mehrere Proteine gleichzeitig aktiviert werden.

Botenstoffe: z. B. Insulin, Nerve growth factor, Fibroblast growth factor.

> **Klinik:**
> - Enzymgekoppelte Rezeptoren sprechen auf bestimmte Peptidhormone und Wachstumsfaktoren an. Diese Proteine fördern die Zellteilung. Verändert eine Mutation einen solchen Rezeptor, kann für die Zelle ein Signal entstehen, das fälschlicherweise als ständiges Teilungssignal interpretiert wird.
> - Rezeptortyrosinkinasen führen u. a. zur Aktivierung der Ras-Proteine, für die die sog. ras-Gene kodieren. Ras-Gene sind Protoonkogene und spielen eine entscheidende Rolle bei der Proliferation von Zellen. Schon eine Punktmutation (s. S. 64 f.) in diesen Genen führt dazu, dass sie zu Onkogenen werden, deren Genprodukt zu einer unkontrollierten Zellproliferation führen kann. In zahlreichen Tumorzellen wurde eine Punktmutation in diesen Genen nachgewiesen.

Zusammenfassung

- Signalgebende Zellen können u. a. endo-, para- oder autokrin sein.
- Hormone/Botenstoffe lösen in der Zielzelle auf direktem Weg eine Reaktion aus, wenn sie lipophil sind. Hydrophile Botenstoffe lösen über Second messenger eine Signalkaskade aus.
- Signalrezeptoren werden unterteilt in ionengekoppelte, G-Protein-gekoppelte und enzymgekoppelte Rezeptoren.
- Mutationen in Tumorsuppressorgenen und Protoonkogenen, wie z. B. den ras-Genen, sowie eine gestörte Zellkommunikation und Rezeptordefekte können zur Krebsentstehung führen.

Zellzyklus

Zellen vermehren sich in einem zyklischen Prozess. Der **Zellzyklus** umfasst zwei Hauptphasen: zum einen die **Interphase,** in der die Zelle wächst, ihre spezifische Funktion ausübt und ihre DNA repliziert, zum anderen die **Teilungsphase,** die aus Mitose (Kernteilung) und Zytokinese (Teilung des Zytoplasmas) besteht, was bei höher entwickelten eukaryotischen Zellen zeitlich voneinander getrennt abläuft.
Zellen entstehen immer aus anderen Zellen, und schon 1855 prägte der deutsche Arzt Rudolf Virchow den Satz: „Omnis cellula ex cellula." Im Praktikum wird manchmal ein Versuch zur Beobachtung der Mitosephasen im Wurzelspitzen-Meristem der Zwiebel durchgeführt (s. a. S. 107).

Interphase

Die Interphase ist die wesentlich längere Phase, die eine Zelle in ihrem Zyklus durchläuft, und beansprucht etwa 90% der Dauer des Zellzyklus. Sie untergliedert sich in die G_1-Phase (vom *Engl.* Gap für „Lücke", weil man früher nicht wusste, was in dieser Phase passiert), die S- (Synthese-) und G_2-Phase (▌Tab. 1, ▌Abb. 1). Die Chromosomen liegen aufgelockert als Chromatinfasern vor.
Es gibt auch Zellen, die sich nicht mehr teilen, wie z. B. Muskelzellen oder Erythrozyten. Letztere stoßen im Verlauf ihres Reifungsprozesses sogar ihren Kern ab. Andere Zellen, wie beispielsweise die der Lunge, werden häufig erneuert und teilen sich ständig.
Man findet im Interphasekern spezifisch anfärbbare Stellen hochkondensierten **Heterochromatins.** Das **Barr-Körperchen**, das inaktive X-Chromosom weiblicher Körperzellen, ist dann zu erkennen (s. S. 54). Das **Y-Chromosom** kann mittels spezieller Färbung ebenfalls sichtbar gemacht werden.

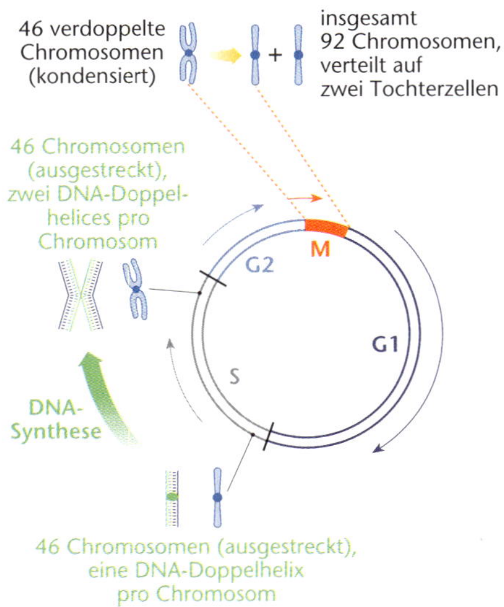

▌Abb. 1: Der DNA-Gehalt der menschlichen Chromosomen im Verlauf des Zellzyklus. [nach 38]

> Zellen, die keine Teilung mehr durchlaufen, arretieren in der Regel in der G_1-Phase. Bei vollständigem Einstellen der Teilung nennt man die Phase G_0. Dieser Zustand kann irreversibel sein, sich bei bestimmten Zellen aber durch exogene Signale auch wieder reaktivieren (z. B. bei Stammzellen).

Kontrollpunkte

Da der Zellzyklus sehr kompliziert ist, muss gewährleistet sein, dass keine Fehler auftreten. Dafür gibt es in der Interphase zwei Kontrollpunkte (▌Tab. 1), den **G_1- und G_2-Kontrollpunkt,** sowie in der Mitose den **Metaphasenkontrollpunkt** (Spindelkontrollpunkt). An diesen Stationen wird geprüft, ob der jeweilige Prozess korrekt abgeschlossen ist. Zwei Proteingruppen steuern das Verhalten der Zelle an den Kontrollpunkten:

Zyklinabhängige Kinasen (CdK):
- Übertragen Phosphat und treiben den Zellzyklus an
- Ihre Konzentration in der Zelle ist stets gleichbleibend.
- Aktivierung erfolgt durch Assoziation mit den Zyklinen und eine aktivierende Phosphorylierung.

Zykline:
- Binden spezifisch an die CdK und bilden einen aktiven Komplex
- Keine enzymatische Aktivität
- Periodische Zu- und Abnahme im Zellzyklus
- Zyklin D leitet im G_1-Kontrollpunkt die S-Phase ein, Zyklin A die G_2-Phase und später den Übergang zur Mitose, Zyklin B steuert die Mitose.

Zyklin B und die CdK bilden zusammen den **M-Phase-Förderfaktor (MPF),** eine aktive Proteinkinase, die u. a. die Lamine phosphoryliert und so an der Auflösung der Kernlamina beteiligt ist. Sie führt zur Ausbildung der Mitosespindel und sorgt für die Kondensation der Chromosomen.

> **Klinik:** Mutationen können zu unkontrollierten Teilungen führen und maligne Tumoren verursachen. Dies passiert u. a., wenn es zu Veränderungen und Defekten im Kontrollsystem des Zellzyklus kommt. Beispielsweise führt das Fehlen des Proteins p53 zum Verlust der Proliferationskontrolle. In ca. 50% der Tumorzellen wurden Mutationen im p53-Gen gefunden, die zu einem Funktionsverlust des Proteins führen.

Stadien der Interphase und Dauer* (bei Tumorzellen des Menschen in Kultur)	**Vorgänge in der Zelle**	**Kontrollpunkte**
G_1-Phase (8 h)	▸ zellspezifischer Stoffwechsel ▸ Zellwachstum ▸ Synthese von Zytoplasma, Enzymen zur DNA-Replikation, tRNA, rRNA, Mitosespindeln, Histonen (DNA besteht aus 46 Ein-Chromatid-Chromosomen)	G_1-Kontrollpunkt (Restriktionspunkt): Test, ob geschädigte DNA vorliegt, wenn ja, arretiert das Protein p53 die Zelle in G_0, wenn nein, wird Startsignal für S-Phase erteilt. Findet p53 irreparable Schäden, leitet es die Apoptose (s. S. 33) ein.
S-Phase (6 h)	Verdoppelung der DNA (DNA besteht aus 46 Zwei-Chromatid-Chromosomen)	–
G_2-Phase (4,5 h)	▸ Reparatur eventueller Replikationsfehler ▸ Synthese von Zellorganellen, was zu weiterer Größenzunahme führen kann	G_2-Kontrollpunkt: Test, ob fehlerhafte DNA synthetisiert wurde, und Verzögerung der Mitose, bis DNA-Schäden repariert wurden

▌Tab. 1: Zellvorgänge und Phasendauer der drei Stadien der Interphase. [*aus 20]

Mitose und Zytokinese

Am Ende der Interphase lässt sich der Kern einer Zelle mit 46 Chromosomen, bestehend aus **zwei Schwesterchromatiden**, gut unter dem Mikroskop erkennen, die einzelnen Chromosomen sind zu diesem Zeitpunkt aber noch nicht sichtbar (erst in der Prophase). Das Zentriolenpaar hat sich während der Interphase verdoppelt. Die Mitose wird in fünf Phasen unterteilt (▮ Abb. 2) und dauert zwischen 30 und 120 Minuten.

Mehr zum Thema Mitosespindel und Mikrotubuli/Chromosomen des Menschen finden Sie auf Seite 20 und Seite 56 f.

Die Zytokinese beginnt in der späten Anaphase und wird in der Telophase abgeschlossen. Dabei schnürt sich die Zelle in der Mitte senkrecht zur Teilungsspindel zusammen, wodurch die Teilungsfurche entsteht. Auf der Zytoplasmaseite dieser Furche liegt ein kontraktiler Ring aus Aktinfasern (s. a. S. 23). Dieser zieht sich in Wechselwirkung mit Myosin zusammen und schnürt die Zelle ein. Die Furche wird immer tiefer, bis die Zelle sich in der Mitte komplett getrennt hat. Das Zellplasma, die Organellen und die Zentriolenpaare werden nach dem Zufallsprinzip verteilt. Die 46 Chromosomen einer Zelle vor der Inter- bzw. S-Phase bestehen aus **einem Chromatid.**

Klinik:
- Für die Chromosomenanalyse (s. S. 56, „Das Karyogramm") eignen sich die stark kondensierten Metaphasechromosomen. Mittels Colchicin werden die Zellen während der Teilung in dieser Phase arretiert, anschließend fixiert und unter dem Mikroskop analysiert. So können z. B. fehlende oder überzählige Chromosomen entdeckt werden.
- Der Mitose-Index ist ein Maß für die Wachstumsgeschwindigkeit eines Gewebes und gibt den Anteil der in der Mitose befindlichen Zellen einer Zellpopulation an (s. a. S. 107). Er ist ein wichtiges diagnostisches Kriterium zur Beurteilung des Wachstums eines Tumors. Je mehr Zellen sich im Mitosestadium befinden, desto schneller vermehrt sich die Zellpopulation.

Interphase
- Kernhülle intakt
- Chromosomen entspiralisiert und lichtmikroskopisch nicht sichtbar

Prophase
- Chromosomen werden komprimiert und sichtbar
- die Zentriolenpaare wandern auseinander, zwischen ihnen befinden sich die Spindelfasern

Prometaphase
- Kernhülle löst sich auf
- Chromosomen beginnen in die Äquatorialebene zu wandern (Metaphaseplatte); ihre beiden Chromatiden werden sichtbar
- Ausbildung der Kinetochore im Bereich des Zentromers
- Ausbildung der Mitosespindel; die Spindelfasern reichen einerseits von Pol zu Pol (Polfasern), andererseits setzen sie von beiden Seiten an den Kinetochoren an (Kinetochorfasern)

Metaphase
- die vollständig komprimierten Chromosomen befinden sich in der Metaphaseplatte

Mitose

Anaphase
- jedes Zentromer teilt sich
- die beiden Chromatiden jedes Chromosoms werden zu den entgegengesetzten Polen gezogen

Telophase
- Chromosomen erreichen die Pole und beginnen sich zu strecken
- Kernmembranen bilden sich aus
- Auflösung der Mitosespindel
- Bildung neuer Nukleoli
- das Zytoplasma beginnt sich zu teilen

Zytokinese
- Teilung des Zytoplasmas ist abgeschlossen; zwei Tochterzellen sind entstanden

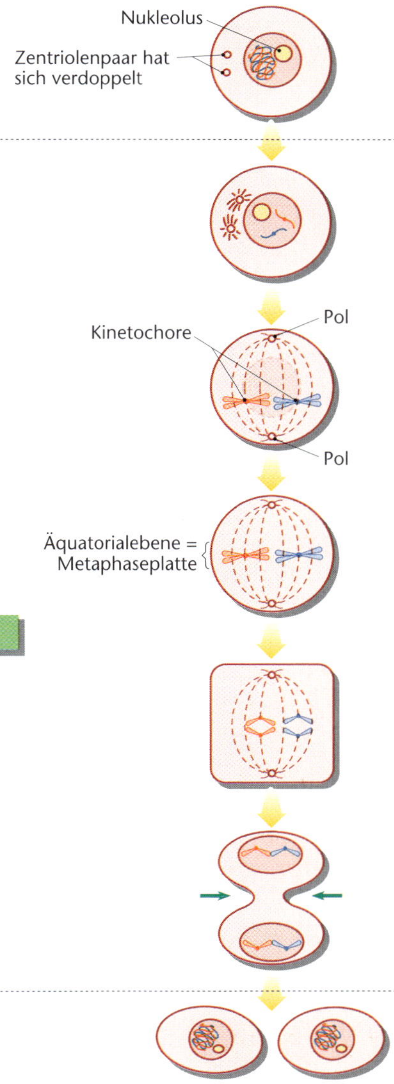

▮ Abb. 2: Die Mitosephasen: schematischer Überblick. [nach 38]

Zusammenfassung

- Im Zellzyklus wechseln sich Interphase (G_1-, S- und G_2-Phase) und Mitose (Pro-, Prometa-, Meta-, Ana-, Telophase) ab; er dient der Zellteilung.
- Am Ende der Mitose steht üblicherweise die Zytokinese, wobei die Teilungsfurche sich durch ein Zusammenspiel von Aktin und Myosin einschnürt und schließlich zwei Tochterzellen bildet.
- Bestimmte Kontrollpunkte (G_1- und G_2- und Metaphasenkontrollpunkt) verhindern das Fortschreiten des Zellzyklus bei Fehlern. Sie gewährleisten einen zeitlich korrekten und irreversiblen Ablauf des Zellzyklus.

Meiose

Die Meiose wird auch als Reifeteilung bezeichnet und führt zur Keimzellreifung. Sie unterteilt sich in zwei Abschnitte: **Meiose I und II.** Im Gegensatz zur Mitose findet bei der Meiose eine **Reduktion der Chromosomen** auf die Hälfte (1n) statt. Beim Menschen finden sich 23 Chromosomen in den haploiden Keimzellen (1n = 23). Bei der Befruchtung werden die beiden haploiden Chromosomensätze zusammengeführt und bilden in der Zygote wieder den diploiden Satz von 2n = 46 (s. a. S. 48). So bleibt die Zahl der Chromosomen von Generation zu Generation konstant.

Meiosephase	Vorgänge in der Zelle
Prophase I	fünf Stadien: Leptotän, Zygotän, Pachytän, Diplotän, Diakinese
Prometaphase I	▸ im Anschluss an die Diakinese Auflösung der Kernhülle und Ausbildung des Spindelfaserapparats ▸ Ausbildung der Kinetochore im Bereich der Zentromere ▸ Wanderung der Chromosomen zur Äquatorialebene
Metaphase I	▸ Anordnung der Chromosomenpaare beidseits der Äquatorialebene zwischen den Spindelpolen ▸ Anheftung der Spindelfasern an die Kinetochore der Chromosomen auf ihrer Seite der Äquatorialebene
Anaphase I	▸ Trennung der homologen Chromosomenpaare ▸ Wanderung je eines Chromosoms zu einem Zellpol unter Verkürzung der Spindelfasern
Telophase I	▸ Entspiralisierung der Chromosomen ▸ Ausbildung neuer Kernhüllen, die die Chromosomen umschließen ▸ Auflösung der Mitosespindel ▸ Bildung neuer Nukleoli

▮ Tab. 1: Die fünf Phasen der Meiose I.

Meiose I

Die Meiose wird wie die Mitose in fünf Phasen unterteilt. In der Meiose I werden zunächst die homologen Chromosomen getrennt (▮ Tab. 1, ▮ Abb. 1a und b), was zur Reduktion des Chromosomensatzes führt. Sie wird auch als **Reduktionsteilung** bezeichnet. Die Prophase I der Meiose I ist in weitere fünf Stadien unterteilt, die im Anschluss ausführlich besprochen werden.

Einzelschritte der Prophase I

▸ **Leptotän:** Die Chromosomen kondensieren, und feine Fäden werden sichtbar. Mit ihren Enden, den Telomeren, fixieren sie sich an der Kernlamina.

▸ **Zygotän:** Die homologen Chromosomen paaren sich (Synapsis), und zwischen ihnen wird der **Synaptonemalkomplex,** eine Proteinstruktur, gebildet.

▸ **Pachytän:** Die Chromosomen sind fest durch den o. g. Komplex verbunden. Man bezeichnet dieses Stadium auch **Tetradenstadium.** Nun kommt es zu Überkreuzungen (Chiasmata) homologer Nicht-Schwesterchromatiden und zur genetischen Rekombination (Crossing-over, s. u.). Dabei werden identische Genorte mütterlicher und väterlicher Chromatiden ausgetauscht.

▸ **Diplotän:** Die Chromosomen weichen auseinander und lösen sich aus dem Synaptonemalkomplex. Es sind immer noch Chiasmata zu erkennen.

▸ **Diakinese:** In dieser Phase lösen sich die Telomere von der Kernlamina. Es folgen die Auflösung der Kernhülle und die Bildung des Spindelfaserapparats.

Freie Rekombination

Als **freie Rekombination** bezeichnet man die Neukombination von mütterlichem und väterlichem Erbgut. Dies geschieht zufällig, also „frei", und es gibt kein Gesetz, das bestimmt, auf welcher Seite der Äquatorialebene sich das mütterliche oder das väterliche Chromosom in Metaphase I positioniert (▮ Abb. 2).

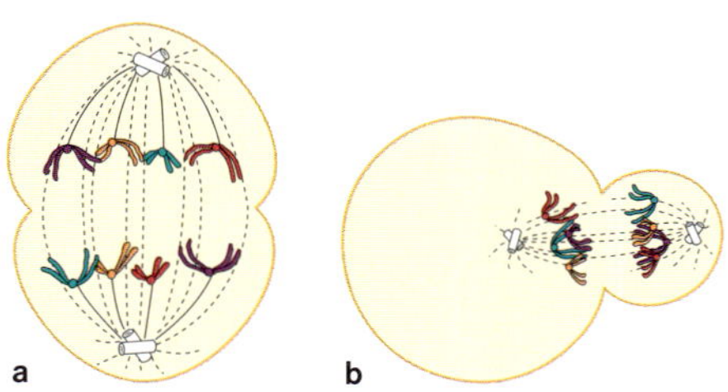

▮ Abb. 1: Schema zur Trennung der homologen Chromosomen während der Meiose I: a) beim Mann; b) bei der Frau. [21]

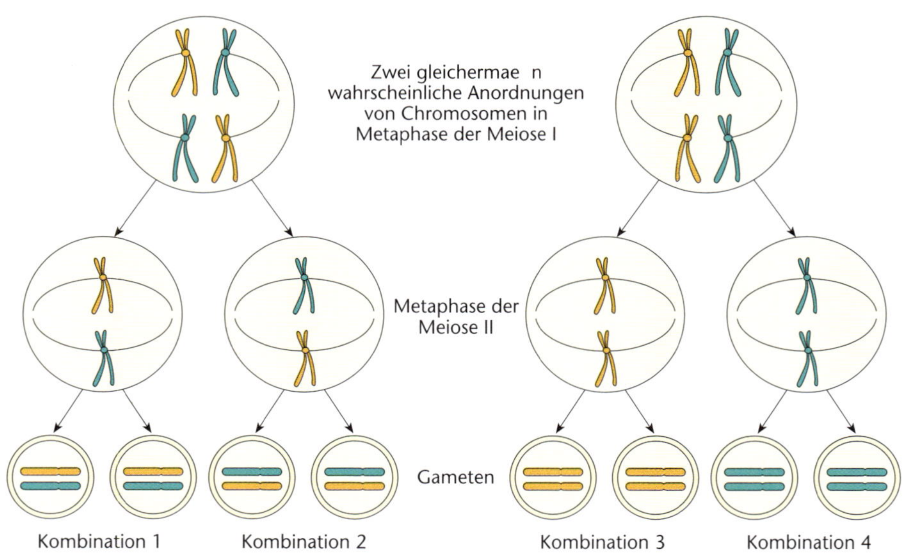

▮ Abb. 2: Alternative Anordnung homologer Chromosomen in Metaphase I: freie Rekombination. [nach 8]

Allein die freie Rekombination ergibt über 8 Millionen (2^{23}) Möglichkeiten für die Anordnung der väterlichen und mütterlichen Chromosomen. Tatsächlich sind die Kombinationsmöglichkeiten unbegrenzt, da noch ein weiterer Faktor, das **Crossing-over,** berücksichtigt werden muss.

Crossing-over

Sieht man sich die schematisch vereinfachte ▮ Abbildung 2 an, könnte man auf die Idee kommen, dass ein Gamet immer Chromosomen mit mütterlichem oder väterlichem Genmaterial enthält. Dem ist aber nicht so! Berühren sich zwei homologe Nicht-Schwesterchromatiden, kommt es zur **Überkreuzung,** zum sog. **Crossing-over.** Dabei werden in der Prophase I durch enzymatisch katalysierte Bruchereignisse Genorte zwischen den Chromosomen ausgetauscht. Durch den **Synaptonemalkomplex** liegen im Pachytän die homologen Gene exakt (!) nebeneinander. **Chiasmata** sind im Lichtmikroskop zu erkennen, und man zählt pro **Tetrade** etwa zwei bis drei Crossing-over-Ereignisse (▮ Abb. 3).

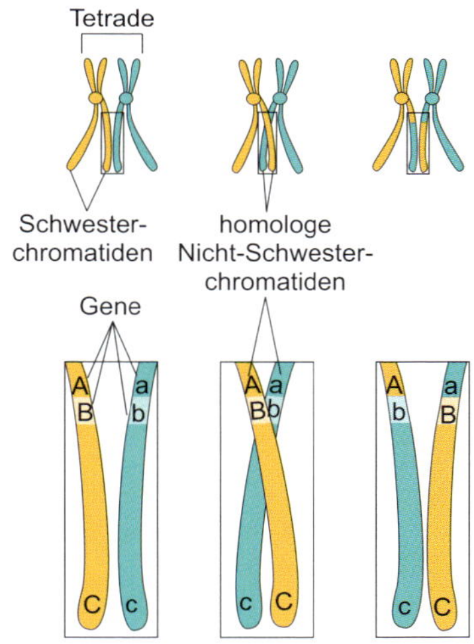

▮ Abb. 3: Crossing-over. [21]

Meiose II

Nach dem Grundschema der Mitose (s. S. 29) führt die Meiose II (Äquationsteilung) über die bekannten Stadien, die als Pro-, Prometa-, Meta-, Ana- und Telophase II bezeichnet werden, wieder zu Chromosomen, die aus einem Chromatid bestehen (▮ Abb. 4a und b).

Raucht der Kopf schon?
Sollte Ihnen inzwischen gar nicht mehr klar sein, was Schwesterchromatiden, Tetraden und Chromosomen sind, dann seien die Begriffe hier nochmal kurz auf einen Blick erklärt:
In einer Zelle befinden sich 46 Ein-Chromatid-Chromosomen von den Eltern, 23 vom Vater und 23 von der Mutter. Nach der Verdoppelung entstehen Zwei-Chromatid-Chromosomen, aufgebaut aus je zwei Schwesterchromatiden. Wenn sich in der Prophase I zwei dieser Chromosomen zusammenlegen, entsteht eine Tetrade aus insgesamt 2 × 2 Schwesterchromatiden. Nun kommt es zum Crossing-over homologer Nicht-Schwesterchromatiden. Im weiteren Verlauf der Meiose I trennen sich die homologen Zwei-Chromatid-Chromosomen, in der Meiose II dann die Schwesterchromatiden. Die Gameten enthalten 23 Ein-Chromatid-Chromosomen.

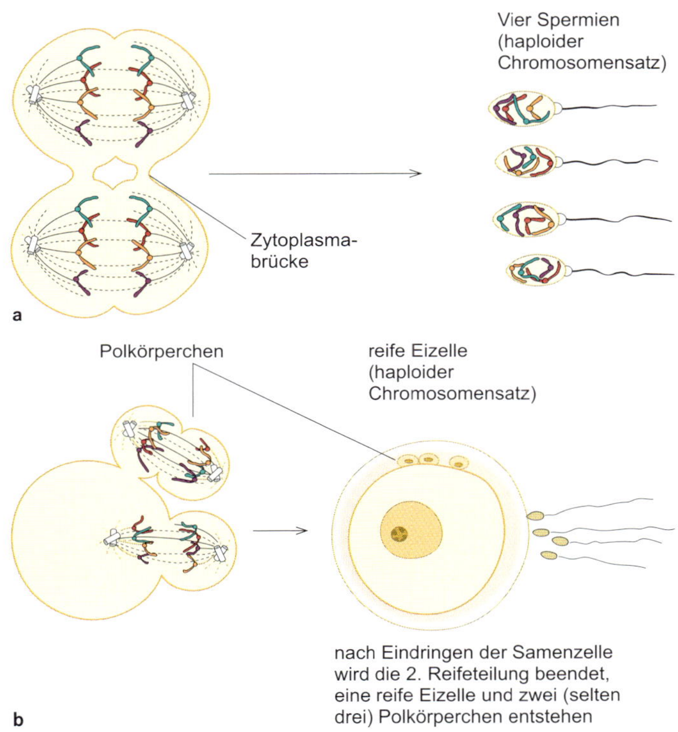

▮ Abb. 4: Schema zur Trennung der Schwesterchromatiden während der Meiose II: a) beim Mann; b) bei der Frau. [21]

Meiose (Fortsetzung), Gametogenese, Zelltod

Abschließender Vergleich

In ▮ Tabelle 2 sehen Sie eine Gegenüberstellung von Mitose und Meiose.

Merke: Die Meiose dient der Reduktion des Chromosomensatzes und bietet durch freie Rekombination eine große genetische Vielfalt. Crossing-over-Ereignisse erhöhen die genetischen Kombinationsmöglichkeiten und führen zu einer nahezu unendlichen Vielfalt.

Was?	Mitose	Meiose
Anzahl der Zellteilungen	eine; Pro-, Prometa-, Meta-, Ana- und Telophase	zwei; Meiose I aus Pro-, Prometa-, Meta-, Ana-, Telophase I; Meiose II aus Pro-, Prometa-, Meta-, Ana- und Telophase II
Replikation von DNA	in der Interphase, vor Kernteilung	in der Interphase, vor Kernteilung
Zahl der Tochterzellen und Chromosomensatz der Tochterzellen	zwei, je 2n, genetisch identisch	vier, je 1n, genetisch völlig unterschiedlich
Bedeutung	Proliferation der Zellen zur Entwicklung eines Vielzellers, für Wachstum und Gewebeheilung, identische Vervielfältigung der Zelle	Gametogenese, Entwicklung von weiblichen und männlichen Keimzellen, Reduktion des Chromosomensatzes, sorgt für genetische Variabilität

▮ Tab. 2: Vergleich von Mitose und Meiose.

Gametogenese

Die Gametogenese ist die Keimzellenbildung (▮ Abb. 5). Beim Mann bezeichnet man sie als **Spermatogenese** (im Hoden), bei der Frau als **Oogenese** (im Ovar).
Die Urkeimzellen sind wie alle anderen Körperzellen diploid. Durch eine Vielzahl mitotischer Teilungen wird eine große Anzahl von **Spermatogonien** und **Oogonien** produziert.

- **Beim Mann** werden die Spermatogonien bis zur Pubertät angelegt. Nach Erreichen der Geschlechtsreife erfolgt eine mitotische Teilung, die immer zu einer Spermatogonie und einer **primären Spermatozyte** führt. Nach Verdoppelung der DNA in der Interphase beginnt die Meiose I, und die primäre Spermatozyte teilt sich in zwei **sekundäre Spermatozyten.** Nach der Meiose II haben sich aus einer primären Spermatozyte **vier haploide Spermatiden** gebildet. Diese differenzieren sich weiter (Elongation, Geißelbildung) zu Spermatozoen.
- **Bei der Frau** beginnt die Entwicklung der Oogonien im Embryonalstadium zwischen dem 3. und 7. Monat und stoppt nach Verdoppelung der DNA in Prophase I. Die Zellen arretieren in einem als **Diplotän** bezeichneten Stadium (s. S. 30). Die zur weiteren Reifung ausgewählte **primäre Oozyte** beendet die Meiose I erst während der Ovulation (ca. 15–50 Jahre später). Dabei entsteht die **sekundäre Oozyte. Meiose II findet nur statt, wenn es zur Befruchtung kommt.** Dabei ist zu beachten, dass letztendlich aus einer Oogonie eine **Eizelle** und zwei **Polkörperchen** entstehen, da die Teilungen inäqual verlaufen (das erste Polkörperchen teilt sich nur in seltenen Fällen nochmals).

Non-disjunction

Chromosomenstörungen können auftreten, wenn sich während der Meiose die homologen Chromosomen oder die Schwesterchromatiden nicht trennen. Dieses Ereignis bezeichnet man als **Non-disjunction.** Eine korrekte Verteilung auf die Tochterzellen ist dann nicht möglich. **Numerische Chromosomenaberrationen** sind die Folge.
Durch das lange Diplotänstadium, in dem die weiblichen Oozyten verweilen, ist die weitere Reifeteilung sehr empfindlich gegenüber solchen Chromosomenfehlverteilungen. Die meisten Fehlverteilungen von Autosomen sind letal. Ein Kind mit z. B. Trisomie 21 kann überleben, allerdings mit einer meist erheblichen geistigen und körperlichen

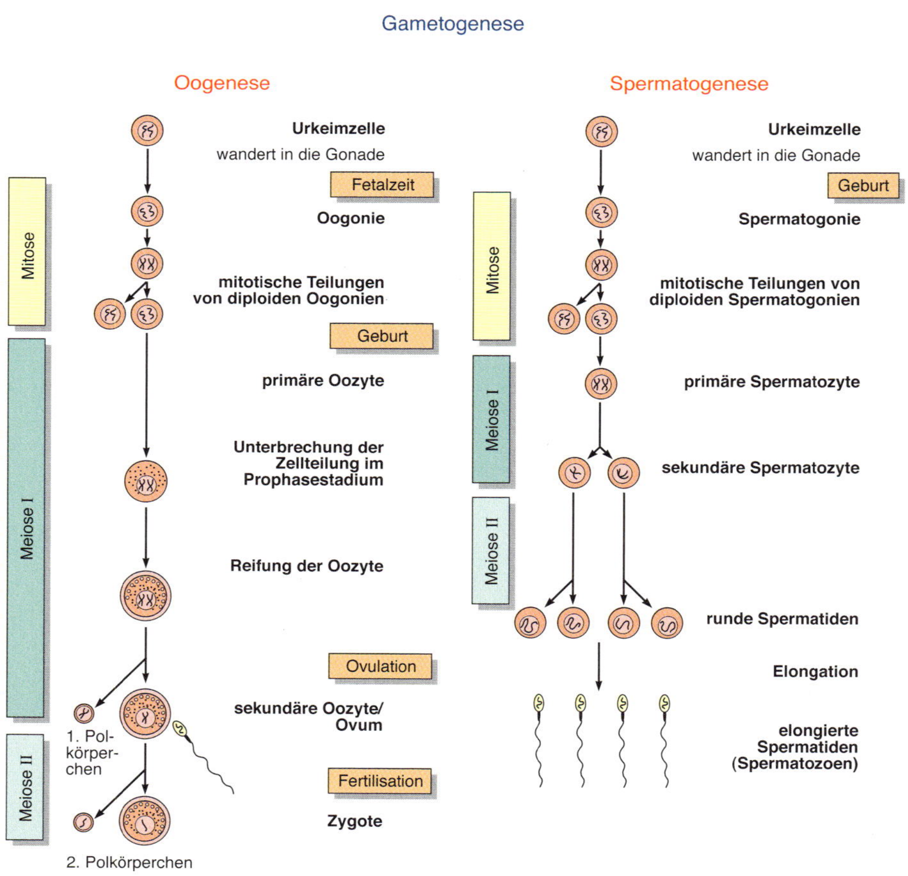

▮ Abb. 5: Gametogenese bei Frau und Mann. [nach 12]

Behinderung. Es besitzt das Chromosom 21 dreimal. Mehr zu numerischen Chromosomenaberrationen von Auto- und Gonosomen finden Sie auf den Seiten 58–61.

Klinik: Das Risiko für das Auftreten einer Trisomie 21 steigt signifikant mit dem Lebensalter der Mutter, jedoch nicht mit dem Alter des Vaters (s. S. 58, ▮ Tab. 1).

Apoptose

Am Ende des Lebens einer Zelle steht der **Zelltod.** Läuft dieser programmiert ab, nennt man den Vorgang **Apoptose.** In jeder Sekunde gehen im erwachsenen menschlichen Körper durch diesen Prozess mehrere Millionen Zellen zugrunde und werden durch neue ersetzt. Im Genom findet sich eine Art „Selbstmordprogramm", dessen Gene normalerweise inaktiv sind. Verschiedene Signalwege führen zur Auslösung der Apoptose und zum Tod der Zelle. Sogenannte „Todesliganden" heften an die „Todesrezeptoren" auf der Zelloberfläche, was die Aktivierung einer intrazellulären Kaskade proteolytischer Enzymaktivitäten in Gang setzt. Solche Enzyme sind die sog. **Caspasen** (DNA-zerschneidende Enzyme). Die Plasmamembran wird nicht zerstört, und so entstehen **Apoptosekörper,** die von phagozytierenden Zellen entsorgt werden. Es kommt **nicht zur Entzündung** des Gewebes. In einem histologischen Bild erkennt man die Fragmentierung der DNA sowie die Auflösung der Kernhülle und von Mitochondrien.
An der **Embryonalentwicklung** ist die Apoptose entscheidend beteiligt: So sind z. B. die Extremitätenknospen beim Menschen zunächst undifferenziert angelegt (▮ Abb. 6). Erst durch Auflösung der Zellen in den Fingerzwischenräumen entstehen die Finger. Genauso verhält es sich bei den Zehen.
Auch bei der Regulation der **physiologischen Regeneration,** wie z. B. der Entsorgung alter Zellen („ausrangierte" Lymphozyten), der Rückbildung eines Tumors oder der Milchdrüsen nach dem Abstillen, spielt die Apoptose eine wichtige Rolle.

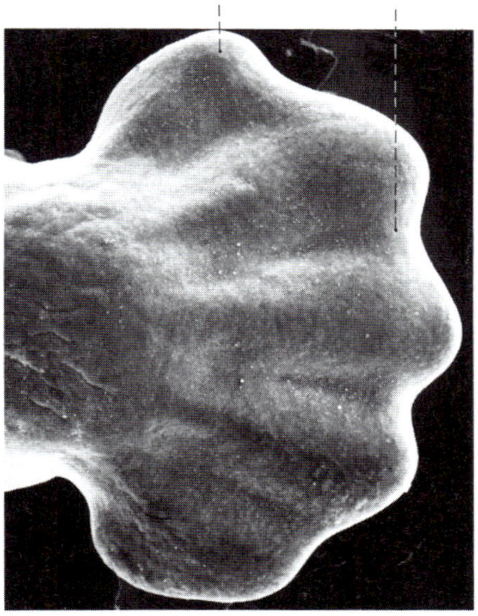

▮ Abb. 6: Rasterelektronenmikroskopische Aufnahme einer menschlichen Extremität (dorsale Ansicht): Zwischen dem 40. und 50. Embryonalentwicklungstag entstehen die Fingerzwischenräume durch Apoptose. [2]

Klinik: Bestimmte Signale lösen den programmierten Zelltod aus. Protein p53 (s. a. S. 28) ist beispielsweise ein Auslöser einer **internen** Signalkette. Tumorzellen werden vom Immunsystem identifiziert, und durch Signalmoleküle wie TNF-α (Tumor-Nekrose-Faktoren), die an Rezeptoren der Zelloberfläche andocken, erhalten sie ein **externes** Signal zur Apoptose. Eine Störung in diesem Ablauf kann zur Tumorgenese führen.

Nekrose

Werden ein Gewebe und seine Zellen durch eine Chemikalie, ein Trauma, Sauerstoffmangel, Strahlung oder andere äußere Einflüsse so beschädigt, dass dabei die Plasmamembran zerstört wird, kommt es zum Zelltod, der als **Nekrose** bezeichnet wird. Der Unterschied zur Apoptose liegt in dieser Zerstörung. Es entstehen keine Apoptosekörper, und der Zellinhalt entweicht in das umliegende Gewebe, was zu **Entzündungserscheinungen** führt. Die DNA wird unspezifisch abgebaut. Neutrophile Granulozyten phagozytieren die Partikel und bereiten größere Partikel auf die Phagozytose vor. Nach dieser sterben viele der neutrophilen Granulozyten; geschieht dies in größerem Ausmaß, kann es zu Eiterbildung kommen. Morphologische Kennzeichen der Nekrose sind die **Kernpyknose, Karyorrhexis** und **Karyolyse** (Verdichtung, Fragmentierung, Auflösung des Nukleus).

Zusammenfassung

- ✖ Die Meiose ist in zwei Abschnitte untergliedert: Meiose I und II. Die einzelnen Phasen werden als Pro-, Prometa-, Meta-, Ana- und Telophase I und II bezeichnet.
- ✖ Die Meiose dient der Reduktion der Chromosomen sowie der Neukombination von väterlichem und mütterlichem Erbgut. Freie Rekombination und Crossing-over-Ereignisse sorgen für nahezu unbegrenzte genetische Kombinationsmöglichkeiten.
- ✖ Die Entwicklung von männlichen und weiblichen Gameten, Spermien und Eizellen, bezeichnet man als Gametogenese.
- ✖ Die Apoptose bezeichnet den programmierten Zelltod, die Nekrose den Zelltod durch irreversible äußere Schädigung.

Molekulare Grundlagen

Formale Genetik

Chromosomale Störungen und Mutationen

Angewandte Genetik

B Genetik

Aufbau von DNA und RNA

Wie Sie bereits erfahren haben, steuern Proteine vielfältige Vorgänge im Körper. Man könnte sagen, sie halten die „Maschine Mensch" am Laufen. Die Anleitung zum Aufbau der Proteine ist in der DNA (= **D**eoxyribo**n**ucleic **a**cid) gespeichert. Das Besondere an der DNA ist, dass sie auch die Anweisungen für ihre eigene **Replikation** enthält und somit die Grundlage für das Leben darstellt.

DNA

Primärstruktur

Die DNA ist ein aus **Nukleotiden** zusammengesetztes Polymer. Ein Nukleotid besteht aus dem Zucker **Desoxyribose** (eine **Pentose**), einer **Phosphatgruppe** und einer von **vier stickstoffhaltigen Basen (Nukleinbasen).** Diese sind in die Familien der **Purine** und **Pyrimidine** unterteilt. Es gibt zwei Purinbasen, **Adenin (A)** und **Guanin (G),** und zwei Pyrimidinbasen, **Cytosin (C)** und **Thymin (T),** so dass die gesamte DNA nur aus vier unterschiedlichen informationstragenden Bausteinen aufgebaut wird (▮ Abb. 1a).
Die Verbindung von einer Base mit einer Pentose wird als **Nukleosid** bezeichnet (Adenosin, Guanosin, Cytidin, Thymidin).
Die Verknüpfung der Nukleotide zu einem Polymer geschieht über die Phosphatgruppe. Diese ist über eine Phosphodiesterbindung mit dem dritten und dem fünften Kohlenstoffatom zweier Pentosen verbunden (▮ Abb. 1b), Zucker und Phosphat wechseln sich also immer ab und bilden so eine lange Kette. Am ersten Kohlenstoffatom jeder Pentose ist eine der vier Nukleinbasen gebunden. Die Sequenz aus den Bausteinen der Kette wird als **Primärstruktur** der DNA bezeichnet.

Die Enden der DNA-Kette unterscheiden sich, da einmal eine Phosphatgruppe **(5'-Ende)** und einmal eine OH-Gruppe des Zuckers **(3'-Ende)** den Abschluss bildet. Die DNA erhält somit eine „Richtung", die als **Polarität** bezeichnet wird.

Sekundärstruktur

Mit Hilfe der Erkenntnisse aus der Röntgenstrukturanalyse erarbeiteten die Forscher Watson und Crick im Jahr 1953 ein Modell für die Struktur der DNA. Sie gingen davon aus, dass die DNA aus zwei Nukleotidpolymeren gebildet wird, die in einem konstanten Abstand zueinander verlaufen. **Die beiden Ketten der DNA bilden eine mit einer Leiter vergleichbare Struktur.** Die „Holme" werden von den Zucker-Phosphat-Ketten gebildet, während die „Sprossen" aus zwei Nukleinbasen bestehen, die mittels Wasserstoffbrückenbindungen miteinander verbunden sind (▮ Abb. 2). Forschungen ergaben, dass die Mengenverhältnisse von Adenin und Thymin sowie von Guanin und Cytosin identisch sind. Da der Abstand zwischen den beiden Ketten konstant ist, muss jeweils eine „große" Purinbase mit einer „kleinen" Pyrimidinbase gepaart werden. Aufgrund der unterschiedlichen Zahl von Wasserstoffbrückenbindungen treten Basenpaarungen immer nur zwischen Adenin und Thymin bzw. Guanin und Cytosin auf, weshalb diese Basen auch als **komplementär** zueinander bezeichnet werden. Wegen der Basenstruktur können die Wasserstoffbrückenbindungen nur ausgebildet werden, wenn die komplementären Stränge gegenläufig sind, d. h. sich in ihrer Polarität unterscheiden. Daher kann aufgrund der Basensequenz eines Strangs die Sequenz des komplementären Strangs vorhergesagt werden.

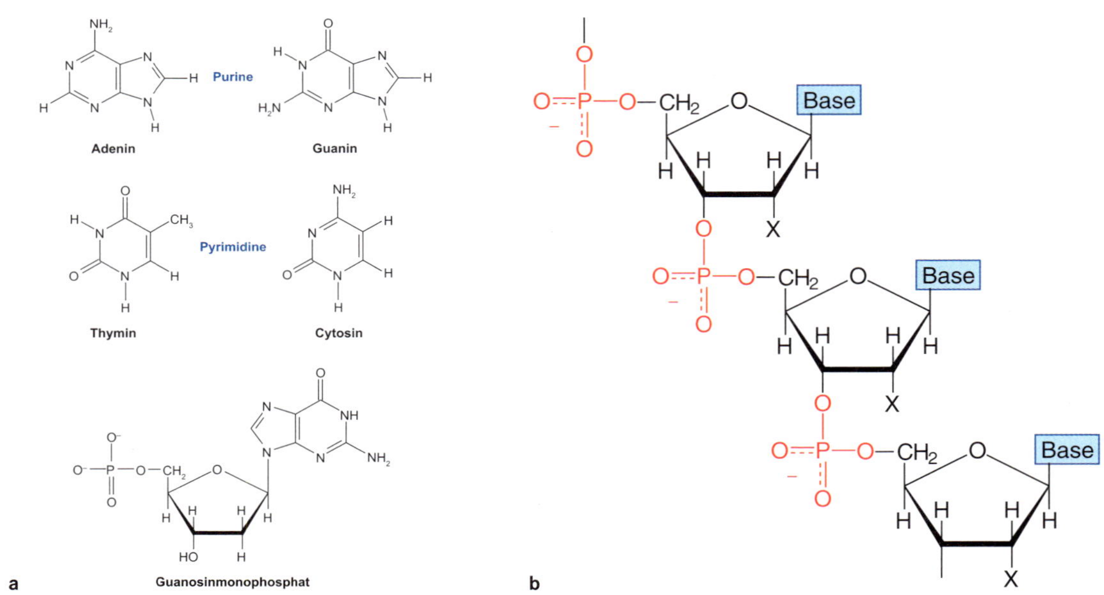

▮ Abb. 1: DNA-Bau: a) vier Nukleinbasen und ein Nukleotid; b) Primärstruktur: bei der DNA ist X = H (bei der RNA ist X = OH). [13]

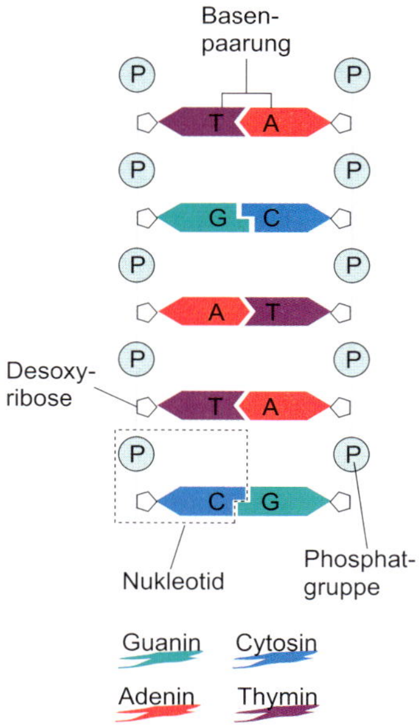

Abb. 2: Zwei Nukleotidpolymere der DNA. [21]

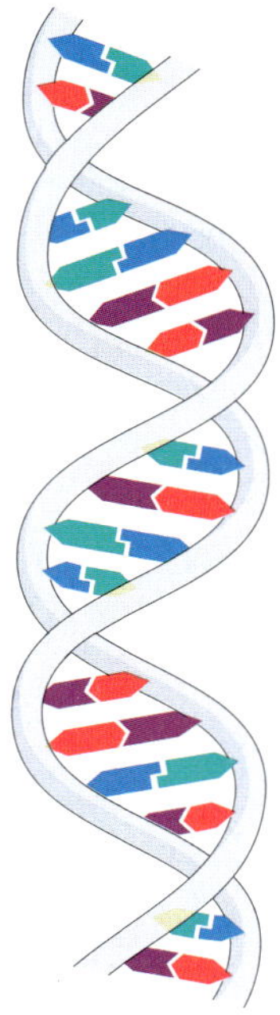

Abb. 3: Sekundärstruktur der DNA in Form einer Doppelhelix; Watson-Crick-Modell. [21]

Neben der Erkenntnis, dass die DNA aus zwei Strängen besteht, konnte durch die Röntgenstrukturanalyse auch ermittelt werden, dass die Stränge eine Spirale, die **Doppelhelix,** ausbilden. Um bei dem Vergleich mit der Leiter zu bleiben, kann man sie sich als eine in sich gewundene Strickleiter vorstellen. Die Stränge verlaufen parallel, wobei die hydrophilen Zucker-Phosphat-Ketten nach außen zeigen und sich die relativ hydrophoben Nukleinbasen nach innen richten (Abb. 3).

Merke: Die Primärstruktur gibt die Basensequenz eines DNA-Polymers an. Die Sekundärstruktur bedeutet, dass die DNA aus gegenläufigen komplementären Strängen besteht, die eine schraubig gewundene Doppelhelix bilden.

Röntgenstrukturanalyse: Mit dieser Methode ist es möglich, dreidimensionale Strukturen von Molekülen zu errechnen. Auf einen Kristall der zu untersuchenden Substanz werden Röntgenstrahlen gerichtet. Da in Kristallen die Atome geordnet vorliegen, werden die Röntgenstrahlen geordnet abgelenkt. Diese gebeugten Strahlen treffen auf einen Fotofilm, auf dem sie geschwärzte Punkte zurücklassen. Die so entstehenden Beugungsmuster dienen als Grundlage zur Errechnung von dreidimensionalen Molekülstrukturen.

RNA

Neben der DNA gibt es eine zweite Nukleinsäure, die **RNA** (**R**ibo**n**ucleic **a**cid). Diese ist prinzipiell wie die DNA aufgebaut, unterscheidet sich jedoch in einigen Punkten:

- Die Pentose der RNA ist die **Ribose** (Abb. 4). Anstelle eines H-Atoms, befindet sich am dritten C-Atom eine OH-Gruppe (Abb. 1b, Abb. 4).
- Statt der Nukleinbase **Thymin** enthält sie **Uracil** (Abb. 4).
- Die RNA liegt im Gegensatz zur DNA nur als Einzelstrang vor (Ausnahmen können Viren bilden, s. S. 90 ff.).
- Die RNA ist in der Regel deutlich kurzkettiger als die DNA.

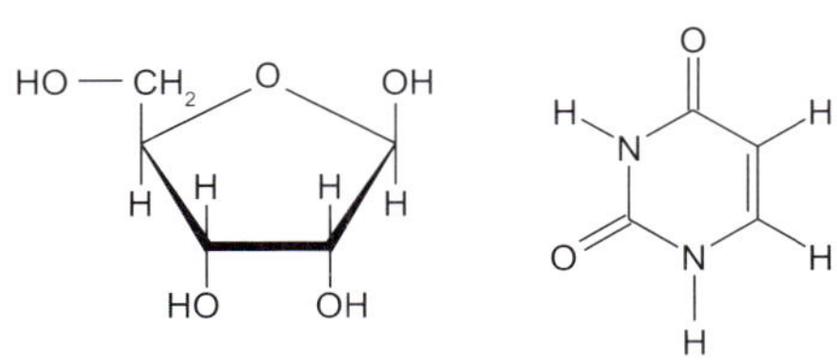

Abb. 4: D-Ribose (links) und Uracil (rechts). [13]

Zusammenfassung

- Ein DNA-Polymer ist aus Nukleotiden (Phosphatgruppe, Desoxyribose, Nukleinbase) aufgebaut.
- Die DNA besteht aus zwei komplementären Strängen, die eine schraubig gewundene Doppelhelix bilden.
- In den gegenläufigen Strängen der DNA sind immer komplementäre Basen miteinander gepaart (Adenin und Thymin; Cytosin und Guanin).
- Die RNA liegt i. d. R. als Einzelstrang vor und unterscheidet sich von der DNA im Zucker (Ribose) und in einer Nukleinbase (Uracil statt Thymin).

DNA-Replikation

Sie haben im vorhergehenden Kapitel erfahren, dass die DNA aus zwei gegenläufigen Strängen besteht, in denen die Nukleinbasen immer komplementär gepaart sind. Aufgrund dieser Tatsache kann aus der Basensequenz des einen Strangs die Sequenz des anderen ermittelt und nachgebaut werden. Um die DNA zu verdoppeln, müssen also die komplementären Stränge voneinander getrennt werden, damit sie als Matrizen dienen können. Watson und Crick entwickelten die Modellvorstellung des **semikonservativen Replikationsmechanismus,** da die neuen Doppelstränge jeweils aus einem Mutterstrang und einem Tochterstrang synthetisiert werden.

Ablauf der DNA-Replikation

Initiation

Die beiden DNA-Stänge bilden eine Art Strickleiter, die zu einer Doppelhelix gewunden ist. Das Enzym **Helikase** entspiralisiert diese Struktur und öffnet sie an einer Stelle, d. h. trennt die komplementären Basen voneinander. Ihre Arbeit beginnt an festgelegten Punkten. An diesen **Replikationsursprüngen (Origins)** befindet sich eine spezifische Nukleotidsequenz, die von DNA-bindenden Proteinen erkannt wird. Hier setzt die Helikase an, und so entsteht mitten im DNA-Molekül eine **Replikationsblase,** deren Enden als **Replikationsgabeln** bezeichnet werden. Um die Replikation der DNA zu beschleunigen, entstehen mehrere Replikationsblasen auf einem Chromosom, weiten sich in beide Richtungen aus und vereinigen sich mit anderen. Der in einer Blase gebildete DNA-Abschnitt wird als **Replikon** bezeichnet. Die Helikase gleitet, ATP-getrieben, den DNA-Strang entlang; damit sich die gerade getrennten Basen nicht sofort wieder paaren, lagern sich **Einzelstrangbindungsproteine** (SSB-Proteine) an die geöffnete DNA an. Der Helikase folgt eine **DNA-Polymerase,** ein Enzym, das die Verlängerung des neuen DNA-Strangs katalysiert (bei Säugern gibt es fünf Typen: α, β, γ, δ und ε). Da die DNA-Polymerase die Synthese des DNA-Strangs nicht initiieren kann, bildet die **Primase** (bei Eukaryoten eine Untereinheit der DNA-Polymerase α) eine Startsequenz aus ca. zehn RNA-Nukleotiden, den **Primer.** Im Anschluss daran hängt die DNA-Polymerase α einige DNA-Nukleotide an, so dass die DNA-Polymerase δ oder ε ansetzen kann, welche dann mit der Replikation fortfährt.

Elongation und Termination

Die DNA-Polymerase gleitet am Mutterstrang entlang, liest die Basensequenz und verlängert den Tochterstrang Nukleotid für Nukleotid. Die Energie hierfür erhält sie aus energiereichen Nukleotidtriphosphaten, die statt einem Phosphat eine Kette aus drei Phosphatresten besitzen. Durch die Hydrolyse von zwei Phosphatmolekülen wird die zur Polymerisation nötige Energie freigesetzt, und das resultierende Nukleotid wird in den Tochterstrang eingebaut.
Da die DNA eine Polarität aufweist, kann die DNA-Polymerase diese nur in eine bestimmte Richtung verlängern, nämlich von 5' nach 3'. Die DNA-Polymerase kann also nur an einem Matrizenstrang der Helikase folgen und den Tochterstrang synthetisieren. Der so **kontinuierlich** neu gebildete Strang wird als **Leitstrang** bezeichnet.
Am komplementären Strang synthetisiert die DNA-Polymerase entgegengesetzt zur Laufrichtung der Helikase den **Folgestrang.** Öffnet sich die Replikationsblase, wird ein kleines Stück des Tochterstrangs synthetisiert. Wandert die Helikase weiter, so entsteht ein zweites Stück usw. (▮ Abb. 1). Der Folgestrang wird **diskontinuierlich** gebildet. Die entstehenden Einzelstücke werden nach ihrem Entdecker **Okazaki-Fragmente** genannt. Im Anschluss verbindet eine **DNA-Ligase** die Stücke zu einem kompletten DNA-Strang.
Die **DNA-Polymerase** δ besitzt zusätzlich **Exonukleaseaktivität,** d. h., sie kann Nukleotide aus dem DNA-Strang entfernen. Trifft sie auf einen Primer, so entfernt sie diesen und ersetzt die Nukleotide durch DNA-Bausteine. Die DNA-Ligase verknüpft diese dann mit dem DNA-Abschnitt, der dem Primer folgt. Einen Überblick über die Replikation mit allen beteiligten Enzymen geben ▮ Abbildung 1 und ▮ Tabelle 1.

Korrekturlesefunktion

Die DNA-Polymerasen δ und ε lesen schon während der Replikation Korrektur. Erkennen sie ein falsch eingesetztes Nukleotid, so fahren sie etwas zurück, schneiden es mit Hilfe ihrer Exonukleaseaktivität heraus und ersetzen es durch das korrekte Nukleotid. So wird beim Kopieren eine Fehlerquote von 1 : 1 Milliarde erreicht.

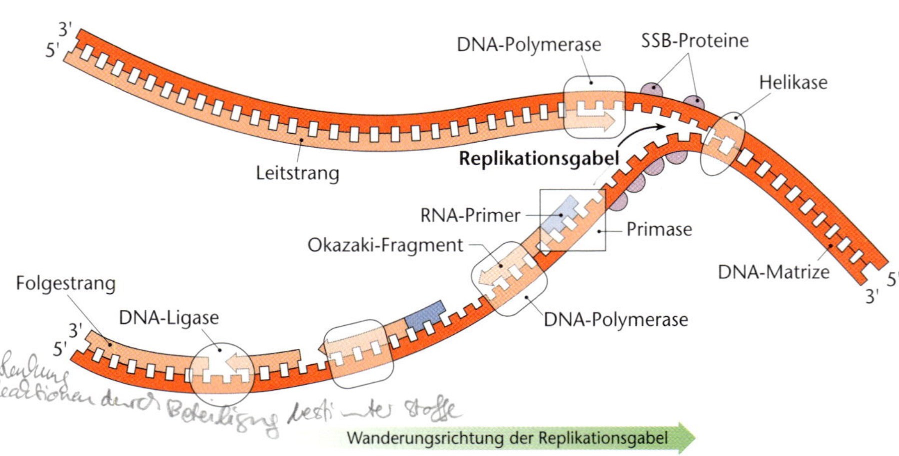

▮ Abb. 1: DNA-Replikation. [nach 8]

Enzyme	Funktionen
Helikasen	trennen die komplementären Basenpaare und somit den DNA-Doppelstrang
SSB-Proteine	verhindern die erneute Basenpaarung
DNA-Polymerase (α–ε)	▸ bilden den Leitstrang kontinuierlich in 5' → 3'-Richtung ▸ bilden den Folgestrang diskontinuierlich, die entstehenden Einzelstücke werden als Okazaki-Fragmente bezeichnet
DNA-Polymerase δ und ε	übernehmen zusätzlich Korrekturlesefunktion, Exonukleaseaktivität
Primasen	bilden aus RNA-Nukleotiden Primer, die als Ansatzstellen für die DNA-Polymerase dienen. Die Primer werden anschließend durch DNA-Nukleotide ersetzt.
DNA-Ligasen	verknüpfen die replizierten DNA-Abschnitte zu einem durchgehenden Strang

▮ Tab. 1: Übersicht über die an der Replikation beteiligten Enzyme.

Reparaturmechanismen

Veränderungen im genetischen Code ermöglichen Evolution und Artenvielfalt. **Mutationen** können zwar zu vorteilhaften Anpassungen führen, viel wahrscheinlicher aber sind sie schädlich für den Organismus und müssen deshalb repariert werden. Veränderungen in der DNA werden durch verschiedene Faktoren induziert: Ein Teil der Mutationen wird durch die Replikation verursacht, andere Veränderungen werden durch chemische (z. B. freie Radikale) oder physikalische Faktoren (z. B. UV-Strahlen oder ionisierende Strahlung) induziert. Liegt ein Defekt auf einem Strang vor, so dient der komplementäre Strang als Korrekturvorlage. Typische Defekte sind **Brüche eines Einzel- oder Doppelstrangs, Veränderung einer Nukleinbase** oder eine **Pyrimidinbasendimerisierung.**
Etliche Enzyme sind an der Reparatur der DNA beteiligt. Bei der **Exzisionsreparatur** können einzelne Nukleotide (Basenexzisionsreparatur) oder kurze Sequenzen eines Stranges (Nukleotidexzisionsreparatur) herausgeschnitten und mittels der Vorlage des komplementären Strangs ersetzt werden. Bei anderen Defekten, z. B. einem Doppelstrangbruch, können die Informationen des homologen Chromosoms herangezogen werden.

▸ Bei der **Basenexzisionsreparatur** erkennt ein Enzymkomplex die fehlerhafte Base und schneidet diese unter Zurücklassen eines Pentosephosphatrumpfs heraus. Dieser Rumpf wird anschließend entfernt, und eine DNA-Polymerase ersetzt das fehlende Nukleotid. Eine DNA-Ligase schließt den Strang.

▸ Die **Nukleotidexzisionsreparatur** kommt vor allem bei durch UV-Strahlen verursachter Dimerisierung von benachbarten Nukleinbasen (vornehmlich Thymindimere) zum Einsatz (▮ Abb. 2). Diese Dimerisierung führt zu einer Verformung des DNA-Strangs (1). Eine Endonuklease trennt einige Basenpaare auf und entfernt den DNA-Strang, eine Exonuklease schneidet anschließend um das Dimer herum eine Sequenz von bis zu 32 Nukleotiden heraus (2). Der komplementäre Strang dient einer DNA-Polymerase als Vorlage zur Synthese des fehlenden Abschnitts (3). Eine DNA-Ligase verbindet schließlich den neuen Abschnitt mit dem Rest des Strangs (4).

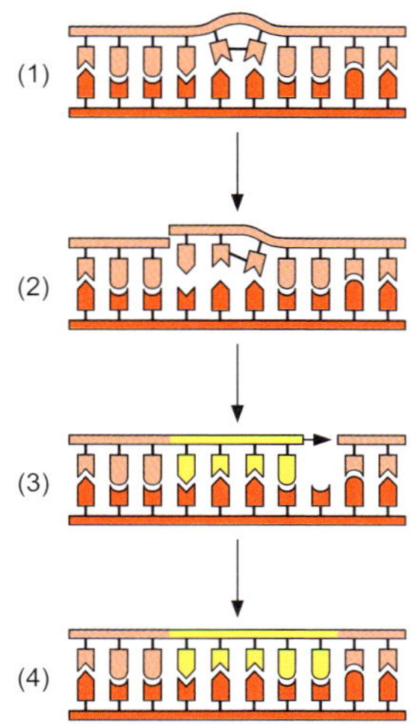

▮ Abb. 2: Nukleotidexzisionsreparatur. [nach 9]

Klinik: Xeroderma pigmentosum ist eine autosomal-rezessiv vererbte Lichtüberempfindlichkeit der Haut. Der DNA-Reparaturmechanismus ist defekt, was bei sonnenexponierten Körperstellen aufgrund der UV-Strahlung zu immer wiederkehrenden Entzündungen und häufig zu Karzinomen führt.

Zusammenfassung

- ✖ Beim semikonservativen Replikationsmechanismus enthält der neue DNA-Doppelstrang je einen Mutter- und einen Tochterstrang.
- ✖ Die Replikation kann in drei Phasen untergliedert werden: Initiation, Elongation und Termination.
- ✖ Korrekturlesefunktion: Die DNA-Polymerasen δ und ε können fehlerhafte Einbauten sofort korrigieren.
- ✖ Zur DNA-Reparatur dient häufig der komplementäre Strang oder das homologe Chromosom als Vorlage.
- ✖ Bei der Exzisionsreparatur werden fehlerhafte Basen/Sequenzen erkannt, durch Nukleasen entfernt und mit Hilfe einer DNA-Polymerase ersetzt.

Transkription I

Obwohl die DNA nur aus vier unterschiedlichen Bausteinen aufgebaut ist, sind auf ihr sämtliche Informationen enthalten, die zur Entwicklung und zur Aufrechterhaltung eines lebenden Organismus notwendig sind. Der Abschnitt der DNA, der ein funktionelles Produkt kodiert, wird als **Gen** bezeichnet; seine Informationen dienen zur Herstellung von RNA und letztlich von Proteinen. Bei den Produkten handelt es sich hauptsächlich um Polypeptide, also Polymere aus Aminosäurebausteinen, wobei ein Gen ein bestimmtes Polypeptid kodiert **(Ein-Gen-ein-Polypeptid-Hypothese).** Da die meisten Proteine aus nur einem Polypeptid bestehen, wird sie häufig auch als **Ein-Gen-ein-Protein-Hypothese** bezeichnet.
Die DNA eines Chromosoms ist ein langes Molekül, das etliche Gene enthält. Da es unmöglich ist, das gesamte DNA-Molekül zum Ort der Proteinbiosynthese zu transportieren, und zudem zu einem bestimmten Zeitpunkt im Organismus nur spezifische Proteine benötigt werden, wird eine „Abschrift" der benötigten DNA-Sequenz **(Transkription)** als Übertragungsmedium gebildet. Diese Abschrift wird **Messenger-RNA** oder **mRNA** genannt und wandert im Anschluss zu den Ribosomen, wo die Information in eine Polypeptidkette umgewandelt wird **(Translation).** Neben der mRNA gibt es noch weitere Typen der RNA, die in ▌Tabelle 1 aufgeführt sind.

RNA-Typ	Funktion
mRNA/ Messenger-RNA	transportiert Informationen über die Aminosäuresequenz eines Polypeptids von der DNA zu den Ribosomen
tRNA/ Transfer-RNA	transportiert Aminosäuren zum Ribosom und hilft, diese in das Polypeptid einzufügen
rRNA/ ribosomale RNA	ist im Ribosom enthalten und spielt somit bei der Translation eine wichtige Rolle
hnRNA/ Heterogeneous-nuclear-RNA	ist eine Vorstufe der RNA im Zellkern
snRNA/ Small-nuclear-RNA	spielt beim Spleißen (Splicing) von hnRNA eine Rolle

▌Tab. 1: Überblick über RNA-Formen.

Ablauf der Transkription

Ähnlich wie bei der Replikation wird eine Nukleotidkette komplementär zu einem DNA-Strang gebildet, die RNA ist aber im Gegensatz zur DNA im Normalfall einzelsträngig. Für die Synthese der Nukleotidkette ist eine DNA-abhängige **RNA-Polymerase** verantwortlich. Sie entspiralisiert und öffnet die Doppelhelix, lagert sich an, liest den **Matrizenstrang** in 3' → 5'-Richtung ab und verlängert so das RNA-Molekül in 5' → 3'-Richtung. Der Beginn der Transkription wird **Initiation,** die Verlängerung der Nukleotidkette **Elongation** und der Abschluss der Synthese **Termination** genannt. Die transkribierte DNA-Sequenz, einschließlich Initiations- und Terminationssequenz, wird als **Transkriptionseinheit** bezeichnet. Einen Überblick über die Transkription gibt ▌Abbildung 1.

Unterschiedliche RNA-Polymerasen transkribieren verschiedene RNA-Typen: Die RNA-Polymerase I transkribiert hauptsächlich rRNA, die RNA-Polymerase II vorwiegend mRNA und snRNA und die RNA-Polymerase III u. a. tRNA.

Initiation

Die RNA-Polymerase lagert sich an bestimmte Stellen der DNA an, um die Transkription zu beginnen. Diese Bereiche werden als **Promotorregionen** bezeichnet und bestehen aus einer Initiationsregion und einigen Nukleotiden in Richtung des 3'-Endes des Matrizenstrangs. Diese Nukleotide vor der eigentlichen Initiationsregion enthalten typische Sequenzen, an denen sich Proteine anlagern, die sog. **Transkriptionsfaktoren,** an welche die RNA-Polymerase bindet (s. S. 42 f.). Je nach RNA, die dabei entstehen soll, sind diese Nu-

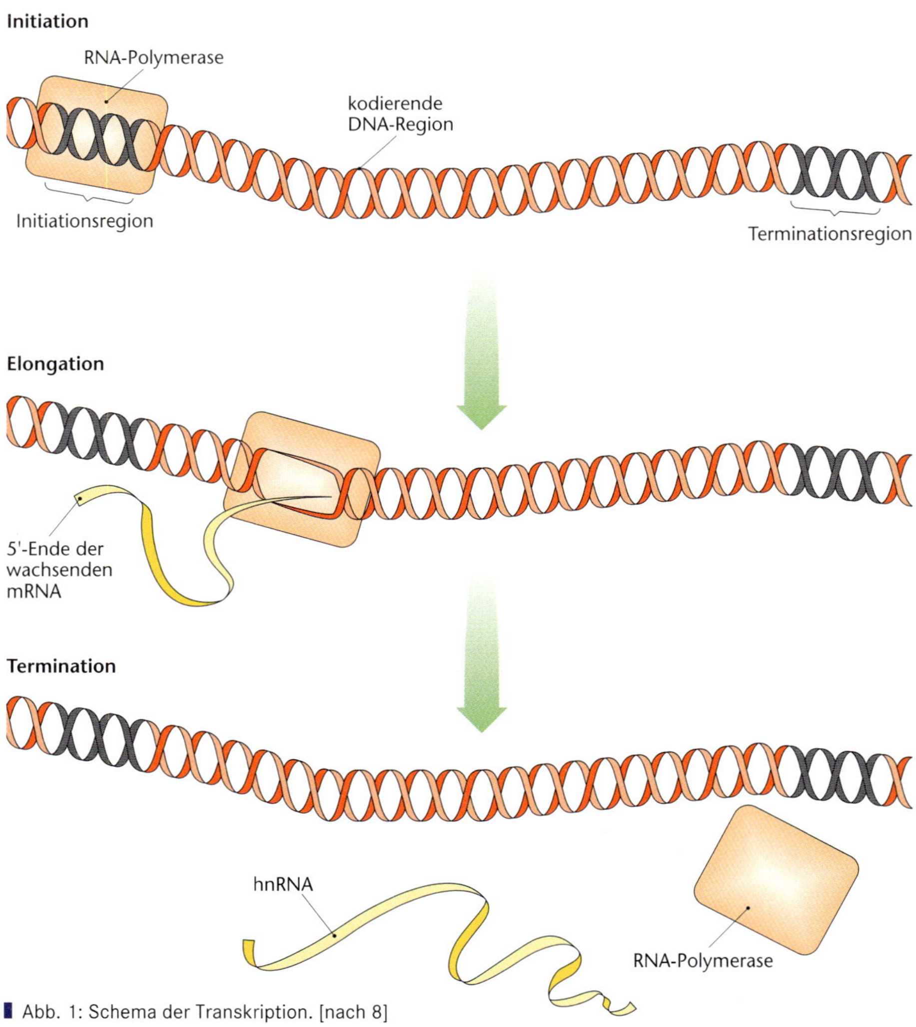

▌Abb. 1: Schema der Transkription. [nach 8]

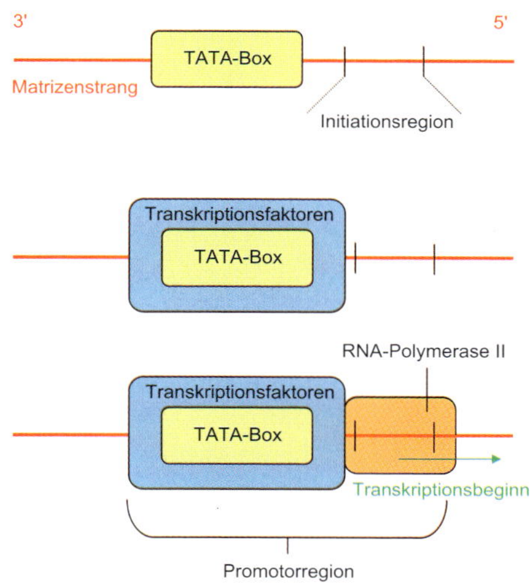

Abb. 2: Initiation der Transkription. [32]

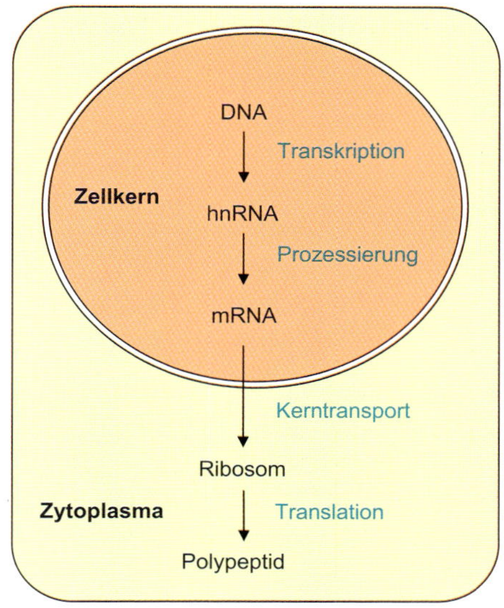

Abb. 3: Vom Gen zum Polypeptid. [nach 8]

kleotidsequenzen unterschiedlich: Soll z. B. die RNA-Polymerase II mRNA synthetisieren, so befinden sich in dieser Region große Anteile an **T**hymin und **A**denin, weshalb sie als **TATA-Box** bezeichnet wird. Hat die RNA-Polymerase an die Transkriptionsfaktoren gebunden, despiralisiert und trennt sie die Doppelhelix und beginnt mit der RNA-Synthese (Abb. 2). Einfluss auf die Regulation der RNA-Synthese haben häufig Steroidhormone, die zu einer Initiation oder einer Repression führen (s. a. S. 43).

Elongation

Der Matrizenstrang dient als Vorlage für das entstehende RNA-Molekül. Ähnlich wie bei der Replikation werden die Basen komplementär miteinander gepaart, statt Thymin wird jedoch **Uracil** in die RNA eingebaut. Hinter der RNA-Polymerase paart und spiralisiert sich die DNA wieder, das entstehende RNA-Molekül löst sich vom Matrizenstrang ab und bleibt nur über die Polymerase mit der DNA verbunden.

Termination

Erreicht die RNA-Polymerase die **Terminationsstelle,** eine bestimmte Basensequenz (häufig AATAAA), so wird die RNA-Synthese gestoppt. Die Polymerase trennt sich vom DNA-Strang und der RNA-Kette. Das entstandene Produkt ist die **prä-mRNA** bzw. **Heterogeneous-nuclear-RNA (hnRNA),** die, bevor sie den Zellkern verlässt und zu den Ribosomen wandert, noch die **Prozessierung** (s. S. 42, „Modifizierung der hnRNA") durchläuft. Abbildung 3 zeigt den Weg von der DNA zum Polypeptid.
In Tabelle 2 werden Replikation und Transkription miteinander verglichen.

Klinik: Verschiedene Stoffe hemmen die Transkription und finden so unterschiedliche Anwendung:
- Actinomycin D gehört zur Gruppe der zytotoxischen Antibiotika. Durch eine Wechselwirkung mit der DNA verhindert es deren Entspiralisierung und hemmt somit neben der Transkription auch die Replikation.
- α-Amanitin ist ein hochgiftiges Polypeptid des grünen Knollenblätterpilzes, das die RNA-Polymerase II hemmt (s. a. S. 96).
- Rifampicin ist ein halbsynthetisches Antibiotikum, das die prokaryotische RNA-Polymerase hemmt. Es wird vorwiegend gegen *Mycobacterium tuberculosis* eingesetzt.

Nach der Transkription wird die hnRNA modifiziert. Diese Veränderungen werden in ihrer Gesamtheit als Prozessierung bezeichnet.

	Replikation	**Transkription**
Produkt	DNA-Doppelstrang	RNA-Einzelstrang
Nukleinbasen	Adenin, Guanin, Cytosin, **Thymin**	Adenin, Guanin, Cytosin, **Uracil**
Pentose	Desoxyribose	Ribose
Initiation	Helikase, SSB-Proteine und Primer	Nukleotidsequenz (TATA-Box), Transkriptionsfaktoren
Korrekturlesefunktion	vorhanden	fehlt
Syntheserichtung	Leitstrang kontinuierlich, Folgestrang diskontinuierlich	nur in 3' → 5' Richtung des Matrizenstrangs

Tab. 2: Vergleich zwischen Replikation und Transkription.

Transkription II

Prozessierung

Modifizierung der hnRNA

Das primäre Transkript der mRNA erfährt, bevor es den Zellkern durch die Kernporen in Richtung Ribosomen verlässt, verschiedene Modifizierungen. Schon während der Transkription wird am zuerst entstehenden 5'-Ende der RNA eine **Cap** (*engl.* für „Kappe") gebildet, welche aus einem 7-Methylguanosin-Rest besteht, der über drei Phosphatgruppen an das 5'-Ende des Transkripts gebunden ist. Nach dem Ende der Transkription wird im **Tailing-Vorgang** (*engl.* tail für „Schwanz") an das 3'-Ende eine Sequenz aus 150–200 Adenosinnukleotiden angehängt, weshalb dieser Bereich auch als **Poly-A-Schwanz** bezeichnet wird. Beide Veränderungen an den Enden schützen die RNA vor einem enzymatischen Abbau, die Cap dient zusätzlich als Erkennungssignal zum Andocken für die Ribosomen.
Die DNA von Eukaryoten enthält große Bereiche, die keine Information für die Proteinsynthese besitzen und nicht translatiert werden. Diese nichtkodierenden Bereiche der DNA werden **Introns** genannt und befinden sich zwischen den kodierenden Bereichen, den **Exons.** Aufgrund dieser Tatsache werden eukaryotische Gene auch als **Mosaikgene** bezeichnet. Die hnRNA besitzt somit ebenfalls Segmente, die für die Translation unerheblich sind. Sie werden vor dem Transport zu den Ribosomen entfernt, was als **RNA-Spleißen** (*engl.* to splice für „kleben") bezeichnet wird. Hierbei werden ein großer Teil der hnRNA herausgeschnitten und die restlichen Bruchstücke miteinander verbunden (▮ Abb. 4).
Bestimmte Basenfolgen an den Enden der Introns markieren die Schnittstellen; bei der hnRNA sind dies meist GT zu Beginn des Introns und AG an dessen Ende **(GT-AG-Regel).**
In ▮ Abbildung 4 wird ein RNA-Intron vereinfacht als geradliniger Abschnitt dargestellt. Ein Intron bildet aber eigentlich eine Schleife, so dass die Enden der Exons dicht beieinanderliegen. snRNPs (kurz „Snurps") sind kleine Partikel, die aus snRNA und Proteinen bestehen und maßgeblich am Spleißvorgang beteiligt sind. Mehrere snRNPs vereinigen sich zu einem **Spleißosom,** welches sich an die Enden des schleifenförmigen RNA-Introns anlagert und es herausschneidet. Gleichzeitig verknüpft es die Enden der Exons miteinander.
Über die Bedeutung von Introns in der Eukaryoten-DNA wird derzeit noch diskutiert. Einige Wissenschaftler sehen in ihnen „evolutionären Ballast", andere dagegen Vorteile für die Rekombination der Gene. Bei zahlreichen Genen des Menschen variieren die Spleißstellen, so dass aus einem Transkript unterschiedliche mRNAs entstehen können, die wiederum zu einer Vielfalt von Produkten führen **(differenzielles** oder auch **alternatives Spleißen).**

Klinik: Das Calcitoningen kodiert je nach Gewebetyp für zwei verwandte, aber unterschiedliche Produkte. In der Schilddrüse wird Calcitonin gebildet, ein Hormon, das die Kalziumkonzentration im Blut regelt. Im Hypothalamus dagegen kodiert das gleiche Gen für ein Neuropeptid, welches u. a. die Blutgefäße entspannen lässt.

Es kann zu Mutationen kommen, die Spleißstellen verändern und z. B. deaktivieren oder falsche Spleißstellen erzeugen. Diese sog. **Spleißmutationen** können verheerende Folgen haben.

Klinik: Die β-Polypeptid-Ketten des „erwachsenen" Hämoglobins bestehen aus je 146 Aminosäuren. Das kodierende Gen besteht aus drei Exons und zwei Introns. Bei der β-Thalassämie handelt es sich um eine autosomal-rezessiv vererbte Krankheit, die zu einer Störung der Hämoglobinbildung führt. Erkrankt sind homozygote Mutationsträger. Aufgrund einer Spleißmutation kommt es zur Synthesehemmung der β-Polypeptide. Nachfolgend wird Hämoglobin aus α- und δ-Polypeptiden bzw. aus α- und γ-Polypeptiden aufgebaut. Es werden die Nebenhämoglobine $\alpha_2\delta_2$ und $\alpha_2\gamma_2$ gebildet. Da diese im Knochenmark teilweise wieder abgebaut werden, kommt es bei Patienten zu einer hämolytischen Anämie. Neben der β-Thalassämie gibt es je nach Synthesehemmung auch α-, γ- und δ-Thalassämie.

Modifizierung der anderen RNAs

tRNA und **rRNA** durchlaufen ebenfalls die Prozessierung, erfahren aber unterschiedliche Modifikationen, von denen hier nur einige aufgelistet sind:

- Bei der rRNA wird das primäre Transkript gespalten, wodurch funktionsfähige Produkte entstehen.
- Eine chemische Basenmodifikation kann stattfinden. Diese dient beispielsweise zur Stabilisierung der Sekundärstruktur der tRNA.
- Am 3'-Ende der tRNA wird eine CCA-Nukleotidsequenz angebracht, die als Bindungsstelle für die Aminosäuren dient.

Differenzielle Genexpression

Zellen exprimieren bestimmte Gene zu unterschiedlichen Zeitpunkten und in unterschiedlichen Entwicklungsstadien. Reguliert werden diese Prozesse durch Proteine, sog. **Transkriptionsfaktoren,** welche an **regulatorische DNA-Sequenzen** binden. Diese Sequenzen gliedern sich bei Eukaryoten in drei Gruppen: 1.) **Promotoren,** an die die Transkriptionsfaktoren und die RNA-Polymerase binden. 2.) **Enhancer –**

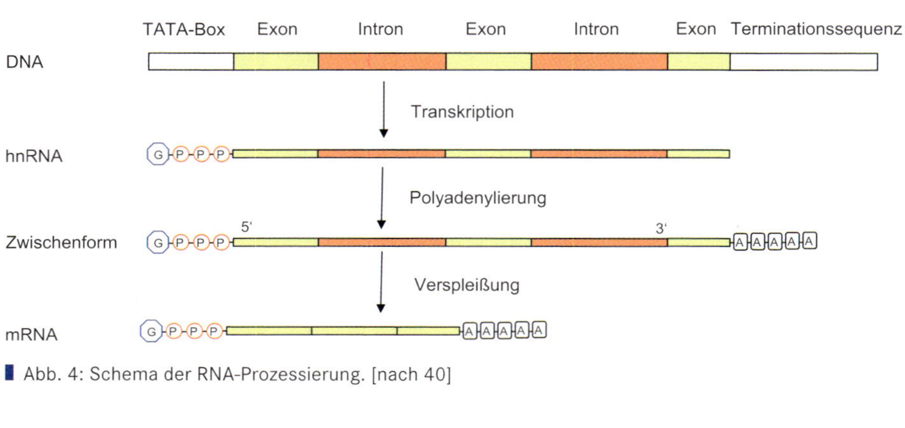

▮ Abb. 4: Schema der RNA-Prozessierung. [nach 40]

regulatorische Gensequenzen, die mehrere kb weit von der Promotorregion entfernt liegen können und die Transkription erheblich schneller ablaufen lassen. An einen Enhancer binden **positive Transkriptionsfaktoren,** was eine Bindung der RNA-Polymerase an die Promotorregion anregt. Eine gegenteilige Wirkung haben 3.) die **Silencer,** an die **hemmende regulatorische Proteine (Repressoren)** binden, wodurch die Genexpression herunterreguliert wird. Auch **Steroidhormone** können als Transkriptionsfaktoren wirken, indem sie im Zytoplasma **Hormon-Rezeptor-Komplexe** bilden, die in den Kern wandern. Beim männlichen Fetus wirkt der Komplex des Dihydrotestosterons beispielsweise aktivierend auf die Expression der Gene, die zur Entwicklung des männlichen Geschlechts führen. Bei einem Defekt bestimmter Rezeptoren kommt es zur testikulären Feminisierung (s. S. 26).

Klinik: Je nach Entwicklungsstadium werden durch die differenzielle Genaktivität verschiedene Hämoglobinformen exprimiert, da das Hämoglobin eines Ungeborenen eine höhere Sauerstoffaffinität als das seiner Mutter besitzen muss. Das Hämoglobin eines Erwachsenen besteht aus zwei α- und zwei β-Einheiten ($\alpha_2\beta_2$ = HbA), das eines Fetus aus zwei α- und zwei γ-Ketten ($\alpha_2\gamma_2$ = HbF). Nach der Geburt ändert sich die Genexpression, und HbF wird innerhalb weniger Monate durch HbA ersetzt (s. a. S. 66 f.).

Eine weitere regulatorische Möglichkeit, Gene zu inaktivieren, besteht bei Säugern in der **Methylierung** von Cytosin in der Promotorregion zu **5-Methylcytosin** (s. S. 52, „Genomic imprinting").

Genetischer Code

In der Basensequenz der RNA ist der Bauplan des Polypeptids verschlüsselt. Sie besteht aus vier verschiedenen Nukleinbasen, Proteine werden jedoch aus 20 verschiedenen Aminosäuren aufgebaut. Hieraus wird deutlich, dass eine direkte Übersetzung der Basen- zur Aminosäuresequenz nicht möglich ist. Eine Gruppe aus mehreren Nukleotiden muss also für die Kodierung einer Aminosäure verantwortlich sein. Zwei Nukleotide könnten nur 4^2 (16) Aminosäuren kodieren, ein **Codon** aus drei Aminosäuren dagegen könnte 4^3 (64) Aminosäuren verschlüsseln – der genetische Code ist folglich ein **Triplett-Code.** Gerade die häufig benötigten Aminosäuren werden durch mehr als ein Triplett kodiert, weshalb man auch von einer **Redundanz** oder **Degeneration** des Codes spricht. Mit Hilfe einer „Codesonne" kann man ermitteln, welches Triplett für die Kodierung einer Aminosäure verantwortlich ist (▮ Abb. 5, s. a. S. 65, ▮ Tab. 1). Glycin (Gly) wird beispielsweise von den Nukleotidsequenzen GGU, GGC, GGA und GGG kodiert. Auffällig ist hierbei, dass sich die Tripletts, die eine Aminosäure bestimmen, häufig nur im letzten Nukleotid unterscheiden. Eine zufällige Mutation an dieser Stelle in der DNA hätte in so einem Fall keine Konsequenzen für das Protein (s. S. 64, „Stille Mutation"). AUG kodiert Methionin (Met) und dient gleichzeitig als **Startcodon.** Dieses Triplett signalisiert den Ribosomen, mit der Translation zu beginnen. Das Ende der Translation wird den Ribosomen durch die **Stoppcodons** UAA, UAG bzw. UGA vermittelt, an die keine Aminosäuren binden können. Die Stoppcodons werden auch als **ochre, amber** und **opal** bezeichnet.

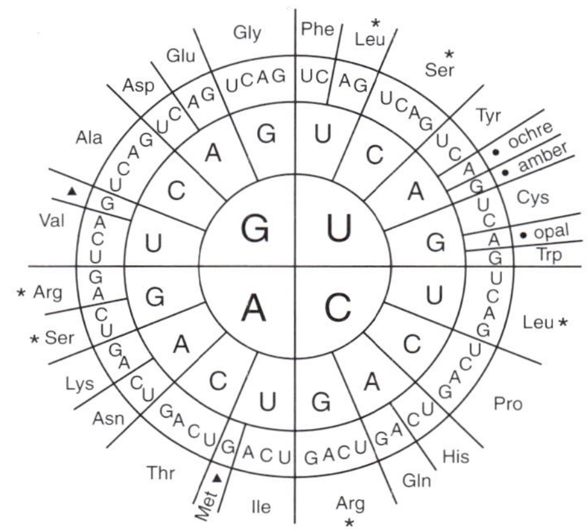

▮ Abb. 5: Die Codesonne wird von innen nach außen gelesen, so lässt sich mittels des RNA-Codes die Aminosäure bestimmen. Die Dreiecke kennzeichnen Startcodons, die Punkte Stoppcodons. (Das Startcodon GUG kommt nur in Bakterien vor.) In vielen Fällen ist die dritte Position nicht von Bedeutung, bei einigen mit * gekennzeichneten Fällen variiert die erste Position. [35]

Zusammenfassung

- ✖ Bei der Transkription entsteht RNA, die von einer RNA-Polymerase anhand eines Matrizenstrangs der DNA synthetisiert wird.
- ✖ Die Transkription ist in die drei Phasen Initiation, Elongation und Termination unterteilt und findet im Zellkern statt.
- ✖ Je nach Typ der RNA-Polymerase werden unterschiedliche RNA-Moleküle gebildet, denen verschiedene Aufgaben zukommen.
- ✖ Bei der Prozessierung der hnRNA erhält der entstehende RNA-Strang eine Cap und einen Poly-A-Schwanz, die u. a. zum Schutz vor enzymatischem Abbau dienen.
- ✖ Beim Spleißen werden Abschnitte aus der hnRNA entfernt, die nicht translatiert werden.
- ✖ Eine Aminosäure wird durch ein Codon aus drei Nukleotiden beschrieben (Triplett). Mehrere Tripletts kodieren für eine Aminosäure (Degeneration des genetischen Codes).
- ✖ Das Triplett AUG dient als Startsignal und kodiert gleichzeitig Methionin; als Stoppcodons fungieren die Tripletts UAA, AUG und UGA.
- ✖ Transkriptionsfaktoren, die an Enhancer oder Silencer binden, können selektiv die Expression spezifischer Gene in bestimmten Entwicklungsstadien der Zelle beeinflussen.

Translation

Bei der Translation wird die Nukleotidsequenz der mRNA in eine Aminosäuresequenz des Polypeptids übersetzt. Nachdem die mRNA durch die Kernporen in das Zytoplasma gelangt ist, verbindet sie sich mit einem **Ribosom,** und die Übersetzung startet.

tRNA (Transfer-RNA)

Aufgabe der **tRNA** ist es, die Aminosäuren aus dem Zytoplasma zu den Ribosomen zu transportieren.
Die tRNA entsteht aus einer DNA-Vorlage im Zellkern. Die Reihenfolge der ca. 80 Nukleotide und stabilisierende Wasserstoffbrückenbindungen zwischen den einzelnen Nukleinbasen führen zur besonderen Struktur der tRNA. Zweidimensional betrachtet, kann sie mit einem dreiblättrigen Kleeblatt verglichen werden (▮ Abb. 1), durch Windungen und Faltungen ist ihre Struktur, dreidimensional gesehen, aber eher L-förmig. In eukaryotischen Zellen sind ca. 50 verschiedene tRNA-Moleküle bekannt; somit gibt es für jede der 20 gängigen Aminosäuren mindestens eine eigene tRNA.
Am 3'-Ende erhält jede tRNA bei der Prozessierung eine 5'-CCA-3'-Sequenz, die als Bindungsstelle für die jeweiligen Aminosäuren dient (s. u.). Gegenüber dieser Sequenz, sozusagen an der Spitze des Kleeblatts, befindet sich ein **Anticodon,** ebenfalls ein Basentriplett. Bei der Translation treffen die mRNA und die einzelnen tRNA-Moleküle an den Ribosomen aufeinander. Hierbei lagern sich komplementäre Codons der mRNA und Anticodons der tRNA zusammen, und die Aminosäure an der tRNA wird in das wachsende Polypeptid eingebaut. Die beiden Seitenblätter dienen zur Anlagerung an das Ribosom bzw. zur Erkennung an der **Aminoacyl-tRNA-Synthetase,** einem Enzym, welches für die Beladung der tRNA mit Aminosäuren zuständig ist: Dabei wird unter ATP-Verbrauch eine freie Aminosäure aus dem Zytoplasma an eine passende tRNA gebunden.

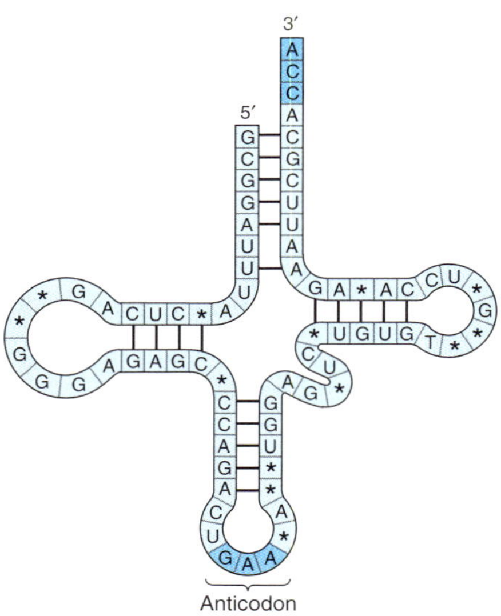

▮ Abb. 1: Struktur der tRNA (* = chemisch modifizierte Basen der tRNA). [42]

Ribosomen

Ein Ribosom besteht aus einer großen und einer kleinen Untereinheit (60- und 40-S-Untereinheit), der genaue Aufbau wird auf Seite 10 besprochen. Beide Untereinheiten werden im Zellkern aus rRNA und Proteinen gebildet, daher nennt man sie auch **Ribonukleoproteine.** Da die ribosomalen Proteine im Zytoplasma gefertigt werden, ist erst ein Transport in das Innere des Zellkerns erforderlich, wo sie mit der rRNA zu den fertigen Untereinheiten zusammengebaut werden. Diese verlassen im Anschluss den Zellkern wieder und sind bereit für die Translation im Zytoplasma. Prokaryotische und eukaryotische Ribosomen sind einander in Funktionsweise und Bau sehr ähnlich. Aufgrund kleiner Unterschiede (s. S. 10) können einige Stoffe prokaryotische Ribosomen hemmen und somit als Antibiotika eingesetzt werden. Eukaryotische Ribosomen werden durch sie nicht beeinträchtigt.

> **Klinik:**
> ▸ Streptomycin ist ein Antibiotikum, das hemmend auf gramnegative Bakterien (s. a. S. 80 f.) wirkt, da es in die ribosomale Proteinsynthese eingreift (bindet an die 30-S-Untereinheit).
> ▸ Puromycin ist ein Antibiotikum, das aus *Streptomyces alboniger* gewonnen wird. Es inhibiert die Translation durch eine verfrühte Termination. Da es sowohl pro- als auch eukaryotische Ribosomen beeinflusst, findet es aber kaum Einsatzmöglichkeiten. Momentan wird es vorwiegend in der Forschung verwendet.
> ▸ Cycloheximid hemmt die Translation spezifisch bei eukaryotischen Zellen.

Ablauf der Translation

Initiation

Die Übersetzung der mRNA beginnt zwar mit dem **Startcodon AUG,** die Nukleotidkette ist aber in Richtung des 5'-Endes noch etwas verlängert. Vor dem Startcodon bindet hier die kleine ribosomale Untereinheit an eine spezifische Nukleotidsequenz, auf die unmittelbar in Richtung 3'-Ende (stromabwärts = downstream) das Startcodon folgt. Eine mit Methionin beladene Initiations-tRNA lagert sich mit dem richtigen Anticodon an das Startcodon an. Die große ribosomale Untereinheit assoziiert mit der kleinen, und es entsteht ein funktionsfähiges Ribosom, bei dem sich die Initiations-tRNA an der P-Stelle befindet. Einige Proteine, die als **Initiationsfaktoren** bezeichnet werden, bringen die Bausteine zusammen.

Elongation

Die Elongation ist ein Zyklus, in dem die Polypeptidkette verlängert wird. Um zwei Aminosäuremoleküle zu einem Peptid verknüpfen zu können, benötigt ein Ribosom zwei Bindungsstellen, die **P-** und die **A-Stelle** (Peptidyl- und Aminoacyl-tRNA-Bindungsstelle). Diese sind in der großen Untereinheit lokalisiert. Bis auf die Initiations-tRNA binden alle weiteren tRNAs zuerst an die A-Stelle. Proteine, die an der Peptidsynthese beteiligt sind, werden als **Elogationsfaktoren** bezeichnet.

Codon-Erkennung: An der freien A-Stelle befindet sich ein Triplett der mRNA. Eine tRNA wird unter der energiefreisetzenden Hydrolyse eines GTP-Moleküls mit dem Anticodon an der A-Stelle positioniert. Katalysiert wird dieser Vorgang durch einen Enzymkomplex, der **Aminoacyl-tRNA-Synthetase.** Zwischen den Nukleinbasen der mRNA und der tRNA bilden sich Wasserstoffbrückenbindungen aus, so dass die beiden Moleküle fest miteinander assoziiert sind.

Bildung der Peptidbindung: Die Aminosäure der tRNA an der A-Stelle ist noch nicht mit der restlichen Peptidkette

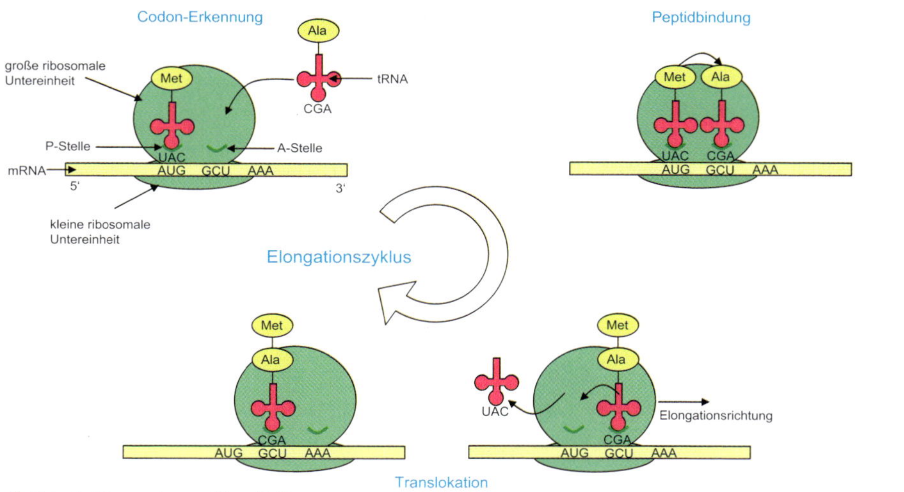

Abb. 2: Elongationszyklus. [40]

verknüpft. Die Verknüpfung wird durch das Enzym **Peptidyltransferase** katalysiert, die in der großen Untereinheit des Ribosoms lokalisiert ist. Die Aminosäure der an der P-Stelle befindlichen tRNA wird nun auf die tRNA an der A-Stelle übertragen. Dann folgt die Translokation.

Translokation: Die Translokation beinhaltet drei Prozesse, die von Elongationsfaktoren (teilweise unter GTP-Verbrauch) gesteuert werden:

- Die nun unbeladene tRNA an der P-Stelle verlässt das Ribosom.
- Die Peptidyl-tRNA an der A-Stelle wechselt in die P-Stellung.
- Die mRNA und das Ribosom verschieben sich gegeneinander um drei Nukleotide (das Ribosom wandert downstream).

Hieraus ergibt sich, dass die A-Stelle wieder frei wird und an ihr das nächste Codon vorliegt. Die Kette wächst und wird immer wieder von der tRNA der P-Stelle auf die Aminosäure der tRNA der A-Stelle übertragen. Eine Übersicht über den Vorgang der Elongation bietet Abbildung 2.

Termination

Kommen die **Stoppcodons** UAA, UGA oder UAG an die A-Stelle, so wird die Translation beendet. Anders als bei der Initiation gibt es für diese Codons keine tRNA mit dem passenden Anticodon, stattdessen erkennt ein **Release-Faktor** (Freisetzungsfaktor) die Nukeotidtripletts und bindet daran. Dies veranlasst die Peptidyltransferase, die Bindung zwischen Polypeptid und tRNA zu hydrolysieren, wodurch das Protein freigesetzt wird. Das Ribosom dissoziiert anschließend in seine Untereinheiten, so dass eine neue mRNA translatiert werden kann.
Ein mRNA-Strang wird mehrmals gleichzeitig translatiert, was der Steigerung der Proteinbiosyntheserate dient. Sobald ein Ribosom die Initiationsregion passiert hat, bindet ein weiteres an die Startsequenz und beginnt die Synthese von Neuem. Die Aufreihung vieler Ribosomen an einem mRNA-Strang bezeichnet man als **Polysom.**
Die entstandenen Polypeptide werden meist noch modifiziert, ehe sie ihre Aufgaben als Proteine erfüllen können. **Typische Modifikationen** sind:

- Entfernung der ersten Aminosäure(n), so dass nicht jedes Protein mit einem Methionin beginnt
- Spaltung des Polypeptids, dessen Spaltprodukt erst das aktive Enzym ist (Proinsulin → Insulin)
- Disulfidbrücken entstehen durch Oxidation der Reste von Cystein. Sie haben für Tertiär- und Quartärstruktur von Proteinen große Bedeutung. Die dreidimensionale Faltung des Proteins erfolgt bereits während der Kettenverlängerung.

Translation bei Prokaryoten und Mitochondrien

Ein wesentlicher Unterschied zwischen Prokaryoten/Mitochondrien und Eukaryoten besteht in der Lokalisation und im Zeitpunkt der Translation. Bei Eukaryoten sind Transkription und Translation räumlich und zeitlich getrennt; Prokaryoten besitzen keinen Zellkern, somit ist keine räumliche Trennung der beiden Vorgänge gegeben. Noch während das Transkript gebildet wird, lagern sich Ribosomen an den entstehenden mRNA-Strang an und beginnen mit der Translation. Die Prokaryoten-DNA ist nicht aus Introns und Exons aufgebaut, eine Prozessierung findet nicht statt. Ähnlich vollzieht sich die Proteinsynthese bei Mitochondrien, die eigene DNA und Ribosomen besitzen. Vergleicht man die Struktur und Funktion der Ribosomen, so fällt auf, dass sie denen der Prokaryoten überaus ähnlich sind (s. a. S. 2 f., „Endosymbiontenhypothese").

Zusammenfassung

- Die Aminoacyl-tRNA-Synthetase belädt die tRNA mit einer bestimmten Aminosäure.
- Am Ribosom im Zytoplasma treffen mRNA und tRNA mit Codon und Anticodon aufeinander, wodurch die Übersetzung von Nukleotidtripletts zu Aminosäuren erfolgt.
- Die Translation ist in drei Prozesse unterteilt: Initiation, Elongation und Termination.
- Ribosomen von Pro- und Eukaryoten sind in Bau und Funktion ähnlich. Ein wesentlicher Unterschied besteht aber in der räumlichen und zeitlichen Trennung der Transkription und Translation bei Eukaryoten.

Gesetze der Vererbung

Begriffserklärungen

Bei diploiden Organismen wird jedes Merkmal durch mindestens zwei Erbanlagen bestimmt: ein väterliches und ein mütterliches **Gen.** Sie können in verschiedenen Zustandsformen auftreten, die man als **Allele** bezeichnet. Finden sich für ein Merkmal mehr als zwei Allele, spricht man von **multipler Allelie.** Als **Polymorphismus** bezeichnet man das Vorkommen z. B. einer Genveränderung/eines Allels, die/das mit einer Häufigkeit > 1 % in einer Population auftritt. Setzt sich ein Merkmal gegenüber allen anderen **phänotypisch** (im äußeren Erscheinungsbild) durch, wird es als **dominant** bezeichnet; tritt es nicht in Erscheinung, ist es **rezessiv.** Setzen sich beide Erbanlagen im **Phänotyp** gleichermaßen durch, sind sie **kodominant.** Liegen auf den homologen Chromosomen eines Organismus gleichartige Allele, bezeichnet man dies als **Homozygotie** (reinerbig), sind sie verschieden, nennt man dies **Heterozygotie** (mischerbig). Die Summe der Erbanlagen spiegelt sich im **Genotyp** wider. Die **Expressivität** beschreibt das Ausmaß der phänotypischen Ausprägung bei gleichem Genotyp. Als **Penetranz** bezeichnet man die Wahrscheinlichkeit der phänotypischen Ausprägung eines dominanten Allels (Penetranzrate = Prozentsatz der Merkmalsträger unter den Genträgern). Personen, die phänotypisch keine Merkmale zeigen, genotypisch aber Träger eines rezessiven Allels sind, werden **Konduktoren** genannt. Wirken mehrere Gene an der Ausbildung eines Merkmals zusammen, ist die Rede von **Polygenie.** Im umgekehrten Fall, wenn ein Gen mehrere Merkmale kontrolliert, spricht man von **Pleiotropie** (s. a. S. 126 ff., „Glossar“).

Die Mendelschen Regeln

Der Mönch **Gregor Mendel** führte Mitte des 19. Jahrhunderts Kreuzungsexperimente an Erbsenpflanzen durch. Er wertete die Ergebnisse statistisch aus und fand grundlegende Gesetzmäßigkeiten, nach denen bestimmte Merkmale, wie z. B. die Blütenfarbe, vererbt werden. Gregor Mendel kannte keine Gene, Allele oder Chromosomen. Seine Annahmen beruhten auf Erbfaktoren, von denen man heute weiß, dass sie den Genen entsprechen. Die Elterngeneration P (Parentalgeneration) gibt diese Faktoren an die Tochtergenerationen F_1 und F_2 (Filialgenerationen) weiter.

1. Mendelsche Regel (Uniformitätsregel)

Kreuzt man zwei homozygote Eltern, so sind die Nachkommen (Hybriden) in der F_1-Generation untereinander alle gleich (uniform). Es spielt keine Rolle, ob es sich um einen monohybriden (ein Merkmal betreffenden), einen dihybriden (zwei Merkmale betreffenden) oder einen intermediären Erbgang handelt, es gilt stets dieses Gesetz. Im Fall eines dominant-rezessiven Erbgangs besitzen alle Nachkommen den Phänotyp des Trägers des dominanten Gens.

Eine vereinfachte Darstellung eines Erbgangs für die Blütenfarbe bieten Kombinationsquadrate (s. folgende ▮ Tabellen).

Die Gene eines Gameten eines Elternteils stehen waagerecht neben-, die des anderen senkrecht untereinander. In den nebenstehenden Feldern wird das Erbgut kombiniert.

Keimzellen der P-Generation	R	R
w	Rw	Rw
w	Rw	Rw

▮ Tab. 1: Dominant-rezessiver Erbgang (R = rot, dominant; w = weiß, rezessiv; s. a. ▮ Abb. 1a, oben).

Alle F_1-Nachkommen dieses Beispiels sind phänotypisch rot, weil das Merkmal rot über das Merkmal weiß dominiert.

Anmerkung: Bitte beachten Sie in diesen Beispielen eine Kleinigkeit, die der besseren Anschaulichkeit dient: R wird für rot (dominant) verwendet und w für weiß (rezessiv). Meist (und auch in den folgenden Kapiteln) steht ein Großbuchstabe für das dominante Allel und der gleiche (!) Kleinbuchstabe für das rezessive.

Keimzellen der P-Generation	r	r
w	rw	rw
w	rw	rw

▮ Tab. 2: Intermediärer Erbgang (r = rot, kodominant; w = weiß, kodominant).

Alle F_1-Nachkommen prägen beide Merkmale gleichermaßen aus. Es handelt sich um einen intermediären Erbgang, und die Nachkommen sind alle rosa (▮ Abb. 1b, oben).

2. Mendelsche Regel (Spaltungsregel)

Kreuzt man bei einem monohybriden, dominant-rezessiven Erbgang die F_1-Generation untereinander, so spalten sich die Nachkommen der F_2-Generation im Phänotyp im Verhältnis 3 : 1 auf. Bei einem monohybriden, intermediären Erbgang spalten sich die Nachkommen zahlenmäßig im Verhältnis 1 : 2 : 1 auf.

Anbei die Kombinationsquadrate und Abbildungen, die diese Gesetzmäßigkeiten verdeutlichen (▮ Tab. 3 und 4, ▮ Abb. 1a und b, unten).

Keimzellen der F_1-Generation	R	w
R	RR	Rw
w	Rw	ww

▮ Tab. 3: Monohybrider, dominant-rezessiver Erbgang.

Die F_2-Generation des monohybriden, dominant-rezessiven Erbgangs setzt sich aus drei roten Pflanzen zusammen, von denen eine homozygot (RR) und zwei heterozygot (Rw) sind. Eine Pflanze ist homozygot weiß (ww; Verhältnis 3:1).

Keimzellen der F_1-Generation	**r**	**w**
r	rr	rw
w	rw	ww

Tab. 4: Intermediärer Erbgang.

Die F_2-Generation ist etwas bunter als die des dominant-rezessiven Erbgangs: Man findet eine rote Pflanze (rr), zwei rosafarbene (rw) und eine weiße (ww; Verhältnis 1:2:1).

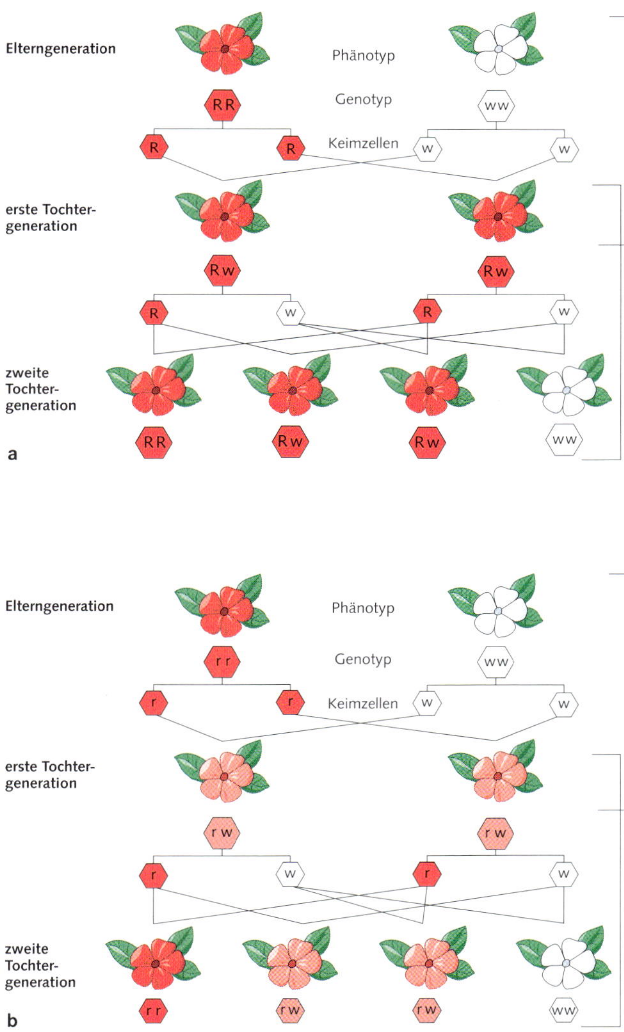

Abb. 1: Erbgänge: a) monohybrid, dominant-rezessiv (R = rot, dominant; r = rot, rezessiv; w = weiß, rezessiv); b) intermediär (r = rot, kodominant; w = weiß, kodominant). [21]

3. Mendelsche Regel (Unabhängigkeitsregel)

Kreuzt man bei einem dihybriden Erbgang die Hybriden der F_1-Generation untereinander, so spalten sich die Nachkommen der F_2-Generation im Verhältnis 9:3:3:1 auf (Abb. 2). Die Gene werden unabhängig voneinander neu kombiniert. Diese Regel kann aber nur gelten, wenn die Gene nicht gekoppelt sind (keine Koppelungsgruppe bilden), d. h. wenn sie auf verschiedenen Chromosomen oder auf einem Chromosom sehr weit voneinander entfernt liegen, so dass sie bei Rekombinationsvorgängen nicht gemeinsam vererbt werden (vgl. S. 66).

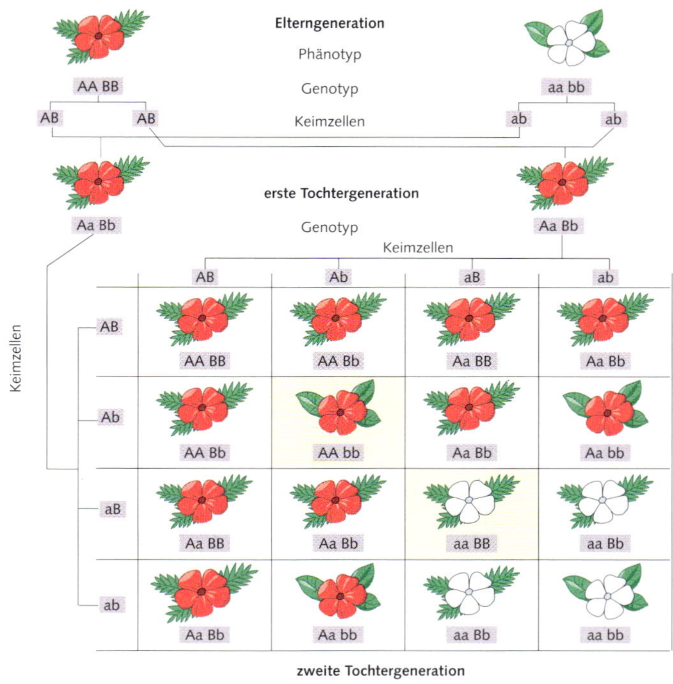

Abb. 2: Dihybrider, dominant-rezessiver Erbgang, Unabhängigkeitsregel (A = rot/B = gefiederte Blätter, dominant; a = weiß/b = glatte Blätter, rezessiv). [21]

Zusammenfassung

- **Uniformitätsregel:** Die Nachkommen (Hybriden) der F_1-Generation homozygoter Eltern sind untereinander alle gleich.
- **Spaltungsregel:** Bei der Kreuzung der heterozygoten F_1-Generation untereinander spalten sich die Nachkommen der F_2-Generation im Verhältnis 3:1 oder 1:2:1 auf.
- **Unabhängigkeitsregel:** Kreuzt man bei einem dihybriden Erbgang die Hybriden der F_1-Generation untereinander, so spalten sich die Nachkommen der F_2-Generation im Verhältnis 9:3:3:1 auf (unabhängige Neukombination der Gene).

Autosomale Vererbung

Symbolerklärungen und Terminologie

Das menschliche Genom setzt sich aus 46 Chromosomen zusammen, 44 Autosomen und zwei Gonosomen. Die Gonosomen legen das genetische Geschlecht fest (s. S. 54 ff.). Der Mann besitzt XY, die Frau XX. Da der Chromosomensatz in allen Körperzellen doppelt vorliegt, bezeichnet man diesen Zustand als diploid (2n). Eine haploide (1n) Keimzelle enthält 22 Autosomen und eines der beiden Gonosomen.

Erbgänge werden durch Stammbäume veranschaulicht, denen folgende Zeichen (hier nur eine Auswahl) zugrunde liegen (▮ Abb. 1).

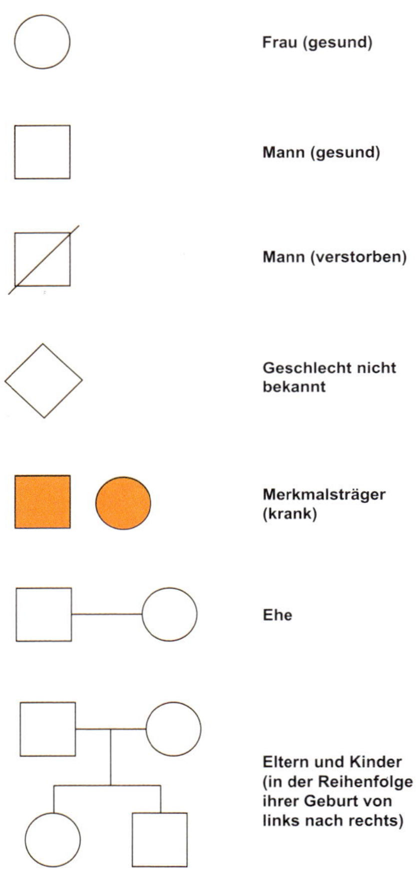

▮ Abb. 1: Ausgewählte Stammbaumsymbole. [34]

Stammbaumanalysen sollen dabei helfen, die „Wege" einer erblichen Erkrankung innerhalb einer Familie zu verfolgen, nachzuweisen oder abzuleiten und die Risiken für das Auftreten der Krankheit in Folgegenerationen abzuschätzen.

Falsche Fachterminologie vermeiden: Oft werden Charaktereigenschaften eines Organismus als Merkmale bestimmter Gene interpretiert: z. B. „Gen für Aggression". So etwas gibt es nicht, genauso wenig wie das „Krebsgen" und das „Krankheitsgen". Es wird keine Krankheit vererbt, sondern eine Genveränderung. Der Begriff „Gen" ist zunächst ein neutraler Begriff, bis eine Genveränderung zum Ausbruch einer Krankheit oder zu einer Fehlbildung führt.

Autosomal-dominante Erbleiden

Der Begriff „autosomal" bedeutet, dass das Gen auf einem Autosom liegt und die Vererbung unabhängig vom Geschlecht erfolgt. Die Vererbung entspricht einem monohybriden, dominanten Erbgang, d. h., es gelten die 1. und 2. Mendelsche Regel (s. S. 46 f.).

Kennzeichen:

- Die Genveränderung liegt auf dem dominanten Allel und ist mit einem Großbuchstaben (hier A) gekennzeichnet.
- Homozygote (AA) sind sehr selten und zeigen phänotypisch schwerere Krankheitssymptome als Heterozygote (Aa).
- **Variable Expressivität** und **unvollständige Penetranz** sind bei dominanten Erbgängen ganz typisch: Verschiedene Genprodukte und Umwelteinflüsse können auf die Merkmalsausbildung Einfluss nehmen, sogar das Manifestationsalter kann variieren.
- Homozygote Personen des unauffälligen Allels (aa) sind gesund.
- Tritt ein dominantes Merkmal plötzlich in einer sonst gesunden Familie auf, ist es auf eine Neumutation zurückzuführen.
- Es ist bekannt, dass die Genmutationsrate mit zunehmendem Alter des Mannes steigt.

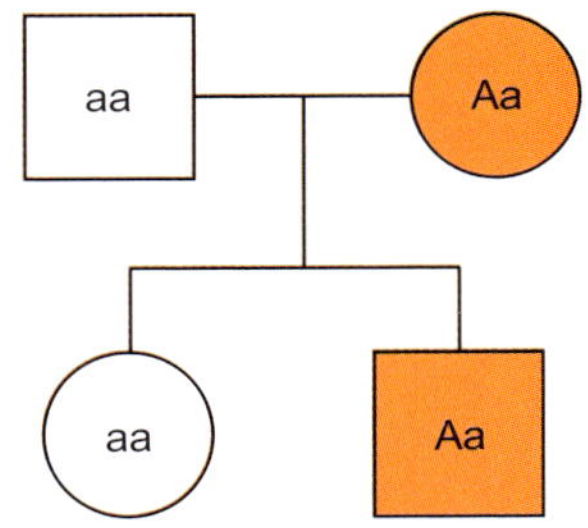

▮ Abb. 2: Autosomal-dominanter Erbgang: Mutter heterozygot für die Genveränderung (Kleinwuchs). [34]

Stammbaum: Die Mutter ist heterozygot (Aa) und phänotypisch betroffen (▮ Abb. 2). Sie ist kleinwüchsig, weist jedoch Symptome in abgemilderter Form auf (variable Expressivität). Sie hat zwei Kinder mit einem gesunden Mann (aa). Die Tochter ist wie der Vater homozygot (aa) und somit phäno- und genotypisch gesund. Der Sohn ist kleinwüchsig und weist ähnliche Symptome wie die Mutter auf. Ein Vergleich des Stammbaums mit ▮ Tabelle 1 zeigt, dass die Wahrscheinlichkeit dieses Paars, ein gesundes Kind zu zeugen, bei 50% liegt.

Keimzellen	A	a
a	Aa	aa
a	Aa	aa

▮ Tab. 1: Autosomal-dominanter Erbgang: Ein Elternteil ist heterozygot für das dominante Allel (Aa), der andere homozygot für das unveränderte (aa).

Beispiele: Autosomal-dominante Erbleiden führen meist zu **Strukturproteindefekten,** wie z. B. zur **Achondroplasie** (Kleinwuchs) oder zum **Marfan-Syndrom** (Bindegewebskrankheit mit Hochwuchs).

Autosomal-kodominante Erbgänge

Die Vererbung des **AB0-Blutgruppensystems** folgt einem autosomal-kodominanten Erbgang und wird auf Seite 122 ausführlich besprochen.

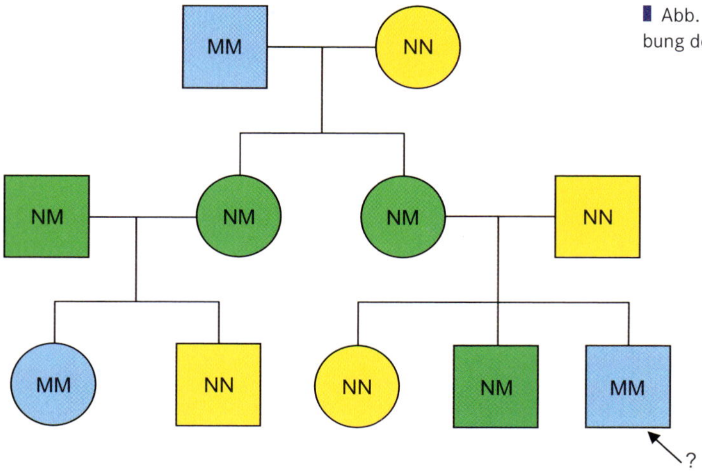

Abb. 3: Kodominante Vererbung der MN-Blutgruppe. [34]

Das **MN-Blutgruppensystem** ist ein weiteres Beispiel für autosomal-kodominante Vererbung beim Menschen (Abb. 3).
In dieser Abbildung sollen die Farben die Kodominanz betonen (blau + gelb = grün). Dieses System kann, wie das AB0-System, zur Vaterschaftsbegutachtung herangezogen werden (s. S. 122, Abb. 2). So stellt sich die Frage, wer der leibliche Vater des Kindes unten rechts ist (Pfeil) – jedenfalls nicht der Ehemann der Mutter.

Autosomal-rezessive Erbleiden

Kennzeichen:

- Die Genveränderung liegt auf dem rezessiven Allel und ist mit einem Kleinbuchstaben (hier a) gekennzeichnet.
- Merkmalsträger sind stets homozygot für das Allel mit der Genveränderung (aa).
- Phänotypisch gesunde Heterozygote (Aa) sind Konduktoren.
- Somit ist das Auftreten erkrankter Kinder nicht auf eine Neumutation zurückzuführen. Die Krankheit kann über Generationen hinweg unbemerkt in einer Population „schlummern", bevor sich Merkmalsträger zeigen (s. a. S. 75).
- Bei Verwandtenehen kommt es zur Häufung erkrankter Nachkommen. Die Partner besitzen einen besonders hohen Anteil an identischen Genen und Genveränderungen.

Stammbaum: In Abbildung 4 haben die phänotypisch gesunden heterozygoten Eltern ein krankes Kind (aa) und zwei gesunde Kinder (Aa, AA).

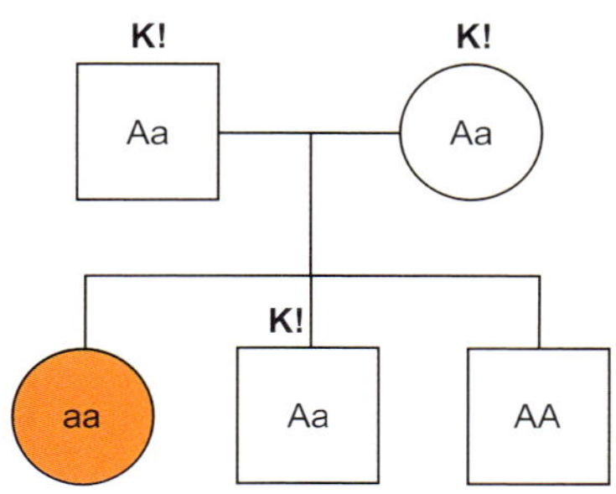

Abb. 4: Autosomal-rezessiver Erbgang (K! = Konduktor). [34]

Einer der gesunden Söhne ist wie die Eltern Konduktor, der andere ist homozygot für das gesunde Allel. In Tabelle 3 auf Seite 46 ist zu sehen, dass die Wahrscheinlichkeit, ein gesundes Kind zu zeugen, für heterozygote Eltern bei 75% liegt. Mit einer 25%igen Wahrscheinlichkeit wird ein Nachkomme erkranken.

Beispiele: Autosomal-rezessive Erbleiden führen meist zu **Stoffwechseldefekten,** wobei die Stoffwechselprodukte nicht korrekt weiterverarbeitet werden können **(Stoffwechselblock).**
Beispiele sind u. a. **Phenylketonurie (PKU), Mukoviszidose, Sichelzellanämie, Albinismus** (generalisierter Albinismus).

Klinik: Die PKU geht auf eine Störung der Oxidation von Phenylalanin zu Tyrosin zurück. Überschüssiges Phenylalanin reichert sich im Körper an. Das Leiden äußert sich in geistiger Behinderung, krampfartigen Anfällen und körperlicher Unterentwicklung. Die Früherkennung durch den Guthrie-Test zeigt bei bestimmten Bakterien, die Minimalbedingungen (Phenylalaninmangel) ausgesetzt sind, eine Aufhebung der Wachstumsbeschränkung durch das Phenylalanin. Durch phenylalaninfreie Kost können die Symptome verhindert werden. Diese Diät muss sehr früh in der Entwicklung begonnen und bis zum 10. Lebensjahr streng eingehalten werden.

Zusammenfassung

- Autosomale Erbleiden gehen auf Gendefekte auf Autosomen zurück, sind also geschlechtsunabhängig.
- Autosomal-dominante Erkrankungen entstehen häufig aus Neumutationen. Homozygote kommen sehr selten vor und sind stärker betroffen als Heterozygote.
- Autosomal-kodominant werden z. B. Blutgruppen vererbt; die Merkmale beider Allele werden gleichermaßen exprimiert.
- Bei autosomal-rezessiven Erkrankungen sind Heterozygote phänotypisch unauffällig und werden als Konduktoren bezeichnet; Homozygote sind phänotypisch betroffen.

X-chromosomale Vererbung

Bei der geschlechtsgebundenen Vererbung befindet sich das merkmalsprägende/krankheitsverursachende Gen auf den Gonosomen. Viele Tiere und auch der Mensch besitzen Gonosomen, die mit X (XX bei der Frau) und Y (XY beim Mann) bezeichnet werden. Da es für die meisten Y-chromosomalen Gene des Mannes kein entsprechendes Allel auf dem X-Chromosom gibt, wird dieser Zustand als **hemizygot** bezeichnet. Dies gilt jedoch nicht für alle Gene, es gibt durchaus homologe Bereiche, sog. **pseudoautosomale Regionen** (s. S. 54).

Verteilung der Gonosomen auf die Keimzellen

Vor der Meiose werden die Chromosomen verdoppelt. Während der Keimzellbildung der Frau werden zunächst die homologen Chromosomen, dann die Schwesterchromatiden getrennt (s. a. S. 30 ff.). Am Ende entstehen eine Eizelle und zwei (selten drei) Polkörperchen (▮ Abb. 1 oben). Die Teilung des ersten Polkörperchens findet nur sehr selten statt. Der Mann bildet Spermien, von denen die eine Hälfte mit X ausgestattet wird, die andere mit Y (▮ Abb. 1 unten). Je nachdem, ob ein X-tragendes oder ein Y-tragendes Spermium das Ei befruchtet, wird das Kind weiblich oder männlich.
Ein Junge erhält sein Y-Chromosom immer vom Vater. Die Merkmale, die der Vater auf seinem X-Chromosom trägt, werden nie an männliche Nachkommen vererbt, sondern nur an weibliche. Die Merkmale auf den X-Chromosomen der Mutter können an Jungen und Mädchen weitergegeben werden.
Genveränderungen, die auf dem Y-Chromosom vorliegen und Krankheiten bedingen, sind sehr selten. Es gibt auf dem

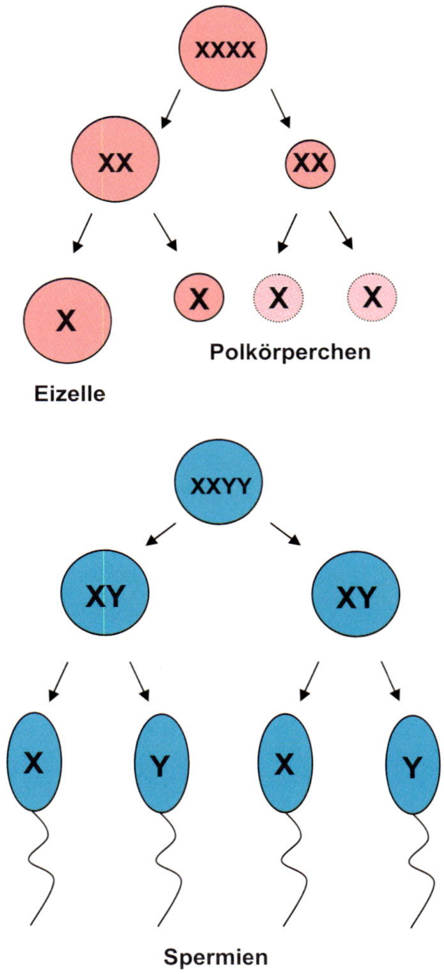

▮ Abb. 1: Verteilung der Gonosomen: auf die Eizelle (oben), auf die Spermien (unten). [34]

Y-Chromosom nur wenige aktive Gene, so dass im Folgenden die Y-chromosomale Vererbung vernachlässigt wird.

X-chromosomal-dominante Erbleiden

Kennzeichen:

- Die Genveränderung ist mit einem Großbuchstaben (hier A) gekennzeichnet.
- Diese Erbleiden sind sehr selten.
- Die Verlaufsform ist häufig schwer, insbesondere bei homozygoten Frauen (X^AX^A) und hemizygoten Männern (X^AY). Da beim Mann kein weiteres X-Chromosom vorhanden ist, dessen intakte Gene die Mutation (teilweise) kompensieren könnten, ist eine X-chromosomal-dominante Erbkrankheit in vielen Fällen letal.
- Die Betroffenen sind meist nicht in der Lage, Kinder zu zeugen.

Vererbung: Ein X-Chromosom der Mutter ist betroffen, sie ist phänotypisch krank (X^AX^a, ▮ Tab. 1).

Beispiele: X-chromosomal-dominante Erbleiden sind u. a. **Vitamin-D-resistente Rachitis, Ornithintranscarbamylase-(OTC-)Mangel** (schwere Harnstoffsynthesestörung).

X-chromosomal-rezessive Erbleiden

Kennzeichen:

- Die Genveränderung ist mit einem Kleinbuchstaben (hier a) gekennzeichnet.
- X-chromosomal-rezessiven Erbleiden kommt in der Praxis eine wesentlich größere Rolle zu als den X-chromosomal-dominanten.
- Männer sind häufiger betroffen, und es kommt vermehrt zur Anhäufung von Konduktorinnen in solchen Stammbäumen.

Vererbung:

- Ein X-Chromosom der Mutter ist betroffen; die heterozygote Frau ist phänotypisch gesund, aber Konduktorin für das Erbleiden (X^AX^a, ▮ Tab. 2).
- Beide X-Chromosomen der Mutter sind betroffen. Der Fall, dass beide X-Chromosomen der Frau die Mutation aufweisen, ist sehr selten. Die homozygote Frau ist (schwer) krank (X^aX^a).

Keimzellen	X^a	Y	Prognose
X^A	X^AX^a	X^AY	beide Geschlechter krank (Wahrscheinlichkeit 50%)
X^a	X^aX^a	X^aY	beide Geschlechter gesund (Wahrscheinlichkeit 50%)

▮ Tab. 1: X-chromosomal-dominante Vererbung: theoretische Prognose bei gesundem Vater (X^aY) und heterozygoter Mutter (X^AX^a).

Keimzellen	X^A	Y	Prognose
X^a	X^AX^a	X^aY	Töchter sind stets phänotypisch gesund, 50% sind genotypisch Konduktorinnen; 50% der Söhne erkranken, die anderen 50% sind phäno- und genotypisch gesund.
X^A	X^AX^A	X^AY	

▮ Tab. 2: X-chromosomal-rezessive Vererbung: Prognose bei gesundem Vater (X^AY) und heterozygoter Mutter (X^aX^A).

Keimzellen	X^A	Y	Prognose
X^a	X^AX^a	X^aY	100% der Töchter sind phänotypisch gesund und genotypisch Konduktorinnen; 100% der Söhne sind krank.
X^a	X^AX^a	X^aY	

▮ Tab. 3: X-chromosomal-rezessive Vererbung: Prognose bei gesundem Vater (X^AY) und homozygoter Mutter (X^aX^a).

Manche dieser Erbleiden, wie die Rot-Grün-Blindheit, sind nicht letal bzw. so schwer, so dass die Patientin auch Nachkommen zeugen kann (▮ Tab. 3).

◗ Das X-Chromosom des Vaters ist betroffen; der Vater ist (schwer) krank (X^aY). Da er hemizygot ist, manifestiert sich eine auf dem X-Chromosom lokalisierte rezessive Störung. Manche dieser Erbleiden, wie die Rot-Grün-Blindheit, sind nicht letal bzw. so schwer, so dass der Patient auch Nachkommen zeugen kann (▮ Tab. 4).

Stammbaum: Aus der Ehe eines phänotypisch gesunden Paares gehen in der 1. Generation ausschließlich phänotypisch gesunde Kinder hervor (▮ Abb. 2). Die zwei Jungen sind gesund, das Mädchen ist Konduktorin. Dies zeigt sich, als aus der Ehe der Tochter und eines gesunden Mannes ein an Rot-Grün-Blindheit erkrankter Sohn (X'Y) hervorgeht. Sein Vater leidet nicht an dieser Krankheit, deshalb kann die Genveränderung nur von seiner Mutter an ihn vererbt worden sein. Auch dieser Sohn hat wiederum Kinder.

Wie aus ▮ Tabelle 4 hervorgeht, ist seine Tochter bei dieser Konstellation Konduktorin. Sein Sohn dagegen erhält das X-Chromosom von der Mutter, folglich ist er gesund.

Beispiele: X-chromosomal-rezessive Erbleiden sind u. a. **Hämophilie A** (Bluterkrankheit), **Rot-Grün-Blindheit, Muskeldystrophie Typ Duchenne** (s. a. S. 22).

Keimzellen	X^a	Y	Prognose
X^A	X^AX^a	X^AY	100% der Töchter sind phänotypisch gesund und genotypisch Konduktorinnen; 100% der Söhne sind phäno- und genotypisch gesund.
X^A	X^AX^a	X^AY	

▮ Tab. 4: X-chromosomal-rezessive Vererbung: Prognose bei gesunder Mutter (X^AX^A) und erkranktem Vater (X^aY, hemizygot).

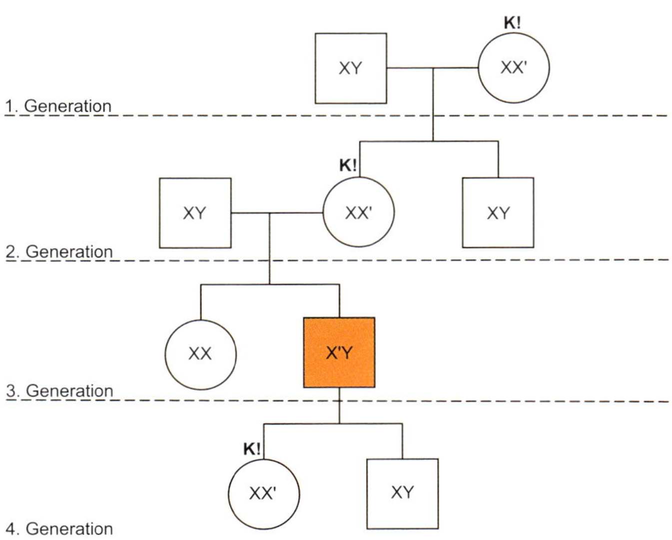

▮ Abb. 2: X-chromosomal-rezessives Erbleiden (K! = Konduktorin). In diesem Fall ist das Chromosom mit der Genveränderung mit einem Strich gekennzeichnet (X'). Aufgrund der Betrachtung der 2. Generation kann vorhergesagt werden, ob der Erbgang X-chromosomal-dominant oder -rezessiv ist. [34]

Zusammenfassung

- ✖ Bei der X-chromosomalen Vererbung sind die Genveränderungen auf dem X-Chromosom lokalisiert.
- ✖ Männer sind hemizygot, Frauen homo- oder heterozygot.
- ✖ X-chromosomal-dominante Erbleiden sind sehr selten. Die Verlaufsform ist schwer (bis letal), und die Betroffenen sind meist nicht in der Lage, Kinder zu zeugen.
- ✖ X-chromosomal-rezessiven Erbleiden kommt in der Praxis eine größere Rolle zu. Männer sind häufiger phänotypisch betroffen, Frauen dagegen sehr selten. Es kommt vermehrt zur Anhäufung von Konduktorinnen im Stammbaum.

Imprinting, mitochondriale und multifaktorielle Vererbung

Genomic imprinting

Beim **Genomic imprinting** hängt das Auftreten eines Merkmals nicht davon ab, ob der Vererbung des Allels ein dominanter oder ein rezessiver Erbgang zugrunde liegt, sondern ob das betreffende Allel vom Vater oder von der Mutter an die Nachkommen weitergegeben wird. Die Gene werden abhängig von ihrer elterlichen Herkunft aktiv oder inaktiv vererbt (**differenzielle Genaktivität,** s. a. S. 43) und erhalten somit eine **genomische Prägung.**

Klinik:
- Die genomische Prägung ist reversibel und wird von Generation zu Generation aufs Neue festgelegt. Dies geschieht bereits in der frühen Keimzellentwicklung. Dazu müssen die ursprüngliche Prägung „gelöscht" und eine neue „programmiert" werden. Nicht nur die Abfolge von Basen kodiert also bestimmte Proteine/ Merkmale, sondern auch das Imprinting, eine Form der Modifikation der DNA, durch die der Aktivzustand eines Gens bestimmt wird.
- Teratome, eine spezifische Form von Keimzelltumoren, zeigen einen teilweisen Verlust des Genomic imprinting, der auf ihre histologische Abstammung von primordialen Keimzellen hinweist.

DNA-Methylierung

Wie kann ein Gen als „aktiv" oder „inaktiv" gekennzeichnet sein?
Auf biochemischer Ebene beruht das Imprinting auf einer **Methylierung** der DNA. Bestimmte Enzyme übertragen Methylgruppen auf Nukleinbasen und modifizieren so ganz spezifische Stellen. Die Grundstruktur bleibt dabei voll und ganz erhalten; Imprinting ist **keine Mutation!**

Epigenetik: Die Epigenetik beschäftigt sich mit allen Einflüssen auf die Genexpression, die nicht primär durch den kodierenden DNA-Abschnitt gesteuert wird. Genomic imprinting ist ein epigenetischer Mechanismus, der die Genexpression steuert, ohne die Nukleotidsequenz der DNA zu verändern.

Die DNA eines Mannes zeigt ein anderes **Methylierungsmuster** als die einer Frau. Die Zelle kann diesen Unterschied wahrnehmen, was letztlich zur geschlechtsspezifischen Ausprägung von phänotypischen Merkmalen führt. Ein erhöhter Methylierungsgrad bedingt eine Verringerung der Genexpression.
Imprinting wurde bisher hauptsächlich beim Menschen und anderen Säugetieren untersucht, die genauen Funktionsweisen sind aber noch unklar. Nachgewiesenermaßen gibt es jedoch Krankheitsbilder, die durch den Funktionsausfall bestimmter Gene bedingt sind, die grundsätzlich nur auf einem elterlichen Allel aktiv sind **(monoallelische Expression).**

Klinik: Eine Mikrodeletion (Verlust eines kleinen Chromosomenstückchens) auf Chromosom 15 kann bei Patienten zu zwei völlig unterschiedlichen Krankheitsbildern führen, weil diese Region dem Genomic imprinting unterliegt:
- Das Prader-Willi-Syndrom entsteht durch das Fehlen der väterlichen genetischen Information bei gleichzeitiger Inaktivität der mütterlichen genetischen Information entsprechend dem Genomic imprinting dieser Region. Entwicklungsverzögerung, geistige Retardierung, Adipositas und Minderwuchs sind die Folgen (Häufigkeit 1 : 10 000).
- Das Angelman-Syndrom ist durch die fehlende mütterliche Erbinformation bei gleichzeitiger Inaktivität der väterlichen Gene entsprechend dem Genomic imprinting dieser Region gekennzeichnet. Schädel- und Gesichtsdysmorphien, schwere Entwicklungsverzögerung, zerebrale Krampfanfälle, Ataxie und Lachanfälle sind die Folgen (Häufigkeit 1 : 20 000).

Mitochondriale Vererbung

Auf Seite 114 lernen Sie den Befruchtungsmechanismus (beim Seeigel) kennen. In ▮ Abbildung 1 auf dieser Seite sehen Sie, dass der Pronukleus des Spermiums in die Eizelle vordringt, um dort mit dem Kern der Eizelle zu verschmelzen. Es dringen keine Zellorganellen des Spermiums in die Eizelle vor.

Merke: Die im Mitochondrium enthaltene DNA wird ausschließlich mütterlicherseits vererbt. Die Mitochondrien der weiblichen Eizelle dienen somit als Vorlagen für die Mitochondrien aller künftigen Körperzellen.

Mitochondrien enthalten ihre eigene **mtDNA** (s. S. 14). Diese ist ringförmig, ähnlich wie bei Bakterien, enthält 37 Gene und liegt pro Mitochondrium in zwei- bis zehnfacher Kopie vor. Eine Körperzelle enthält mehrere 100 Mitochondrien, Eizellen sogar zwischen 50 000 und 100 000. Die mtDNA kodiert für

- 13 Enzyme der Atmungskette,
- 2 rRNAs der mitochondrialen Ribosomen,
- 22 tRNAs der mitochondrialen Proteinsynthese.

Der mtDNA-Reparaturmechanismus ist nicht so effizient wie der des Zellkerns, und so liegt die Mutationsrate rund zehnmal höher. **Heteroplasmie** beschreibt das gleichzeitige Vorliegen von „normaler" und mutierter mtDNA in den Mitochondrien einer Zelle. Bei der Zellteilung werden die Mitochondrien zufallsmäßig auf die beiden Tochterzellen verteilt, was in der Embryogenese dazu führen kann, dass Gewebe mit einem hohen Mitochondrienanteil mit mutierter mtDNA entstehen. Eine Störung manifestiert sich aber erst, wenn die Anzahl der funktionsgestörten Mitochondrien einen gewissen Grad überschreitet.

Mitochondriopathien

Betroffen sind besonders Organe, die viel Energie in Form von ATP beanspruchen, insbesondere das ZNS und die Muskulatur. Die Summe aller Krankheiten, die auf einen mtDNA-Defekt zurückzuführen sind, wird unter dem Begriff **Mitochondriopathien** zusammengefasst, das gemeinsame Auftreten bestimmter **Symptomkombinationen** fasst man zu verschiedenen **Syndromen** zusammen.

> **Klinik:** Beispielhaft seien folgende Syndrome und ihre Symptome genannt:
> - Kearns-Sayre-Syndrom: Muskelschwäche, Ataxie, Ptosis, kardiale Rhythmusstörungen
> - Pearson-Syndrom: Anämie, Pankreasinsuffizienz, Verminderung der Blutkörperchenbildung, hohe Letalität
> - Hereditäre Leber-Optikusatrophie: Erblindung ab dem 2. Lebensjahr

Die Gemeinsamkeit all dieser Syndrome liegt in der Tatsache, dass stark energieabhängige Organe besonders schwer betroffen sind. Diese wiederum sind mit weiteren Organsystemen verbunden, und letztlich hat ein Syndrom weitreichende gesundheitsbeeinträchtigende Folgen für den gesamten Organismus. Das Krankheitsbild kann von Patient zu Patient sehr unterschiedlich ausgeprägt sein, jedoch ist es in den meisten Fällen rasch fortschreitend und oftmals auch letal.

Multifaktorielle Vererbung

In allen bisherigen Kapiteln zu diesem Thema wurde von **einem** Allel ausgegangen, das durch Anwesenheit, Veränderung oder Fehlen zu einem bestimmten phänotypischen Merkmal führt (monogenes Merkmal). Sehr viele phänotypische Merkmale und Erkrankungen werden jedoch durch ein **Zusammenspiel verschiedener Gene** und auch durch **Umwelteinflüsse** und den Lebensstil der betroffenen Person bewirkt. Liegt Ihnen ein Stammbaum vor, in dem mehrere Personen von einer Krankheit betroffen sind, sich aber keinerlei Mendelsche Gesetzmäßigkeiten feststellen lassen, so ist das komplexe Muster u. U. auf die multifaktorielle Vererbung zurückzuführen.
Die Ausdrücke **Polygenie** und **multifaktorielle Vererbung** werden zwar gern als Synonyme verwendet, genau genommen ist das aber inkorrekt. Krankheiten können polygenisch (mehrere Gene führen zur Merkmalsausbildung) und multifaktoriell (Umwelteinflüsse/Lebensstil) bedingt sein. Erst das Zusammenspiel mehrerer genetischer und exogener Faktoren führt dann zum Ausbruch der Krankheit. Es ergeben sich damit zum einen gute Möglichkeiten, ihren Ausbruch zu verhindern oder ihr Ausmaß einzudämmen, wenn man die äußeren Faktoren kennt. Sogenannte **prophylaktische Maßnahmen** können dann bewusst eingesetzt werden, um Betroffenen im Vorfeld zu helfen. Auf der anderen Seite ist ein so komplexes Zusammenspiel von Genen und Umweltfaktoren sehr schwer zu rekonstruieren und erschwert die Erforschung der **Prädisposition** (Anlage/Empfänglichkeit für bestimmte Störung/Krankheit).
Übersteigen genetische und exogene Faktoren einen gewissen **Schwellenwert,** wird sich die Störung manifestieren. Aus großen Familienanalysen werden **empirische Risikoziffern** berechnet, die das Erkrankungsrisiko von Nachkommen oder das Wiederholungsrisiko bei Geschwistern angeben.

> **Klinik:** Ein Beispiel für multifaktorielle Vererbung ist die angeborene Hüftgelenkluxation. Die genetischen Faktoren liegen in einer flachen, steilen Gelenkpfanne und einer schlaffen Gelenkkapsel. Übersteigen diese Merkmale einen bestimmten Schwellenwert, kann der Gelenkkopf nicht ausreichend fixiert werden. Durch z. B. mechanische Belastung kommt es schließlich zur Luxation, d. h. zur Verrenkung des Hüftkopfs durch Verlagerung aus der Hüftpfanne. Des Weiteren sind als multifaktorielle Erbleiden zu nennen: koronare Herzerkrankungen und angeborene Herzfehler, Asthma, Spina bifida und Lippen-Kiefer-Gaumen-Spalte.

Zusammenfassung

- Genomic imprinting geht auf unterschiedliche Methylierungsmuster mütterlicher und väterlicher Gene zurück, wodurch Gene einen aktiven oder passiven Status erlangen können. Das Fehlen bestimmter Gene, die nur auf einem elterlichen Allel aktiv sind, und das gleichzeitige Inaktivieren genetischer Informationen des anderen Elternteils entsprechend dem Genomic imprinting dieser Region führen zu schweren Krankheiten.
- Mitochondriale Gene werden nur von der Mutter vererbt. Die mtDNA unterliegt einer relativ hohen Mutationsrate, was zu funktionsgestörten Mitochondrien führen kann. Erreicht die Anzahl der defekten Mitochondrien in den Zellen eines Organsystems einen gewissen Grad, kommt es zu Mitochondriopathien.
- Bei der multifaktoriellen Vererbung werden Störungen durch das Zusammenwirken genetischer und äußerer Faktoren (Umwelteinflüsse/Lebensstil) bedingt. Betroffene Personen besitzen eine bestimmte Prädisposition, und wenn die Faktoren einen gewissen Schwellenwert erreichen, zeigt sich das Krankheitsbild.

Gonosomen und Geschlecht

X- und Y-Chromosom

Das menschliche Genom setzt sich aus **44 Autosomen und zwei Gonosomen** zusammen. Wie auf Seite 48 bereits erwähnt, tragen alle Körperzellen einer Frau die Gonosomen XX, alle Körperzellen eines Mannes XY.

Besonderheiten des X-Chromosoms

X-Faktor: Hermann Henking (1858–1942) gilt als der Entdecker des X-Chromosoms. Seine Arbeiten an Feuerwanzen zeigten, dass sich in 50% der Spermien eine mikroskopisch sichtbare Struktur findet, die in den anderen 50% nicht zu erkennen ist. Er nannte sie **X-Faktor,** da er sich nicht sicher war, ob es sich dabei um Chromatin handelte. Des Weiteren stellte er fest, dass nach Befruchtung durch ein X-Faktor-Spermium eine weibliche Wanze aus dem Ei schlüpft. Tatsächlich hatte Henking das X-Chromosom, die chromosomale Grundlage der **Geschlechtsbestimmung,** entdeckt – daher die Namensgebung!

X-Gene: Auf dem X-Chromosom liegen knapp 1100 Gene. Sie können mit mehreren 100 Krankheiten in Verbindung gebracht werden.

X-Inaktivierung (Dosiskompensationsmechanismus): Die Körperzellen der Frau tragen die Informationen der X-Chromosomen doppelt. Normalerweise müsste man annehmen, dass aufgrund dieser doppelten **„Dosis"** auch zweimal so viele Genprodukte entstehen wie beim Mann. Dem ist aber nicht so, da die meisten Gene eines der beiden X-Chromosomen von den Zellen inaktiviert werden, so dass keine Genprodukte exprimiert werden können. Die Humangenetikerin **Mary F. Lyon** postulierte 1961 dazu folgende nach ihr benannte Hypothese:

Lyon-Hypothese:
- In jeder weiblichen Zelle liegt ein X-Chromosom inaktiv vor.
- Die Deaktivierung geschieht zufällig und kann entweder das X-Chromosom mütterlicher- oder väterlicherseits treffen.

Barr-Körperchen: Das inaktivierte X-Chromosom ist als sog. Barr-Körperchen (= Sexchromatin oder auch Kernkörperchen) nach spezieller Färbung mikroskopisch sichtbar. Es liegt i. d. R. am Rand des Zellkerns und erscheint mikroskopisch als dunkler Punkt. Die Tochterzellen inaktivieren das gleiche X-Chromosom wie die Zelle, von der sie abstammen. Die Inaktivierung findet bereits früh in der Embryogenese statt (11.–16. Tag), was dazu führt, dass sich die Genome aller Körperzellen voneinander unterscheiden. Dies bezeichnet man als **genetisches Mosaik.** Die **Methylierung,** wie auf Seite 52 beschrieben, sorgt auch in diesem Fall für die Inaktivierung.
In diesem Zusammenhang wurde auf dem inaktiven X-Chromosom das **Xist-Gen** (X-inaktivierungsspezifisches Transkript) im sog. **Inaktivierungszentrum** entdeckt, dessen Genprodukt eine spezielle RNA ist, die im Kern verbleibt und entscheidenden Einfluss auf die Genexpression nimmt. Das Wissen um die X-Inaktivierung, ihre genauen Funktionsmechanismen und Steuerung ist bislang jedoch nur sehr rudimentär.

Klinik: Die Tatsache, dass sich XXY-Männer (Klinefelter-Syndrom) und X0-Frauen (Ullrich-Turner-Syndrom) von gesunden Personen unterscheiden (s. S. 60 f.), zeigt, dass man nicht allgemein davon ausgehen darf, dass die Inaktivierung zu jeder Zeit in jeder Zelle besteht (Inhomogenität der X-Inaktivierung).

Besonderheiten des Y-Chromosoms

Y-Gene: Auf dem kleineren Y-Chromosom wurden nicht viele funktionstüchtige Gene gefunden. Ganz besonders wichtig ist jedoch das **SRY-Gen** (Sex-determining region of Y, s. u.).

Pseudoautosomale Regionen (PAR): Das Y-Chromosom besitzt nur wenige Regionen, die homolog zum X-Chromosom sind. Die meisten liegen in zwei Abschnitten, die als **PAR 1** und **PAR 2** bezeichnet werden und sich an den Enden der „Arme" der Gonosomen befinden (▮ Abb. 1). Sie ermöglichen die Aneinanderlagerung des X- und des Y-Chromosoms während der Meiose I beim Mann (s. a. S. 31). Dabei können hier sogar Crossing-over-Ereignisse stattfinden. Es gibt noch weitere homologe Regionen, die auf beiden Chromosomen jedoch in ganz unterschiedlichen Bereichen anzutreffen sind.

Geschlechtsdeterminierung

Induktion der testikulären Entwicklung

Eines der wenigen funktionstüchtigen Y-Gene ist das **SRY-Gen:** Es liegt neben PAR 1 (▮ Abb. 1), wird für die Entwicklung der Hoden benötigt und synthetisiert **TDF** (Testis-determining factor). Beim Embryo wird bei Anwesenheit des SRY-Gens etwa in der 7. Woche die Entwicklung der allgemeinen Gonadenanlagen zu Hoden induziert. SRY ist ein „Auslöser" für zahlreiche weitere komplexe Reaktionen, die in ihrem Zusammenspiel zur phänotypischen Entwicklung eines

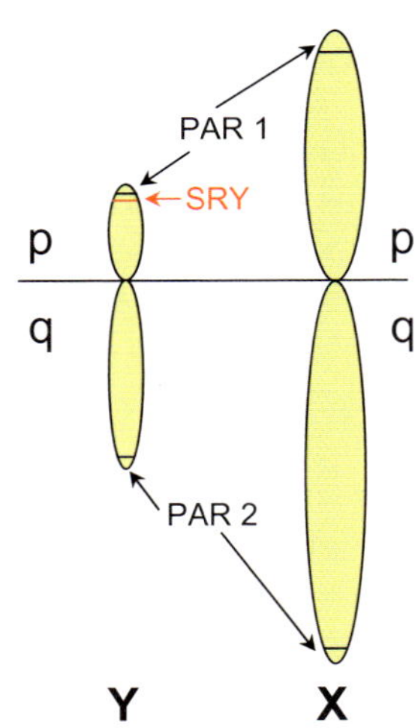

▮ Abb. 1: Lage der pseudoautosomalen Regionen (PAR) und des männlichen Determinanzgens SRY; p = kurzer Arm des Chromosoms, q = langer Arm. [34]

männlichen Nachkommen führen. TDF ist ein **Regulatorprotein (Transkriptionsfaktor)** und für die Expression vieler anderer Gene verantwortlich, die ihrerseits Hormone kodieren. Es ist aber keinesfalls so, dass nur Gene auf dem Y-Chromosom an der Entwicklung des männlichen Geschlechts beteiligt sind. Regulatoren aktivieren daneben Gene auf dem X-Chromosom und auf Autosomen, so dass auch hier Genveränderungen zu Störungen der testikulären Entwicklung führen können.

Klinik:
- Eine Mutation oder das Fehlen des SRY-Gens kann trotz XY-Genotyp zur Entwicklung eines phänotypisch weiblichen Nachkommens führen.
- Eine Translokation (s. S. 62), bei der ein aktives SRY-Gen auf ein X-Chromosom übertragen wird, führt zu phänotypisch männlichen Nachkommen mit inneren und äußeren männlichen Genitalien bei XX-Genotyp. Diese sog. XX-Männer sind meist infertil und besitzen relativ kleine Hoden (Häufigkeit 1 : 20 000).

Embryonale Geschlechtsentwicklung

Die Gonaden des Embryos sind bis zur 7. Woche indifferent und paarig angelegt. Man findet die **Wolff-Gänge,** die **Urniere** (Mesonephros) und die **Müller-Gänge** (▌Abb. 2). Das äußere Genitale besteht aus **Sinus urogenitalis** und **Genitalhöcker.** Sie bilden später beim Mann u. a. Penis, Urethra und Skrotum, bei der Frau u. a. Klitoris, große und kleine Schamlippen.

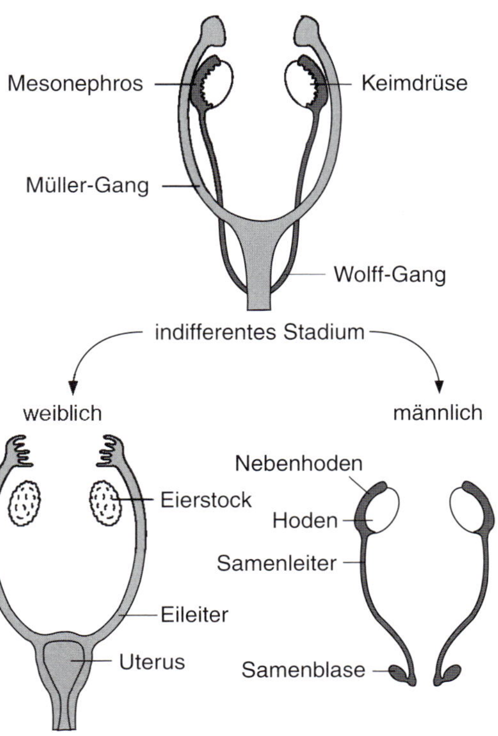

▌Abb. 2: Weibliche und männliche Geschlechtsentwicklung. [42]

Männliche Geschlechtsentwicklung: Der embryonale Hoden wird **früh endokrin aktiv.** Das **AMH** (Anti-Müller-Hormon) aus den Sertoli-Zellen führt zur Rückbildung der Müller-Gänge, und Testosteron aus den Leydig-Zellen stabilisiert das gesamte Wolff-Gang-System: Samenblase, Nebenhoden, Samenleiter.

Weibliche Geschlechtsentwicklung: Ab der 8. Woche entstehen unter Abwesenheit von TDF die Ovarien. Es folgt die Bildung von Tuben, Uterus und Vagina aus den Müller-Gängen. Diese Entwicklung ist als **passiver** Prozess zu sehen, der sich unter Abwesenheit der o. g. Hormone einstellt. Endokrin aktive Gewebe bilden sich erst später, etwa im 7. Embryonalmonat.

Klinik: Störungen der Geschlechtsdeterminierung haben Defekte der sexuellen Entwicklung zur Folge.
- Beim Pseudohermaphroditismus femininus ist die Patientin zwar genotypisch weiblich, phänotypisch zeigen sich aber männliche oder intersexuelle Geschlechtsmerkmale. Die Ursache kann in der Einnahme von Androgenen während der Schwangerschaft liegen oder durch eine gestörte Kortisolsynthese mit nachfolgend exzessiver Androgenproduktion (z. B. adrenogenitales Syndrom) bedingt sein.
- Beim Pseudohermaphroditismus masculinus ist der Patient genotypisch männlich, phänotypisch zeigen sich jedoch weibliche Geschlechtsmerkmale. Grund dafür kann eine testikuläre Feminisierung aufgrund eines defekten Androgenrezeptors oder eine Androgenresistenz sein (s. S. 26).

Zusammenfassung

- Das genetische Geschlecht wird durch Gonosomen festgelegt: XX bei der Frau, XY beim Mann.
- Bei der Frau wird ein X inaktiviert (Lyon-Hypothese) und ist als Barr-Körperchen mikroskopisch sichtbar.
- Das Y-Chromosom enthält pseudoautosomale Regionen an den Enden seiner „Arme“; hier kann es zu Crossing-over-Ereignissen mit dem X-Chromosom kommen.
- Das SRY-Gen auf dem Y-Chromosom kodiert für den Transkriptionsfaktor TDF, der zur Entwicklung von Hoden und männlichen Geschlechtsmerkmalen führt.
- Aus den Wolff-Gängen entwickeln sich unter Anwesenheit von TDF männliche Geschlechtsorgane (aktiv, endokrin), aus den Müller-Gängen unter Abwesenheit von TDF weibliche Geschlechtsorgane (passiv, als Folge der TDF-Abwesenheit).

Die Chromosomen des Menschen

Das Karyogramm

Ein Karyogramm ist eine **mikroskopische Darstellung,** die den geordneten Chromosomensatz einer Person abbildet (▮ Abb. 1a und b, ▮ Tab. 1). Auf diese Weise erhält man den **Karyotyp,** d. h. die Chromosomenzahl und das genetische Geschlecht.
Die Lymphozyten eines Menschen teilen sich i. d. R. im Blut nicht. Nach Blutentnahme können sie aber künstlich zur Vermehrung angeregt werden. Eine Kultur erreicht nach etwa 72 Stunden eine für die Analyse ausreichende Zelldichte.
Die folgenden Punkte sind u. a. **Indikationen** zur Durchführung einer Chromosomenanalyse (Bestimmung der Zahl, Größe, Form und Chromosomenbänderung):

- Geistige Retardierung unklarer Ursache
- Körperliche Fehlbildungen
- Abnorme Sexualentwicklung
- Sterilität
- Fehl- oder Totgeburten
- Hinweise auf Chromosomenstörungen in der Familie
- Erhöhtes mütterliches Alter oder sonographische Auffälligkeiten

Häufen sich beispielsweise innerhalb einer Familie bestimmte Erbkrankheiten, so werden in der **pränatalen Diagnostik** (s. S. 72 f.) Analysen der Chorionzotten oder (nach Amniozentese) der Amnionzellen durchgeführt. Dadurch kann der **Karyotyp eines Ungeborenen** ermittelt werden.

Schritt	Erstellung eines Karyogramms
I	Gewinnung von Zellen, die sich mitotisch teilen können (z. B. Lymphozyten, Fibroblasten, Amnionzellen, Zellen der Chorionzottenbiopsie, des Knochenmarks)
II	Verwendung der stark kondensierten Metaphasenchromosomen. Mittels Colchicin werden die Zellen in dieser Phase arretiert (s. S. 20 und 29)
III	Zugabe eines hypotonen Mediums, das zum Anschwellen der Zellen und zum Platzen beim Auftropfen auf den Objektträger führt
IV	Fixierung des Materials mit Eisessig-Methanol-Gemisch und Färbung, z. B. für das Lichtmikroskop Giemsa-Färbelösung (= G-Bänderung, s. S. 57)
V	Analyse und Fotografie unter dem Mikroskop bei 1000-facher Vergrößerung. Sortierung der Chromsomen zu homologen Paaren per Hand durch Zerschneiden (veraltet) oder mit Computerprogrammen (modern)

▮ Tab. 1: Karyogrammerstellung.

Nomenklatur

Bei der Beschreibung von Karyotypen geht man nach den Richtlinien der **ISCN** (**I**nternational **S**tandard of **C**hromosomal **N**omenclature) vor, die eine weltweit gültige Nomenklatur entwickelt hat. Zum Beispiel:

- Gesunder Mann (46,XY), gesunde Frau (46,XX)
- Überzählige oder fehlende Gonosomen: (47,XXY), (47,XXX), (45,X0), (47,XYY)
- Überzählige Autosomen: (47,XX,+21) für Trisomie 21 (Down-Syndrom)
- Mosaike und Chimären: mos45,X/46,XY

Morphologie

Jedes Chromosom besteht aus zwei Schwesterchromatiden mit einer gemeinsamen Einschnürung, dem Zentromer.
Hier haften die Chromatiden zusammen. Die Identifikation und Typisierung eines Chromosoms erfolgen nach **Größe,** Vorhandensein von **Satelliten, Bandenmuster** nach spezifischer Färbung und der **Lage seines Zentromers** (sog. Denver-Klassifikation, ▮ Tab. 2). Letztere kann folgendermaßen gekennzeichnet sein:

- **Metazentrisch,** wenn das Zentromer in der Mitte liegt
- **Submetazentrisch,** wenn es aus der Mitte verschoben ist. So bilden sich kurze p-Arme und lange q-Arme.
- **Subtelozentrisch,** wenn es deutlich gegen das Chromosomenende verschoben ist
- **Akrozentrisch,** wenn es extrem gegen das Chromosomenende verschoben ist

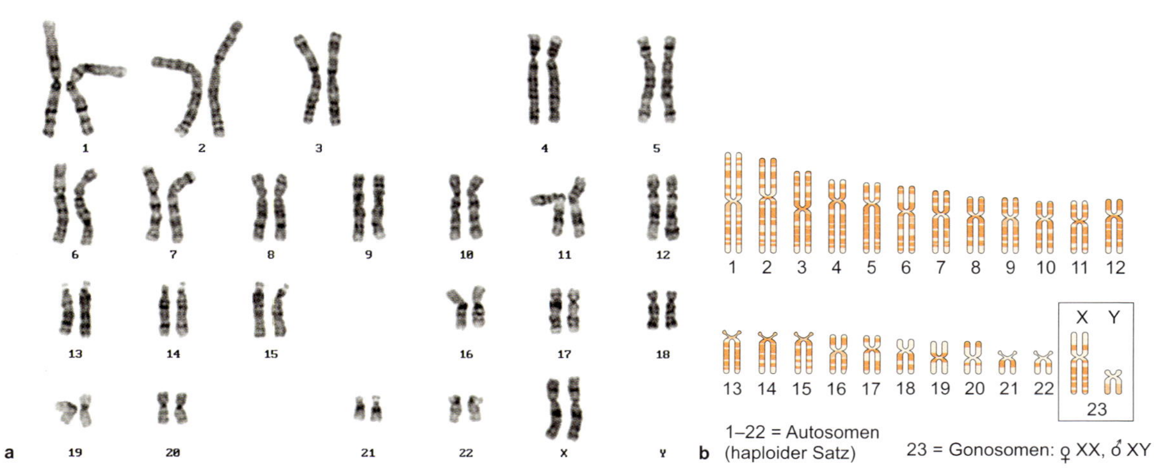

▮ Abb. 1: Karyogramm: a) einer gesunden Frau (Originalaufnahme); b) eines gesunden Mannes (Schema). [6], [21]

Gruppe	Chromosomen	Charakteristika
A	1, 2, 3	groß, metazentrisch
B	4, 5	groß, submetazentrisch
C	6, 7, 8, 9, 10, 11, 12, X	mittel, submetazentrisch
D	13, 14, 15	mittel, akrozentrisch, Satellit
E	16, 17, 18	klein, submetazentrisch
F	19, 20	sehr klein, metazentrisch
G	21, 22, Y	sehr klein, akrozentrisch (Y ist nicht akrozentrisch, besitzt keine Satelliten), 21 und 22 je mit Satelliten

▌Tab: 2: Denver-Klassifikation: die sieben Chromosomengruppen des menschlichen Karyogramms. In einem Karyogramm werden die Chromosomen gemäß dieser Klassifikation gruppiert (▌Abb. 1a).

Satelliten sind distale Chromosomenabschnitte, die bei akrozentrischen Chromosomen durch Einschnürungen nahe den Enden des p-Arms auftreten. An diesen Einschnürungen entsteht nach den Mitose die Nukleolus-Organisator-Region (▌Tab. 3, s. a. S. 9).

Das evolutionäre Entwicklungsstadium eines Organismus hat im Übrigen nichts mit der Anzahl seiner Chromosomen zu tun. So hat der Mensch 46 Chromosomen, wohingegen einige niedere Pflanzen weit über 100 Chromosomen besitzen können. Zur Reduktion der Chromosomenzahl kann es beispielsweise durch eine Fusion kommen. Das menschliche Chromosom 2 gibt sogar noch sehr deutlich einen Hinweis darauf: Es besitzt eine zweite, inaktivierte Zentromerregion, welche aus der **Fusion zweier akrozentrischer Chromosomen** hervorgeht. Eine neue, spontane Chromosomenveränderung muss also nicht zwangsläufig immer nachteilig für das Individuum sein oder klinische Konsequenzen haben. Die Reduktion der Chromosomenzahl senkt beispielsweise die Wahrscheinlichkeit einer Fehlverteilung der Chromosomen bei der Mitose und bietet so auch evolutionäre Vorteile.

Färbung und Bänderung

Wie in ▌Tabelle 1 bereits erwähnt, werden die Chromosomen bei der Erstellung eines Karyogramms angefärbt, wodurch je nach Technik und Farbstoff unterschiedliche **Bandenmuster** auf den Chromosomen sichtbar werden. Die **Bänderungsverfahren** erzeugen für jedes Chromosom ein spezifisches Muster (▌Tab. 3). So lassen sich Chromosomen nicht nur sichtbar machen und auszählen, beispielsweise auf der Suche nach numerischen Chromosomenaberrationen (s. S. 58 ff.), sondern es kann auch gezielt nach Chromosomenstörungen wie z. B. Translokationen, Deletionen oder Insertionen (s. S. 62, „Strukturelle Chromosomenaberrationen") gesucht werden.

Bezeichnung der Bänderung	Vorgehen/Anwendung
Q-Bänderung	Diese älteste Bänderungsmethode findet heute praktisch keine Anwendung mehr. Als Farbstoff diente Quinacrin, das im Fluoreszenzmikroskop sichtbar ist.
G-Bänderung	Der Farbstoff Giemsa kommt am häufigsten in der Diagnostik zum Einsatz. Nach Vorbehandlung mit Trypsin wird ein Hell-Dunkel-Bandenmuster erzeugt (s. S. 56, ▌Abb. 1a). Dunkle Banden besitzen einen relativ hohen Anteil an A-T-Basen, wohingegen helle eher G-C-reich sind. Damit ist es möglich, pro haploiden Chromosomensatz ca. 400 Banden zu unterscheiden.
R-Bänderung	Sie ist komplementär zur G-Bänderung (Reverse-Bänderung). Nach Erhitzen des Materials auf über 85 °C und Anfärbung mit Giemsa sind die A-T-Bereiche hell und die G-C-Bereiche dunkel.
T-Bänderung	Sie dient zur Darstellung von Telomeren.
C-Bänderung	Eine aufwendige Vorbehandlung und die Färbung mit Giemsa ermöglichen die Darstellung der Zentromere. Sichtbar wird eine dunkle Färbung heterochromatischer Bereiche.
NOR-Bänderung	Gefärbt werden nur die Nukleolus-Organisator-Regionen (s. a. S. 9, „NOR"). Aufgrund des Einsatzes von Silbernitrat wird die Methode auch als Ag-NOR-Färbung bezeichnet. Die aktivierten NOR der Satelliten von Chromosom 13, 14, 15, 21 und 22 werden sichtbar.

▌Tab. 3: Bänderungsverfahren.

Zusammenfassung

- ✖ Das Karyogramm ist die geordnete, mikroskopische Darstellung angefärbter Chromosomen einer Person.
- ✖ Dadurch können der Karyotyp, also Chromosomenzahl und genetisches Geschlecht, ermittelt werden.
- ✖ Die Richtlinien der **ISCN** (International **S**tandard of **C**hromosomal **N**omenclature) sind die international gültige Nomenklatur und dienen der Beschreibung von Karyotypen.
- ✖ Es gibt sieben Gruppen, in die Chromosomen nach Größe, Lage des Zentromers und Vorhandensein eines Satelliten eingeteilt werden.
- ✖ Die differenzielle Färbung mittels verschiedener Farbstoffe und Verfahren führt zu spezifischen Bandenmustern. So können strukturelle Aberrationen sichtbar gemacht werden (s. S. 62).

Autosomale numerische Aberrationen

Numerische Chromosomenstörungen gehen auf eine Fehlverteilung homologer Chromosomen während der Meiose zurück (Non-disjunction). Häufigste Ursache der Non-disjunction in der Oogenese ist das erhöhte mütterliche Alter (s. S. 32f.). Die Fehlverteilung kann sowohl Autosomen (s.u.) als auch Gonosomen (s. S. 60f.) betreffen.

Das Resultat einer Fehlverteilung ist die **Aneuploidie.** In einer Zelle liegen anstelle von zwei Ausfertigungen eines Chromosoms drei vor **(Trisomie),** oder eine Ausfertigung geht verloren **(Monosomie).** Trisomien können bei Autosomen und Gonsomen auftreten und müssen nicht zwangsläufig letal verlaufen. Monosomien sind stets letal, wenn sie ein Autosom betreffen. Die einzige Monosomie des Menschen, die nicht letal verläuft, ist die des X-Chromosoms (s. S. 60). Ein weiteres Resultat einer Fehlverteilung können **Polyploidien** sein. Dabei liegt der gesamte Chromosomensatz mehr als zweimal (diploid) vor, z.B. triploid. Eine menschliche Zygote mit dieser Störung geht früh in der Entwicklung zugrunde. Anders verhält es sich bei Pflanzen: Hier tritt die Polyploidie häufig auf. Bestimmte Züchtungen selektieren sogar gezielt auf Polyploidie, da sie bei Kulturobst und vielen Gemüse- und Getreidesorten für größere Früchte und somit für eine Ertragssteigerung sorgt.

Freie Trisomie 21 (Down-Syndrom)

(47,XY,+21 oder 47,XX,+21)

Epidemiologie

Mit einer Häufigkeit von 1 : 650 ist sie weltweit die häufigste Ursache mentaler Retardierung. Die Wahrscheinlichkeit, ein krankes Kind zur Welt zu bringen, steigt mit zunehmendem Alter der Mutter (▮ Tab. 1). 60% der Feten mit freier Trisomie 21 sterben innerhalb der ersten Schwangerschaftswochen, 20% werden tot geboren.

Alter der Mutter	Risiko einer Trisomie 21 beim Neugeborenen
20	1 : 1500
30	1 : 900
34	1 : 500
36	1 : 300
38	1 : 200
40	1 : 100
42	1 : 60
45	1 : 30

▮ Tab. 1: Mit steigendem Alter der Mutter nimmt das Risiko für Trisomie 21 zu. [nach 30]

Als „frei" wird die Trisomie deshalb bezeichnet, weil kein Translokationsereignis (s. a. S. 62f., „Robertson-Translokation") vorliegt, sondern tatsächlich ein drittes, vollständiges „freies" Chromosom im Zellkern zu finden ist (▮ Abb. 1b).

Klinische Kennzeichen

Das charakteristische Gesicht eines Kindes mit Down-Syndrom ist bereits direkt nach der Geburt zu erkennen (▮ Abb. 1a). Kennzeichnend dabei sind die Hautfalte (Epikanthus) an den Augen, der breite Nasenrücken und ein flaches Gesicht mit schlaffer Muskulatur. Der Schweregrad organischer Fehlbildungen ist von Patient zu Patient variabel und resultiert in Herzfehlern, kleinen Händen/Füßen, kurzen Fingern/Zehen, Vierfingerfurche, überstreckbaren Gelenken und Anomalien von Knochen- und intestinalem System. Die Immunabwehr ist stark geschwächt. Männliche Patienten sind meist steril, weibliche dagegen fruchtbar. Auch der Grad der geistigen Retardierung variiert; der IQ liegt zwischen 20 und 50, selten darüber. Die Entwicklung kann durch frühzeitige Förderung und heilpädagogische Maßnahmen verbessert werden. Das Wesen der Patienten ist meist sehr freundlich und umgänglich, und sie besitzen besondere Fähigkeiten in den Bereichen Sozialverhalten und Emotionalität.

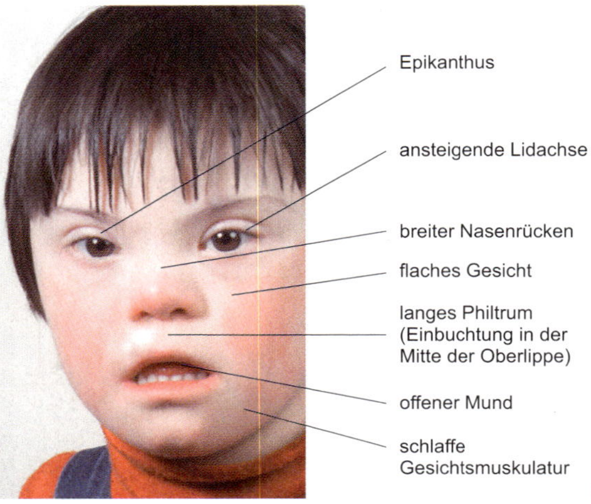

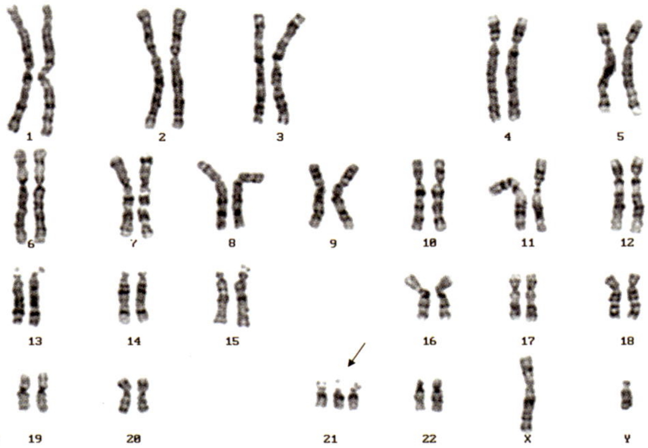

▮ Abb. 1: Trisomie 21: a) faziale Dysmorphien; b) Karyogramm. [23], [6]

Freie Trisomie 18 (Edwards-Syndrom)

(47,XY,+18 oder 41,XX,+18)

Epidemiologie

Sie ist die zweithäufigste autosomale Trisomie nach dem Down-Syndrom mit einer Häufigkeit von 1 : 7900. 95% der Ungeborenen sterben (hohe Abortrate bei männlichen Feten). Das Geschlechterverhältnis Lebendgeborener liegt bei 4 (weiblich) : 1 (männlich). Nur 10% der Patienten überleben das 1. Lebensjahr, 1% wird älter als 10 Jahre.

Klinische Kennzeichen

Auffällig bereits nach der Geburt sind die tief sitzenden dysplastischen Ohren und eine ganz typische Fäustestellung mit übereinandergeschlagenen Fingern. Weitere Merkmale sind Wiegenkufenfüße, Herzfehler, ZNS-/urogenitale Fehlbildungen und psychomotorische Entwicklungsstörungen. Gelegentlich tritt eine Lippen-Kiefer-Gaumen-Spalte auf (Abb. 2).

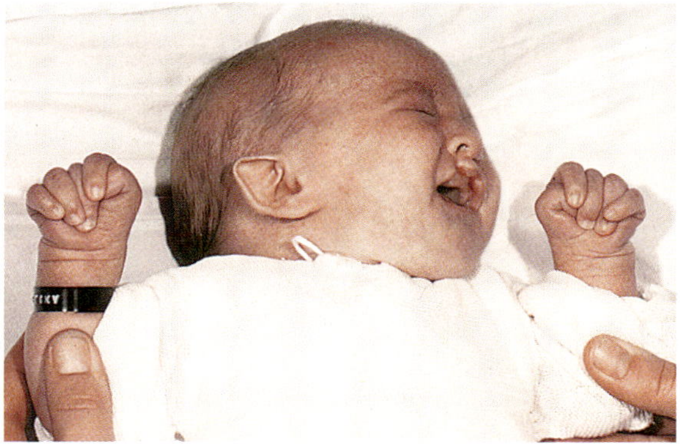

Abb. 2: Baby mit Trisomie 18. [23]

Freie Trisomie 13 (Pätau-Syndrom)

(47,XY,+13 oder 47,XX,+13)

Epidemiologie

Die Häufigkeit für Trisomie 13 liegt bei 1 : 9500. Nur 10% der Neugeborenen überleben die ersten Lebenswochen bzw. -monate.

Klinische Kennzeichen

Die Kinder werden mit einer Lippen-Kiefer-Gaumen-Spalte geboren (Abb. 3). In 2/3 der Fälle liegt eine Teilungsstörung des Vorderhirns und der angrenzenden Gesichtspartie vor. Weitere Merkmale sind Polydaktylie, schwere Herzfehler, urogenitale Fehlbildungen, Blindheit, Taubheit, Krämpfe und schwere Entwicklungsstörungen.

Klinik: Alle weiteren autosomalen Trisomien können nur in Zellen früher Aborte nachgewiesen werden. Lediglich Kinder mit Trisomie 13, 18 oder 21 können lebend zur Welt kommen. Dies mag daran liegen, dass diese drei Chromosomen im Verhältnis zu ihrer Größe eine relativ geringe Gendichte aufweisen. Das bedeutet, dass bei diesen Trisomien wesentlich weniger Gene in abnormer Zahl vorliegen, als es bei allen anderen Chromosomen der Fall wäre.

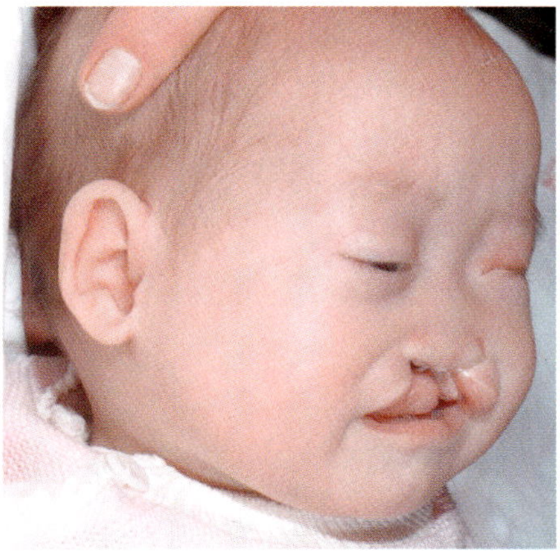

Abb. 3: Baby mit Trisomie 13. [23]

Zusammenfassung

- Autosomale numerische Aberrationen entstehen durch eine Fehlverteilung homologer Chromosomen während der Meiose.
- Häufigste Ursache der Non-disjunction in der Oogenese ist das erhöhte mütterliche Alter.
- Folgen: aneuploide Zellen mit einer Abweichung der Chromosomenanzahl
- Eine Monosomie, bedingt durch eine autosomale Aberration, ist letal und führt zu frühen Aborten. Trisomien sind vereinzelt lebensfähig (insbesondere Trisomie 21).

Gonosomale numerische Aberrationen

Gonosomale numerische Aberrationen sind relativ häufig und im Gegensatz zu den meisten autosomalen numerischen Aberrationen nicht letal. Häufige Ursachen sind die Non-disjunction während der Oo- bzw. Spermatogenese (s. S. 32f.) oder der postzygotische Verlust eines Gonosoms.

Ullrich-Turner-Syndrom

(45,X0)

Epidemiologie

Es handelt sich um eine Monosomie X, deren Häufigkeit bei 1:2500 weiblichen Lebendgeborenen liegt. Diese Monosomie ist die häufigste in der Anlage, aber auch die häufigste in Aborten (95% gehen als Fehlgeburt ab).

Klinische Kennzeichen

Auffälligkeiten lassen sich bereits nach der Geburt erkennen, u. a. Fuß- und Handrückenödeme, tiefer Nackenhaaransatz, „dreieckiges" Gesicht, „gekippte" Ohren, hypoplastische Nägel. Kennzeichnend ist im späteren Verlauf der Kleinwuchs (bis max. 150 cm, ▮ Abb. 1a). Die Betroffene ist infertil, die geistige Entwicklung verläuft weitgehend normal. Weitere Merkmale: Fehlbildungen innerer Organe unterschiedlich ausgeprägt, z. B. Fehldifferenzierung der Ovarien, Gefäßanomalien, Defekte der Nieren und Harnwege.

Klinik: genetische Mosaike
Unterscheiden sich die Genome von Körperzellen, so spricht man von einem genetischen Mosaik (s. a. S. 54). Bei Fehlverteilungen in der frühen Embryogenese können Organe mit ganz unterschiedlichen Chromosomensätzen entstehen. Gerade beim Ullrich-Turner-Syndrom findet man häufig Mosaike, meist 45,X/46,XX und/oder 45,X/47,XXX.

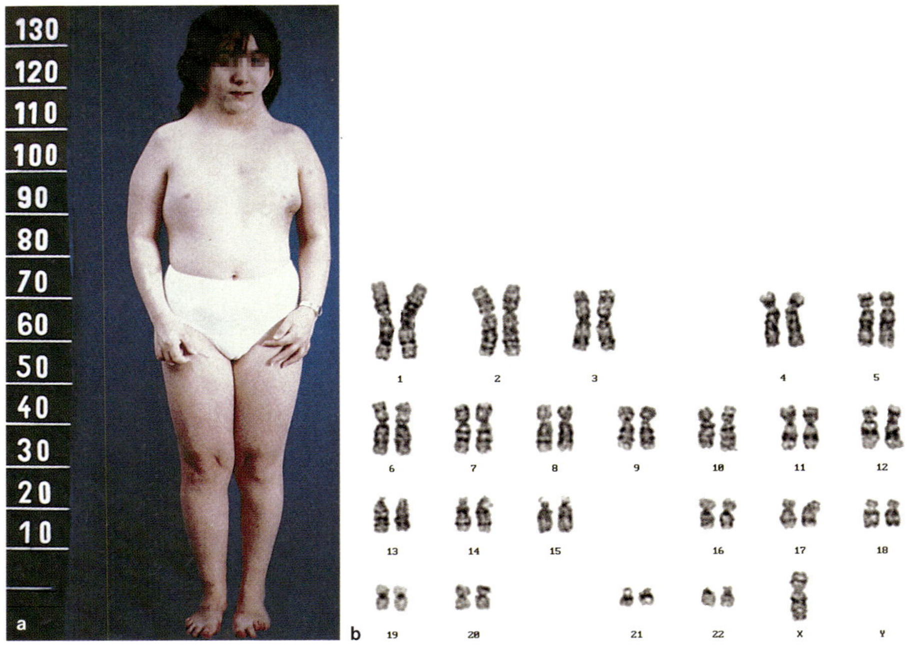

▮ Abb. 1: Ullrich-Turner-Syndrom: a) Patientin; b) Karyogramm. [23], [6]

Triple-X-Syndrom

(47,XXX)

Epidemiologie

Dieses Syndrom ist eine Trisomie X, deren Häufigkeit bei 1:1000–1200 liegt.

Klinische Kennzeichen

Der Phänotyp ist unauffällig weiblich und die Betroffene meist fertil, in manchen Fällen können Zyklusstörungen auftreten. Weitere Merkmale: Teilweise etwas verminderte Intelligenz, Sprachentwicklungsstörungen und Verzögerung emotionaler Reifungsprozesse sind möglich.

Klinefelter-Syndrom

(47,XXY)

Epidemiologie

Die Häufigkeit dieses Syndroms liegt bei 1:500–1000 männlichen Neugeborenen. Es ist die häufigste Ursache von Hypogonadismus beim Mann (hormonale Unterfunktion der Keimdrüsen).

Klinische Kennzeichen

Auffälligkeiten zeigen sich meist erst ab der Pubertät, davor ist der Verlauf asymptomatisch. Die Ausbildung der sekundären Geschlechtsmerkmale ist gestört, es kommt zu Hypogonadismus und Aspermie (Infertilität). Sehr häufig wird die Diagnose erst im Rahmen der Abklärung eines unerfüllten Kinderwunschs gestellt. Der Betroffene ist meist auffällig groß und die Schambehaarung weiblichen Typs (▮ Abb. 2a). Bei ⅓ der Betroffenen entwickelt sich eine Gynäkomastie mit erhöhtem Risiko für ein Mammakarzinom. Die Intelligenz ist nur leicht reduziert. Durch regelmäßige Testosterongabe ist eine Abmilderung der verweiblichenden Effekte möglich.

Klinik: Neben dem häufigsten Karyotyp 47,XXY sind selten auch 48,XXXY, 48,XXYY oder 49,XXXXY anzutreffen. Mosaike treten ebenfalls auf (20%): z. B. 47,XXY/46,XY.

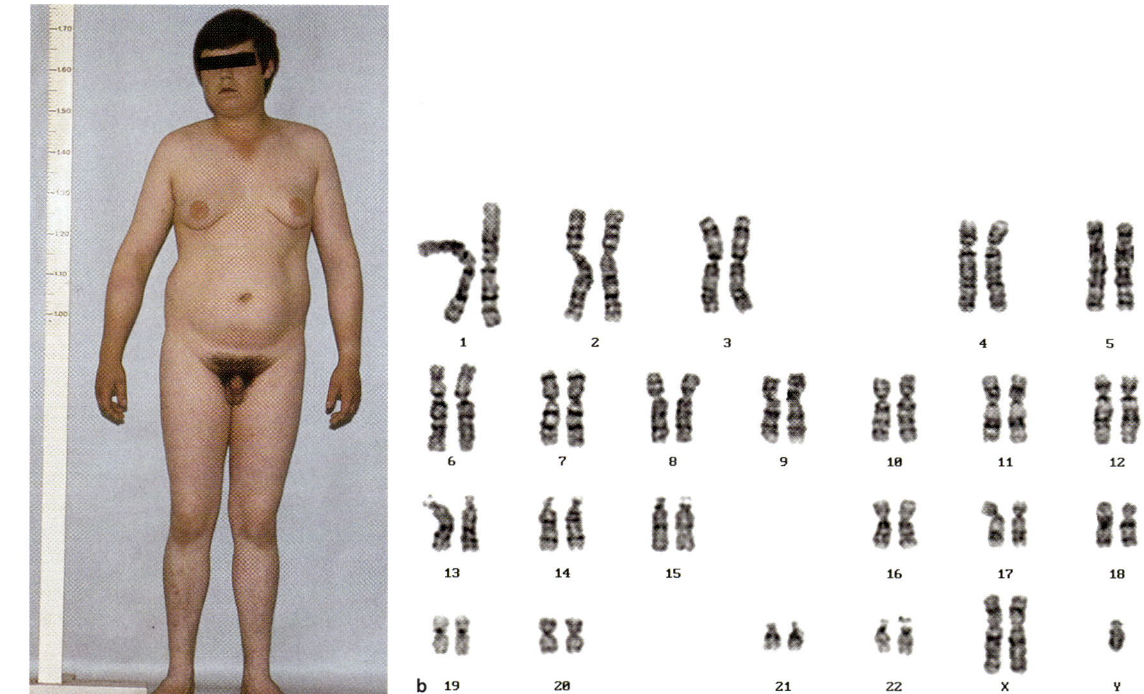

Abb. 2: Klinefelter-Syndrom: a) Patient; b) Karyogramm. [25], [6]

XYY-Syndrom

(47,XYY)

Epidemiologie

Die Häufigkeit beträgt 1 : 1000.

Klinische Kennzeichen

Der Phänotyp ist unauffällig männlich. Der Betroffene ist fertil, oftmals zeigt sich eine überdurchschnittliche Körpergröße (über 180 cm). Der IQ liegt im unteren Bereich der Norm. Weitere Merkmale: evtl. kriminelle Tendenzen, Passivität, verminderte Frustrationstoleranz, Labilität; Milderung dieser Auffälligkeiten in gutem sozialen Umfeld möglich.

Gegenüberstellung der vier Syndrome

Syndrom	Ullrich-Turner	Triple X	Klinefelter	XYY
Karyotyp	45,X0	47,XXX	47,XXY	47,XYY
Häufigkeit	1 : 2500	1 : 1000 – 1200	1 : 500 – 1000	1 : 1000
Häufige Ursachen	◗ postzygotischer Verlust ◗ Non-disjunction während der Spermatogenese ◗ altersunabhängig	◗ Non-disjuncion während der Oogenese ◗ Risiko steigt mit dem Alter der Mutter.	◗ zu $^{2}/_{3}$ Non-disjuncion während der Oogenese ◗ Risiko steigt mit dem Alter der Mutter. ◗ zu $^{1}/_{3}$ Non-disjunction während der Spermatogenese	◗ postzygotischer Verlust ◗ Non-disjunction während der Spermatogenese ◗ altersunabhängig
Intelligenz	normal, evtl. leicht vermindert	teilweise vermindert	leicht vermindert	normal, evtl. leicht vermindert
Fertilität	infertil	$^{3}/_{4}$ fertil	infertil	fertil
Körperbau	kleinwüchsig	unauffällig	hochwüchsig	sehr hochwüchsig

Tab. 1: Gonosomale numerische Aberrationen – Vergleich der Syndrome. [nach 23]

Zusammenfassung

- ✖ Gonosomale numerische Aberrationen (Ullrich-Turner-, Klinefelter-, Triple-X-, XYY-Syndrom) entstehen durch eine Fehlverteilung der Gonosomen während der Meiose.
- ✖ Folgen: aneuploide Zellen mit Trisomie oder Monosomie
- ✖ Sehr häufig treten Mosaike auf, wobei die verschiedenen Organe Zellen mit unterschiedlichen Chromosomensätzen aufweisen, von Trisomien über Tetrasomien bis hin zu Polysomien.

Strukturelle Chromosomenaberrationen

Strukturelle Chromosomenaberrationen führen zu einer veränderten Chromosomenstruktur. Dabei kommt es nach Chromosomenbrüchen zum Verlust oder Zugewinn von Chromosomenabschnitten oder zum falschen Einbau chromosomaler Segmente. Ein Teilgebiet der Genetik, die Zytogenetik, beschäftigt sich mit der lichtmikroskopischen Darstellung der Chromosomen.

Auf Seite 57 ist beschrieben, wie Chromosomen unterschiedlich angefärbt und unter dem Lichtmikroskop untersucht werden können. Mittels der klassischen Giemsa-Färbung ist es möglich, strukturelle Chromosomenaberrationen sichtbar zu machen. Ab einer Deletions- oder Duplikationsgröße von etwa **vier Millionen Basenpaaren** sieht man die Veränderung unter dem Lichtmikroskop.

Deletion

Bei einer Deletion fehlt ein Chromosomenabschnitt. Bei submikroskopischen Deletionen spricht man von **Mikrodeletionen.** Fehlt das Material an den Enden der Chromsomenarme, handelt es sich um eine **terminale Deletion** (▮ Abb. 1), im mittleren Chromosomenbereich spricht man von einer **interstitiellen Deletion.** Ist das Zentromer von der Deletion mitbetroffen, geht das restliche Chromosomenmaterial bereits während der nächsten Mitose verloren, da die Spindelfasern keine Ansatzstellen finden. Fehlende Chromosomenstücke können mehrere Gene enthalten und führen je nach Größe nicht zur Überlebensfähigkeit des entstehenden Lebewesens. Große Deletionen sind daher sehr häufig in Aborten anzutreffen. Überlebende Betroffene mit Deletionen leiden an geistigen und körperlichen Fehlbildungen.

▮ Abb. 1: Strukturelle Anomalie auf Chromosom 5 bei Katzenschreisyndrom: Bei dem rechten Chromosom fehlt der Teil oberhalb des roten Pfeils. [6]

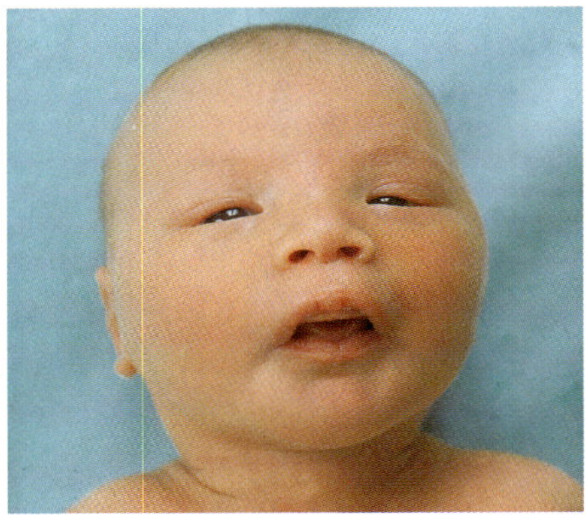

▮ Abb. 2: Typische Fazies bei Katzenschreisyndrom. [26]

Klinik: Beim Katzenschreisyndrom (Cri-du-chat-Syndrom) ist der distale Teil des kurzen Arms von Chromosom 5 von einer Deletion betroffen (▮ Abb. 1). Der Schweregrad der Krankheit korreliert mit der Größe der Deletion: Je mehr Chromosomenmaterial fehlt, desto schwerer der Krankheitsverlauf. Die Kinder schreien und wimmern ganz charakteristisch, was der Krankheit ihren Namen verlieh. Eine typische Fazies (▮ Abb. 2), ein zu kleiner Kopf, mentale Retardierung, Hirn-, Herz- und Nierenfehlbildungen kennzeichnen die Patienten. Häufigkeit: 1:10 000 bis 1:50 000.

Translokation

Bei einer Translokation wird durch fehlerhaftes Crossing-over Chromosomenmaterial zwischen nicht homologen Chromosomen ausgetauscht. In den meisten Fällen sind nur zwei Chromosomen involviert, und der Austausch erfolgt gegenseitig; dann spricht man von einer **reziproken Translokation.** Findet nur die Übertragung eines Chromosomenabschnitts auf ein anderes Chromosom statt, was in seltenen Fällen von Beteiligung multipler Chromosomen auftreten kann, spricht man von **nichtreziproker Translokation.** Wenn bei diesem Segmentaustausch kein genetisches Material verloren geht und auch keine Duplikation entsteht – die Gesamtmenge des genetischen Materials also nicht verändert wird –, nennt man dies eine **balanzierte Translokation.** Träger einer solchen balanzierten Translokation sind phänotypisch vollkommen gesund, allerdings ist die Wahrscheinlichkeit erkrankter Nachkommen mit sog. **unbalanzierter Translokation** sowie von Fehlgeburten erhöht. Genau wie bei Duplikationen (s. u.) kann es zu partiellen Trisomien (Verdreifachung eines Genabschnitts) oder auch zu partiellen Monosomien (nur noch eine Kopie des Genabschnitts) kommen. Sehr selten entsteht nach Translokation eines Chromosomenabschnitts mit Zentromer ein **dizentrisches Chromosom** unter Verlust des verbleibenden **azentrischen Chromosoms.** Der Effekt ist meist letal.

Klinik: Das sog. Philadelphia-Chromosom findet man in Lymphozyten von Patienten mit chronisch-myeloischer Leukämie. Bei dieser Translokation ist ein größeres Segment des p-Arms von Chromosom 22 mit einem kurzen Segment des q-Arms von Chromosom 9 verbunden.

Ein spezieller Fall ist die **Robertson-Translokation:** Bei dieser Störung fusionieren zwei akrozentrische Chromosomen, z. B. 14 und 21, unter Verlust ihrer Satelliten in der Region ihrer Zentromere (▮ Abb. 3 und 4). Es entsteht ein **Translokationschromosom (14;21)** aus den langen Armen zweier akrozentrischer Chromosomen, was zu Zellen mit 45 Chromosomen führt. Erstaunlich ist, dass die Betroffenen phänotypisch unauffällig sind, was zu dem Schluss führt, dass die Information auf den Satelliten für eine normale Entwicklung keine Rolle spielt. Menschen mit einer Robertson-Translokation haben aber ein erhöhtes Risiko für Fehlgeburten oder für Nachkommen mit Trisomien für die involvierten Chromosomen. Im Fall einer rob t(14;21) ist das Risiko für eine Kind mit Down-Syndrom erhöht (Translokationstrisomie 21). **In diesem Fall ist das Auftreten der Trisomie 21 nicht vom Alter der Mutter abhängig,** im Gegensatz zur freien Trisomie 21 (s. a. S. 58).

Klinik: Das häufigste Beispiel der Robertson-Translokation ist rob t(14;21). Träger der Veränderung fungieren als „Konduktoren" und können diese Veränderung auch balanziert an Nachkommen vererben, die dann ebenfalls keine phänotypischen Effekte zeigen (▮ Abb. 3). Ein Risiko besteht allerdings für Aborte (Trisomie 14) oder an Trisomie 21 erkrankte Nachkommen (s. S. 58, „Down-Syndrom").

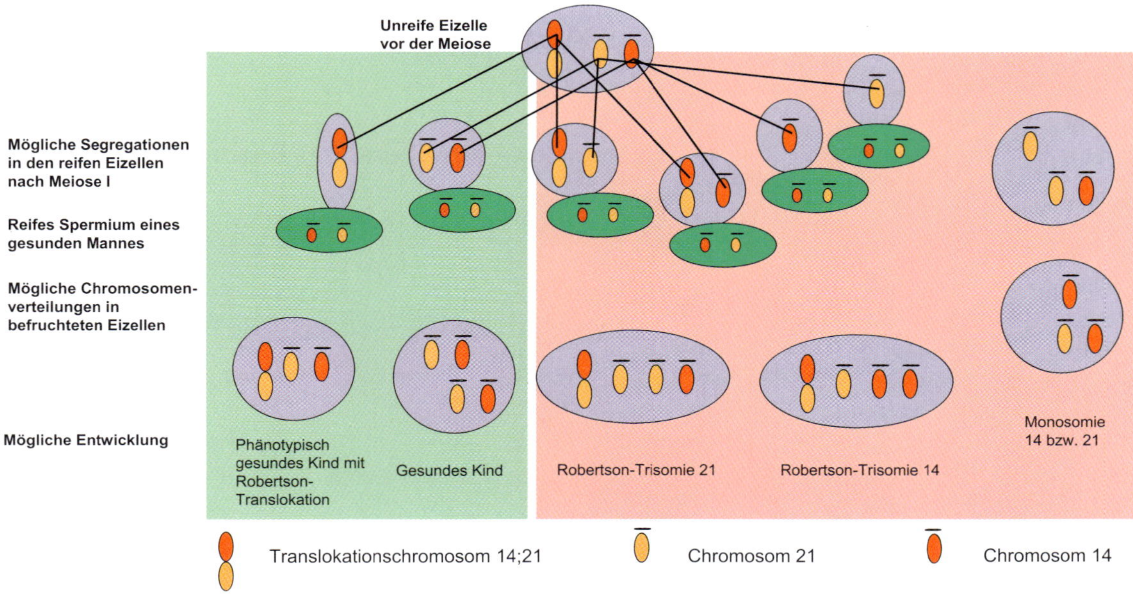

Abb. 3: Mögliche Chromosomenverteilungen in befruchteten Eizellen. [6]

Ein weiterer, ganz seltener Sonderfall ist die Bildung eines **Ringchromosoms.** Dieses entsteht durch die Fusion der terminalen Enden eines Chromosoms nach einem Bruchereignis auf jedem der beiden Arme. Betroffene leiden meist an schweren Fehlbildungen.

Duplikation und Insertion

Bei einer Duplikation ist ein Chromosomenabschnitt zweimal vorhanden, da er nach **Bruchereignissen** innerhalb eines Chromosoms verdoppelt eingebaut wurde. Es entsteht ein sog. **Dosiseffekt,** d. h., die Syntheserate für das Genprodukt wird gesteigert, was zu schweren Erkrankungen führen kann. Ob klinische Erscheinungen auftreten, hängt letztlich von der Größe des verdoppelten Abschnitts und dem (den) darauf liegenden Gen(en) ab. Es kann so auch zu **partiellen Trisomien** kommen, und betroffene Kinder zeigen klinisch ähnliche Symptome oder Teilsymptome wie Kinder mit der entsprechenden freien Trisomie.
Duplikationen spielen in der **Evolution** eine wichtige Rolle: Es können z. B. funktionell neue Gene entstehen. Ein Beispiel ist die auf den Seiten 66–67 beschriebene Familie der **Globingene,** die für Hämoglobine mit unterschiedlicher Sauerstoffaffinität kodiert.
Im Gegensatz zur Duplikation wird bei der Insertion ein Bruchstück eines Chromosoms fälschlicherweise in ein anderes Chromosom eingebaut. Auch das führt häufig zu Dosiseffekten.

Inversion

Unter einer Inversion versteht man die **Umkehrung der Basenfolge** eines Chromosomenabschnitts. Dazu kommt es nach zwei Bruchereignissen am selben Chromosom mit nachfolgend verdrehtem, „invertiertem" Wiedereinbau des Chromosomenstücks (z. B. GGAATTCC → CCTTAAGG). Unterschieden wird zwischen einer **parazentrischen Inversion,** die einen Abschnitt eines Chromosomenarms ohne Zentromer betrifft, und einer **perizentrischen Inversion,** die ein Fragment mit Zentromer enthält. Inversionen sind klinisch oftmals unauffällig.

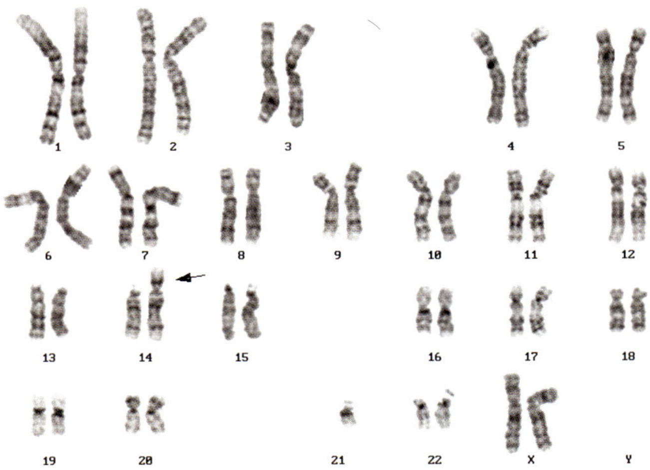

Abb. 4: Karyogramm – Robertson-Translokation (14;21). [6]

Zusammenfassung

- Strukturelle Chromosomenaberrationen werden durch Deletionen, Translokationen, Inversionen oder Duplikationen/Insertionen verursacht.
- Sehr viele strukturelle Chromosomenaberrationen sind letal oder führen zu äußerst schweren geistigen und körperlichen Fehlentwicklungen.

Genmutationen

Viele Mutationen bleiben völlig unbemerkt und treten phänotypisch nie in Erscheinung. Dafür sorgen an sehr vielen Punkten im Zellzyklus bestimmte Mechanismen. In der Interphase und während der Mitose gibt es **Kontrollpunkte,** an denen Proteine prüfen, ob fehlerhafte DNA synthetisiert wurde (s. S. 28). Zellen, in denen sich defekte DNA findet, werden **arretiert** oder länger in der G_2-Phase gehalten, um Zeit für die Reparatur zu gewinnen, bevor die Teilung eintritt. Während der DNA-Replikation kontrollieren und korrigieren viele Enzyme parallel zu anderen Prozessen ständig, ob die Synthese korrekt verläuft. Kein DNA-Strang wird ohne abschließende Kontrolle von diesen Enzymen „freigegeben". Werden Fehler bemerkt, greifen sofort verschiedene **Reparaturmechanismen** (s. S. 39). Bleiben Fehler unentdeckt, hat das oft weitreichende Folgen; schon die kleinste Punktmutation (s. u.) kann fatale Auswirkungen auf den Organismus haben.

Ursachen von Mutationen

Induzierte Mutationen: Menschen, die häufig mit mutagenen Stoffen oder bestimmten Chemikalien arbeiten oder starker und/oder ständiger Strahlung ausgesetzt sind, haben ein sehr hohes Risiko, zu erkranken. Die resultierende Mutation kann auch ihre Keimzellen betreffen, was zu kranken Nachkommen oder Unfruchtbarkeit führt. Besonders **Leukämien** und **Krebs** sind häufig Folgen einer Exposition gegenüber mutagenen Stoffen. Hier findet sich eine erhöhte Mutationsrate (= Wahrscheinlichkeit, mit der eine Mutation eintritt).

Spontane Mutationen: Hiervon ist die Rede, wenn Mutationen plötzlich und **ohne erkennbare äußere Einwirkungen** auftreten (was nicht heißt, es hätte keinen Auslöser gegeben; man findet ihn nur nicht!). Ist diese Mutation zuvor noch nie in der Familie aufgetreten, also nicht vererbt worden, wird sie als **Neumutation** bezeichnet. Versagen enzymatische Kontrolle und Korrektur während der Replikation, wird eine Mutation also einfach übersehen, so zeigt die spontane Mutation Auswirkung. Die Wahrscheinlichkeit einer spontanen Mutation liegt bei **1 : 100 000/Gen/Generation.**

> **Molekulare Grundlage der Evolution:** Nicht jede Mutation ist zwangsläufig nachteilig für einen Organismus. Spontane Mutationen können zu evolutionären Vorteilen für die Nachkommen führen. Die natürliche Selektion wird diese u. U. begünstigen und so die ehemals spontane Mutation zu einem festen, wichtigen Bestandteil des funktionierenden Organismus machen.

Lokalisation von Mutationen

In Somazellen: Innerhalb des großen Replikationsprozesses ist die Zelle ständig der Gefahr eines Mutationsfehlers ausgesetzt. Tritt eine spontane oder induzierte Mutation in einer Zelle auf (wird nicht korrigiert, bleibt unentdeckt und löst auch keine Apoptose aus), dann kann es zur Transformation einer gesunden Zelle zur Tumorzelle kommen. Die Zelle entartet und vermehrt sich unkontrolliert.

In Keimzellen: Mutationen in der Keimbahn führen zu Erbkrankheiten bei den Nachkommen, Unfruchtbarkeit oder Fehlgeburten.

Betrachtung auf Ebene der Basen

> Die Veränderung eines oder mehrerer Nukleotide innerhalb eines Gens verursacht eine Genmutation. Sie ist sehr klein und lichtmikroskopisch nicht sichtbar. Punktmutationen sind die kleinsten aller Mutationen und betreffen nur ein einziges Nukleotid.

Fünf Ereignisse führen zu Genmutationen:

- **Substitution:** Es gibt zum einen die **Transition** (A ↔ G, C ↔ T), zum anderen die **Transversion** (A ↔ C, A ↔ T, G ↔ C, G ↔ T).
- **Deletion:** CAT → CT
- **Insertion:** CAT → CAAT
- **Inversion:** CAT → TAC
- **Duplikation:** CAT → CATCAT

Genmutationen und mögliche Folgen

Die Folgen können von **lebensbedrohlich** über **völlig unbemerkt** bis **vorteilhaft** (z. B. HIV-Resistenz durch Mutation in Genen eines T-Zell- und Makrophagenrezeptors) reichen. Ein Grund für diese gegensätzlichen Auswirkungen ist die **Degeneration des genetischen Codes** (s. S. 43): Da mehrere Tripletts für ein und dieselbe Aminosäure kodieren, kann eine Genmutation phänotypisch ohne Folgen bleiben. Problematisch wird es, wenn völlig andere – funktionslose – Enzyme oder instabile Proteine synthetisiert werden (s. u.).

Punktmutationen ohne Auswirkungen können durch eine **Transition** im Triplett GGG zu GGA entstehen. Wie Sie auf Seite 43 in ▮ Abbildung 5 erkennen, kodieren beide Tripletts gleichermaßen für Glycin (Gly). Eine solche Mutation wird als **„stille" Mutation** bezeichnet.

Eine **Leserastermutation** (Frame-shift mutation) wird durch die **Insertion** oder **Deletion** einzelner Basen verursacht. Wird gleich zu Beginn eines Gens eine Base entfernt oder eingefügt, verschiebt sich das Leseraster über das gesamte Gen hinweg. Hier hat eine Mutation stärkere Auswirkungen als u. U. eine Mutation am Ende des Gens. ▮ Abbildung 1 zeigt die Folgen einer Einfügung von Guanin an Position 3 des ersten Tripletts (Mitte). In der Abbildung unten wird an der gleichen Position Adenosin entfernt. Bereits ab dem darauf folgenden Triplett wird in beiden Fällen für andere Aminosäuren kodiert.

In ▮ Tabelle 1 finden Sie die Abkürzungserklärungen der Aminosäuren (zur Ergänzung s. S. 43, ▮ Abb. 5, „Codesonne").

Wird die Kodierung für die korrekte Aminosäure verändert, kann das zu schweren Erkrankungen führen. Bei einer Punktmutation des Tripletts GGA an der ersten Stelle zu AGA (Transition) wird anstelle von Glycin Arginin gebildet **(„Missense"-Mutation).** Eine einzige falsche Base kann die spätere Funktion des Enzymprodukts so stark beeinflussen, dass

Essenzielle Aminosäuren	Histidin (His), Isoleucin (Ile), Leucin (Leu), Lysin (Lys), Methionin (Met), Phenylalanin (Phe), Threonin (Thr), Tryptophan (Trp), Valin (Val)
Nichtessenzielle Aminosäuren	Alanin (Ala), Arginin (Arg), Asparagin (Asn), Aspartat (Asp), Cystein (Cys), Glutamat (Glu), Glutamin (Gln), Glycin (Gly), Prolin (Pro), Serin (Ser), Tyrosin (Tyr)

Tab. 1: Aminosäuren. [nach 21]

es einen kompletten Funktionsverlust erleiden kann (z. B. durch Destabilisation der Struktur).
Eine Punktmutation kann auch zur Bildung eines **Stoppcodons** und somit zum Abbruch der Transkription führen. Dies ist z. B. bei dem Triplett TTA der Fall, welches für Leucin kodiert. Ersetzt eine Punktmutation das zweite T durch ein G (Transversion), erhält man das Stoppcodon TGA (**„Nonsense"-Mutation).** Gewisse Enzyme können dann gar nicht synthetisiert werden, was schwerste Folgen haben kann.

Klinik: Die Sichelzellanämie ist ein Beispiel für eine autosomal-rezessive Erbkrankheit, verursacht durch die Veränderung einer einzigen Base! Dabei erzeugt die Transversion C → A im Triplett CCT (Glu) ein neues Triplett CAT (Val). In der Hämoglobin-β-Kette wird an Position 6 anstelle der polaren Glutaminsäure das unpolare Valin eingebaut, was zur Veränderung des Hämoglobins und zu sichelförmigen Erythrozyten führt (s. a. S. 75).

Deletion und **Insertion** betreffen nicht immer nur ein Nukleotid. Es kann zu Mutationen kommen, bei denen z. B. ganze Tripletts eingebaut werden. Das führt zwar nicht zur Verschiebung des Leserasters, aber zur Kodierung für eine neue Aminosäure oder zum vorzeitigen Abbruch der Transkription bzw. Translation. Es kann passieren, dass ein oder mehrere Tripletts entfernt werden, und somit Abschnitte eines Gens fehlen.

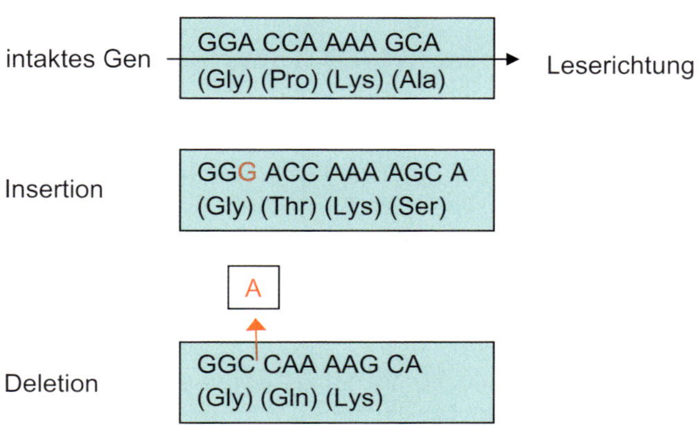

Abb. 1: Leserastermutationen: Insertion und Deletion. [34]

Duplikation und **Triplettexpansion** können als Sonderfall der Insertion betrachtet werden. Bei der Duplikation werden Teile des genetischen Codes dupliziert, bei der Triplettexpansion kommt es zu einer Vervielfältigung der bereits bestehenden Triplett-Repeats. Durch Fehler z. B. beim **Crossing-over** (s. S. 31) kann es zur Ausdehnung **repetitiver Sequenzen** kommen, die wiederum zu falschen Crossing-over-Ereignissen führen. Mit jeder Generation steigt die Anzahl der repetitiven Sequenzen. Der Schweregrad eines Krankheitsbilds korreliert mit der steigenden Zahl der Trinukleotidwiederholungen des mutierten Gens. Unter **Antizipation** versteht man die Zunahme des Schweregrads eines Krankheitsbilds von einer Generation zur nächsten. Bei den betroffenen Nachkommen ist meist auch das Manifestationsalter niedriger.

Klinik: Triplettkrankheiten
- Die Chorea Huntington (Veitstanz) ist eine neurodegenerative Erkrankung (autosomal-dominant vererbt). Die Trinukleotide CAG im **kodierenden** Bereich eines Gens auf Chromosom 4 übersteigen den Schwellenwert von 35 Repeats und verursachen eine Proteinaggregation in der Zelle, was letztlich zum Zelluntergang führt. Symptome treten zwischen dem 35. und 45. Lebensjahr auf: Bewegungsstörungen, Beeinträchtigung der Mimik und Gestik, des Atmens und Schluckens, Demenz.
- Beim Fragilen-X-Syndrom kommt es zu einer Triplettexpansion (CGG) in einem **nichtkodierenden** Bereich auf dem X-Chromosom, aus der eine Inaktivierung des nachfolgenden Gens resultiert. Geistige Retardierung, Konzentrationsschwäche und autistisches Verhalten kennzeichnen die Patienten.

Zusammenfassung

- Genmutationen können ohne erkennbare äußere Einwirkung entstehen oder induziert sein, z. B. durch Chemikalien/Strahlung/freie Radikale.
- Zu Genmutationen führen Ereignisse wie Substitution (Transition/Transversion), Deletion, Insertion, Inversion, Duplikation oder Triplettexpansion.
- Betrifft eine Mutation nur eine Base, spricht man von einer Punktmutation.
- Die Folgen von Genmutationen können von lebensbedrohlich über völlig unbemerkt bis vorteilhaft reichen (s. a. S. 43, „Degeneration des genetischen Codes").

Kartierung von Genen

Das bekannteste Projekt zur Entschlüsselung des menschlichen Genoms ist das **Humangenomprojekt** (1990–2000/2001, www.hugo-international.org), in dem die komplette Nukleotidsequenz aller menschlichen Chromosomen aufgeklärt wurde. Die Entzifferung des Genoms stellt einen Meilenstein in der Forschung dar, doch die jüngsten Untersuchungen haben gezeigt, dass es nicht ausreicht, nur die DNA-Sequenz zu kennen, um Krankheiten zu verstehen. Die Datenauswertung ist noch nicht abgeschlossen, die momentanen Schätzungen zur **Genzahl** belaufen sich auf etwa **30 000 Gene.**

Merke:
- Genomgröße des Menschen: **3×10^9 bp** (Basenpaare)
- Gengröße des Menschen: zwischen **1000 bp** und **2000 kb** (Kilobasenpaare)
- Das menschliche Genom besteht zu **30% aus Genen** und zu **70% aus extragener DNA.**

Bei der Kartierung von Genen werden sowohl die Reihenfolge von Genorten auf einem Chromosom **(genetische Kartierung)** als auch die tatsächliche Position ermittelt, an der sich ein Gen befindet **(physikalische Kartierung).** Beide Methoden macht sich die **Stammbaumerstellung/-analyse** zunutze, und sie sind oftmals die entscheidende Grundlage für die Diagnose und Zuordnung von Erbkrankheiten. Über 2000 Tests auf erbliche bedingte Krankheiten sind heute schon möglich (▮ Tab. 1).

Genetische Kartierung

Hierbei werden **Genkarten** erzeugt, welche die Reihenfolge der Gene auf einem Chromosom angeben. Ziel dieses Verfahrens ist die statistische Überprüfung, mit welcher Wahrscheinlichkeit zwei genetische Merkmale gemeinsam oder getrennt vererbt werden (Kopplungsanalyse).
Ermittelt wird diese Karte durch die **Analyse von Rekombinationsereignissen.** Beim Crossing-over tauschen homologe Nicht-Schwesterchromatiden während der Meiose genetisches Material aus (s. S. 31). Je größer die Distanz zwischen zwei Genen auf einem Chromosom ist, desto größer ist die Wahrscheinlichkeit, dass sie bei einem Crossing-over voneinander getrennt werden. Liegen zwei Gene sehr eng zusammen, so werden sie gemeinsam vererbt und bilden eine **Kopplungsgruppe.**

Chromosom	Krankheiten
Nr. 1	Morbus Alzheimer, Prostatakarzinom, Glaukom
Nr. 15	Prader-Willi-, Angelman-, Marfan-Syndrom
Nr. 22	DiGeorge-Syndrom, chronisch-myeloische Leukämie, Neurofibromatose
X	Muskeldystrophie Typ Duchenne (DMD), Fragiles-X-, Rett-Syndrom

▮ Tab. 1: Ausgewählte Chromosomen und assoziierte Krankheiten. [Quelle: Ärzte Zeitung, 28.07.2000]

Merke: Eine Gruppe spezifischer Allele, die zusammen vererbt werden, bezeichnet man als Haplotyp (abgeleitet von: haploid und Genotyp).

Die Wahrscheinlichkeit, dass Gene getrennt voneinander vererbt werden, gilt als Maßeinheit für die genetische Kartierung. Zu Ehren von T. H. Morgan (1866–1945), der die ersten genetischen Kartierungen an der Fruchtfliege *Drosophila melanogaster* durchführte, wurde die Einheit der **genetischen Distanz** nach ihm benannt. Ein **Centimorgan (cM)** entspricht einer Wahrscheinlichkeit von 1 %, dass die Gene getrennt werden. Bei einer vollständigen Kopplung von zwei Genen beträgt der Wert für die genetische Distanz 0 cM. Der maximale Wert liegt bei 50 cM; er bedeutet, dass zwei Gene so weit voneinander entfernt sind, dass freie Rekombination stattfinden kann und sie genauso gut auf unterschiedlichen Chromosomen liegen könnten.
Die in cM angegebene genetische Distanz kann nicht direkt in eine physikalische Distanz wie z. B. Nanometer (nm) umgerechnet werden, da die Crossing-over-Rate in einzelnen Bereichen stark variiert und auch geschlechtsspezifische Unterschiede auftreten.

Physikalische Kartierung

Bei der physikalischen (zytologischen) Kartierung wird die tatsächliche Position eines einzelnen Gens bestimmt. Am gebräuchlichsten ist die **Fluoreszenz-in-situ-Hybridisierung** (s. S. 70 f., „FISH-Technik“).
Kennt man die Sequenz eines Gens, können Sonden (kleine DNA-Einzelstränge) zu dessen Nachweis hergestellt werden. Diese binden dann entweder direkt an das Gen oder an einen DNA-Bereich, der eine Kopplungsgruppe mit diesem Gen bildet. So lassen sich beispielsweise pränatal Erbkrankheiten nachweisen. Weitere Verfahren zur Genlokalisation sind sog. **Zellhybridisierungstechniken.** Das Auflösungsvermögen der genannten Methoden hat allerdings Grenzen, die im Bereich von einigen Megabasen liegt. Die genauesten Kenntnisse über die exakte Reihenfolge der Nukleotide in der DNA erhält man durch die **DNA-Sequenzierung,** die heutzutage voll automatisiert abläuft und ein Analyse zulässt, die bis auf ein Basenpaar genau ist. Das oben angesprochene Humangenomprojekt hat dies für das gesamte menschliche Genom schon vorgenommen, die Auswertung ist aber, wie gesagt, noch nicht abgeschlossen.

Genfamilien

Zahlreiche Gene sind mehrfach in der DNA vertreten. Sie sind sich in ihrer Sequenz so ähnlich, dass davon ausgegangen werden muss, dass sie einen gemeinsamen Ursprung besitzen. Eine solche Gruppe sehr ähnlicher Gene wird als **Genfamilie** bezeichnet. Sie ist vermutlich durch Duplikation (s. S. 65), Transposition (s. u.) und Modifikation entstanden. Ein Beispiel hierfür sind die **Globingene,** die sich in sog.

Clustern auf zwei Chromosomen finden.
Das menschliche Hämoglobin besitzt eine tetramere Struktur und setzt sich aus vier Polypeptidketten und einer assoziierten Hämgruppe zusammen. Man geht von einem ursprünglichen Gen aus, das einst existierte und durch Duplikation und Transposition die Basis für zwei Cluster schuf. Einer Hypothese zur Evolution der Globingenfamilien zufolge entstanden im ersten Schritt die α- und β-Globin-Genfamilie (vor ca. 600 Mio. Jahren). Beim Menschen ist die α-Globin-Genfamilie geclustert auf Chromosom 16, die β-Globin-Genfamilie auf 11 lokalisiert. In Folgeschritten kam es dann abermals zu Auftrennungen der α- und β-Globin-Genfamilie. Die Expression der verschiedenen verwandten Gene beim Menschen wird der sich wandelnden Umgebung angepasst (fetales/adultes Hämoglobin). Stets sind es vier Polypeptidketten, aus denen das Hämoglobin besteht, doch je nach Entwicklungsstadium werden andere Produkte der α- und β-Globin-Genfamilie eingesetzt. Daneben entstanden mehrere nichtfunktionelle Pseudogene, die den Genen im Aufbau sehr ähnlich sind, zwischen diesen liegen und durch Mutationen funktionslos wurden.

Klinik: Hb-Lepore ist eine anormale Hämoglobinform: Es besitzt zwei normale α-Ketten, aber statt der zwei β-Ketten sog. β-δ-Fusionsketten. Ein ungleiches Crossing-over-Ereignis führt zu diesem Fusionshämoglobin, bei dem der erste Abschnitt der β-Kette der Sequenz einer δ-Kette entspricht.

Transposons

Im Genom treten sog. **transponierbare genetische Elemente** auf, kurz **Transposons,** die repetitive Sequenzen enthalten. Diese mobile DNA macht beim Menschen einen beträchtlichen Anteil des Gesamtgenoms aus.

An einem Ende eines Transposons liegt eine 20–40 bp lange Sequenz, die sich am anderen Ende in umgekehrter Basenpaarung wiederholt. Dazwischen findet sich die sog. **Insertionssequenz** mit den Genen. Die Transposons enthalten im „kleinsten" Fall nur Gene, die der Transposition dienen. Die Genwanderung basiert auf drei verschiedenen Rekombinationsmechanismen:

Nichtreplikative Transposition: Ein sog. **Cut-and-paste-Mechanismus** baut das Transposon aus und an anderer Stelle wieder ein. Beim Einbau in ein Gen kann dessen Proteinbiosynthese gestört werden. Der Ausbau kann „unsauber" verlaufen, so dass es zu Deletionen (s. S. 62) im Gen kommen kann.

Replikative Transposition: Das Transposon wird an seiner ursprünglichen Position repliziert, und die Kopie wird an einer anderen Stelle eingebaut.

Retrotransposons (Retroposons): Ihre Replikation und Transposition erfolgen über RNA-Zwischenstufen. Sie enthalten ein Gen für das Enzym **reverse Transkriptase,** die einen komplementären DNA-Strang zur mRNA herstellt und auch die Vervollständigung dieses Strangs zum Doppelstrang katalysiert. Im Anschluss wird diese Kopie an einer anderen Stelle im Genom eingefügt.

Repetitive Elemente

Durch replikative Transposition und Retroposons hat sich im Genom des Menschen eine Vielzahl repetitiver Sequenzen angesammelt. Diese repetitiven Elemente teilt man in drei Kategorien ein:

Hochrepetitive DNA: Sie liegt an den Enden von Chromosomen und nahe dem Zentromer. Sie erfüllt keine bisher bekannte Funktion. Es handelt sich um kurze Sequenzen ($2-10^2$ bp) in bis zu 10^6-facher Kopie, die sich tandemartig wiederholen. Die hochrepetitive DNA besitzt eine andere Dichte als die restliche DNA und lässt sich deshalb durch differenzielle Zentrifugation isolieren (Verfahren zur Gewinnung von **Satelliten-DNA**).

Mittelrepetitive DNA: Die Zahl der Kopien variiert und liegt zwischen $10-10^4$ Kopien. Ihre Länge reicht von 10^2-10^4 bp. In der Regel sind die Elemente über das Genom verteilt (z. B. zwischen den Genen), nicht tandemartig angeordnet. Einige dieser Sequenzen kodieren für tRNA und rRNA. Lokalisiert ist sie auf charakteristischen Positionen (NOR) akrozentrischer Chromosomen (s. S. 9).

Einzelsequenzen: Eine bis wenige Kopien kodieren meist für Strukturproteine. Mehrer Kopien sorgen für eine gesteigerte Proteinbiosynthese häufig benötigter Proteine (z. B. Histone).

Zusammenfassung

- Es gibt zwei Genkartierungsmethoden: die genetische und die physikalische Kartierung.
- Die Einheit der genetischen Distanz heißt Centimorgan (cM). 1 cM entspricht einer Wahrscheinlichkeit von 1%, dass die Gene getrennt werden.
- Ähnliche Gene im menschlichen Genom werden zu Genfamilien zusammengefasst. Sie entstanden vermutlich durch Duplikation/Transposition.
- Transposons = „mobile" DNA (nichtreplikativ, replikativ oder Retroposons)
- Repetitive Elemente entstanden durch Retrotransposons und werden in drei Kategorien eingeteilt: hochrepetitiv, mittelrepetitiv oder Einzelsequenzen.

Gentechnik I

DNA-Klonierung

In den 70er Jahren wurde mit der Entwicklung der **DNA-Klonierung** ein neues Zeitalter eingeläutet. Die DNA-Klonierung ermöglicht es z. B., bestimmte Gene zu isolieren und gezielt in Bakterien oder andere Zellen einzuschleusen, die dann das gewünschte, eigentlich fremde Produkt herstellen. Möglich ist dies durch molekulare Werkzeuge, wie **Restriktionsendonukleasen und Ligasen.**

Schritte zur Herstellung transgener Organismen

Schritt	DNA-Klonierung
I	Die DNA eines Spenderorganismus wird mittels Restriktionsendonukleasen geschnitten und isoliert.
II	Parallel dazu muss auch der Vektor, der als Vehikel dient und in den das Spendergen eingebaut werden soll, geschnitten und isoliert werden.
III	Verknüpfung von Spender- und Vektor-DNA sowie Herstellung eines rekombinanten DNA-Moleküls mittels Ligasen
IV	Übertragung der rekombinanten DNA in die Zellen des Empfängerorganismus
V	Selektive Identifikation und Vermehrung der Wirtszelle, die die rekombinante DNA trägt

▮ Tab 1: Die fünf Schritte zur Herstellung und Klonierung rekombinanter DNA (s. Erläuterung im folgenden Text).

Vektoren: Dieser Begriff beschreibt in der Gentechnik DNA-Stücke, in die (artfremde) DNA eingebaut wird, um sie gezielt in Zellen einschleusen zu können.

Restriktionsendonukleasen

Es ist sehr wichtig, dass beim Klonieren die DNA sehr genau und in immer gleicher Weise geschnitten wird. Sowohl in **Schritt I** als auch in **Schritt II** werden Restriktionsendonukleasen, kurz Restriktionsenzyme, eingesetzt. Zum einen, weil für die Isolierung des Spendergens die Spender-DNA in kleine Stücke zerlegt werden muss, um sie in den Vektor einzubauen zu können, zum anderen, weil der Vektor aufgetrennt werden muss, und zwar so, dass die Spender-DNA an dieser Stelle auch eingefügt werden kann. Restriktionsenzyme sind ursprünglich von **Bakterien** synthetisierte Enzyme, die eingedrungene virale DNA entfernen, bevor diese exprimiert wird (s. a. S. 92). Man kennt bisher rund 1200 solcher Enzyme. Die Erkennungssequenzen für diese Enzyme sind meist **Hexanukleotide** (Sechsersequenzen, z. B. CGATCG). Um die ausgeschnittene Sequenz auch wieder einbauen zu können, müssen an ihrem Ende bestimmte Basen liegen. Die Enden eines ausgeschnittenen Gens sind entweder **glatt** (*engl.* blunt) oder **klebrig** (*engl.* sticky). Häufig werden Enzyme verwendet, die Sticky ends produzieren, also Genabschnitte, die am Ende kurze, überstehende Einzelstrangabschnitte besitzen. Diese passen in einen Vektor, der ebenso zerschnitten wurde (▮ Abb. 1).

Vektoren

Die in **Schritt II** verwendeten Vektoren sind sog. Plasmide, welche mittels Zentrifugation aus Bakterienzellen gewonnen werden. Plasmide liegen im Bakterienzellplasma und sind zusätzliches, nichtessentielles Genmaterial, das Informationen trägt, die das Bakterium in seiner natürlichen Umgebung nicht benötigt (s. S. 84). Sie sind meist ringförmig, selten linear und liegen überwiegend doppelsträngig vor. Ihre Größe ist sehr gering und umfasst nur wenige Kilobasenpaare. Die Plasmidreplikation läuft unabhängig von der des Bakterienchromosoms ab; in der Zelle können sich zwischen einer und 100 Kopien befinden. Plasmide enthalten z. B. Resistenzgene (R-Plasmide), die das Bakterium vor Antibiotika schützen, was gerade bei pathogenen Bakterien von großer medizinischer Bedeutung ist.

Ligasen

Schritt III, das „Zusammenkleben" der Enden der Spender- und der Plasmid-DNA, bewerkstelligen **DNA-Ligasen,** die durch Ausbildung kovalenter Bindungen die Lücken in den Zucker-Phosphat-Ketten beider Stränge schließen. Das Vehikel zum Transport der neuen Information ist nun bereit, in ein Bakterium eingeschleust zu werden.

Transformation: Aufnahme von DNA

Schritt IV: Die rekombinierte DNA wird meist in *Escherichia coli* oder *Saccharomyces cerevisiae* eingeschleust. Bakterien verfügen über die Möglichkeit, DNA im Kulturmedium einfach über ihre Zellwand aufzunehmen. Meist wird diese DNA aber sofort wieder abgebaut, und im Labor würden **transformierte Zellen** nicht in nennenswertem Umfang entstehen. Deshalb werden die *E.-coli*-Zellen physikalisch und/oder chemisch behandelt, um die Einschleusung und die anschließende Expression zu ermöglichen. Zellen, die eine solche Prozedur erfolgreich durchlaufen haben, werden als **kompetent** bezeichnet.

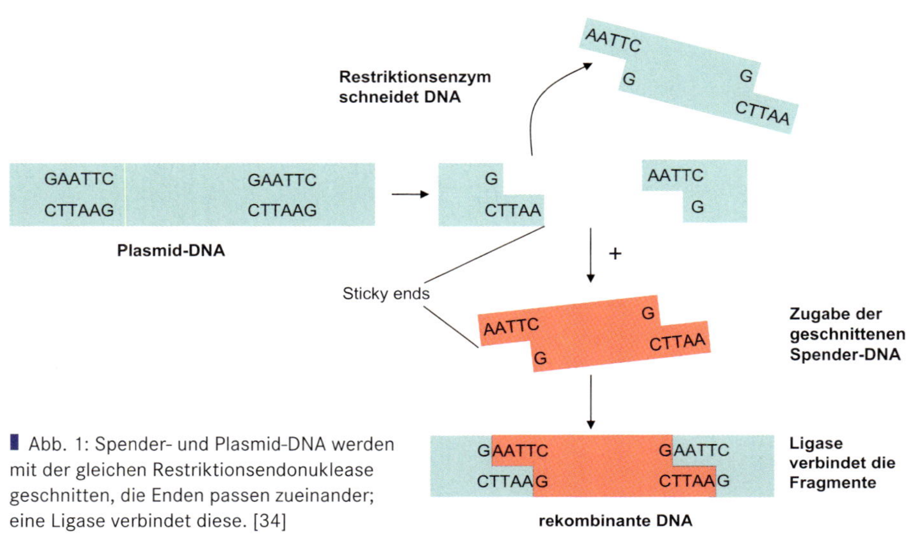

▮ Abb. 1: Spender- und Plasmid-DNA werden mit der gleichen Restriktionsendonuklease geschnitten, die Enden passen zueinander; eine Ligase verbindet diese. [34]

Selektive Identifikation

Die Transformation (genetische Umwandlung) kompetenter Zellen ist nicht in jedem Fall erfolgreich. Im Gegenteil: In einer Kultur, die o. g. Behandlung durchlaufen hat, nimmt nur ein Bruchteil der Bakterien das Plasmid auf. Man hat Techniken zur Identifikation entwickelt, um die transformierten Zellen in **Schritt V** isolieren zu können. Dabei wird ein selektierbarer Marker verwendet, der ebenfalls auf dem Plasmid liegt und den transformierten Zellen eine neue Eigenschaft verleiht, z. B. **Antibiotikaresistenz.** Ein klassisches Beispiel ist das Plasmid **pBR322** (▮ Abb. 2), welches Gene für Ampicillin- und Tetrazyklinresistenz trägt. Je nachdem, welche Restriktionsstelle geschnitten wird, ist die *E.-coli*-Kolonie mit dem Plasmid ampicillin (amp^r)- oder tetrazyklinresistent (tet^r) oder beides. In ▮ Abbildung 3 wurde zum Einbau fremder DNA die Restriktionsstelle BamHI verwendet. Auf ampicillinhaltigem Medium wachsen alle Transformanten ($amp^r tet^s$, $amp^r tet^r$). Mit einem Samtstempel werden die Kolonien leicht berührt **(Replikaplattierung)** und Zellen auf ein tetrazyklinhaltiges Medium übertragen. Diejenigen, die Fremd-DNA besitzen, wachsen hier nicht. Sie sind die gesuchten **Rekombinanten ($amp^r tet^s$).** Man kennt nun die genaue Position dieser Kolonien auf der ampicillinhaltigen Agarplatte und kann sie gezielt vermehren.
Das gewünschte, neue Genprodukt, das die *E.-coli*-Bakterien nun herstellen, muss isoliert und aufgereinigt werden, um es als Medikament verwenden zu können. Das Spektrum der gentechnisch produzierten Medikamente in Deutschland ist sehr groß und umfasst u. a. **Impfstoffe, Wachstumshormone, Humaninsulin und Nahrungsergänzungsstoffe** (wie Glutamat).

Gelelektrophorese

Bei der **Gelelektrophorese** werden die zahlreichen DNA-Fragmente nach einer Restriktionsspaltung getrennt und anschließend sichtbar gemacht. So kann z. B. die Frage geklärt werden, ob die Restriktionsendonukleasen Spender-DNA und Plasmid korrekt geschnitten haben. Es können in einem Experiment auch gleichzeitig mehrere Restriktionsenzyme zum Einsatz kommen, die an unterschiedlichen Stellen schneiden. Man macht sich bei dieser Methode die negative Ladung der DNA zunutze (jedes Phosphodiesterbindeglied trägt eine negative Ladung) und lässt sie in einem Gel in Richtung eines positiv geladenen Pols wandern.

Vorgehen: Man befüllt Taschen am Ende eines dünnen Plattengels mit den DNA-Fragmenten (▮ Abb. 4). Das Agarosegel, welches ein kompliziertes System aus Poren darstellt, befindet sich zwischen Glasplatten in einer Pufferlösung. An beiden Enden des Gels sind Elektroden angebracht, die Kathode (–) in der Nähe der Taschen, am anderen Ende des Gels die Anode (+). Die negativ geladenen Fragmente wandern **von der Kathode zur Anode, wobei die Geschwindigkeit von Nukleinsäuren umgekehrt proportional zur Länge der Nukleinsäurefragmente ist.** Dies bedeutet, dass die größeren Fragmente langsamer wandern, die kürzeren Fragmente schneller. So teilen sich die Fragmente der Größe nach auf. Nach Anfärbung mit **Ethidiumbromid** sind unter **UV-Licht** Banden zu erkennen, die den verschiedenen Größenklassen der DNA-Fragmente entsprechen. Wurden einer Probe mehrere Restriktionsenzyme zugesetzt, können auf diese Weise sowohl die gewünschten Spender- als auch die Plasmid-DNA-Fragmente unter Beibehaltung ihrer biologischen Aktivität aus dem Gel isoliert werden. Die Gelelektrophorese wird auch beim **Southern blotting** eingesetzt (s. S. 72)

▮ Abb. 2: Plasmid pBR322 mit ausgewählten Restriktionsstellen. [34]

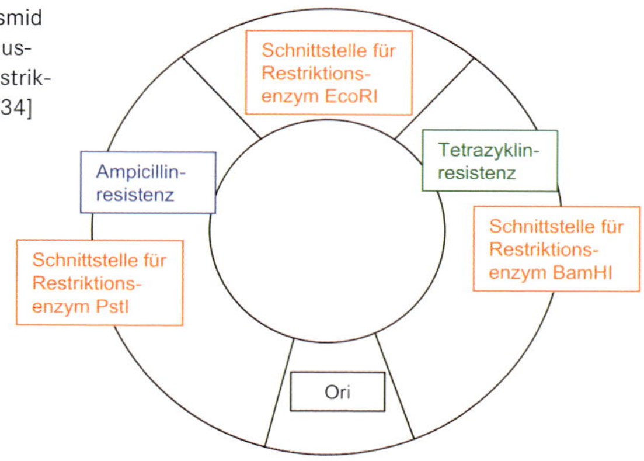

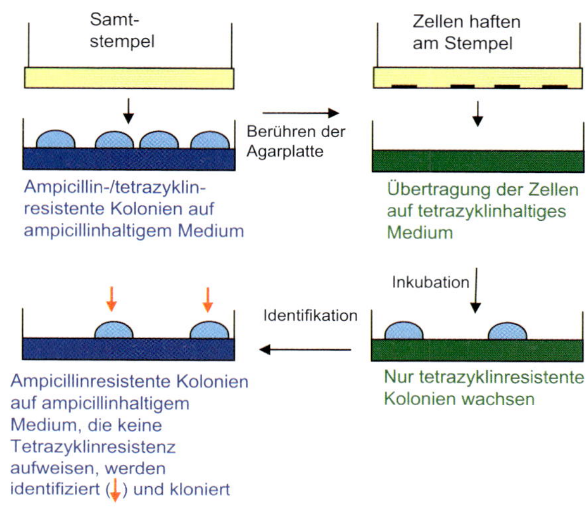

▮ Abb. 3: Vorgehen bei der selektiven Identifikation. [nach 5]

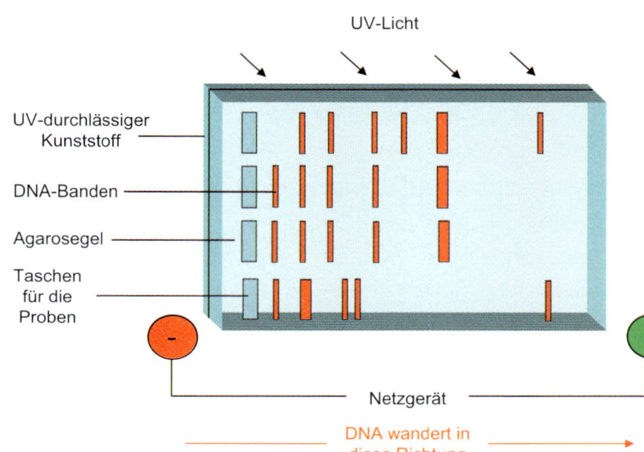

▮ Abb. 4: Gelelektrophorese von DNA. [nach 5]

Gentechnik II

Polymerase-Kettenreaktion

Mitte der 80er Jahre wurde ein weiteres sehr wichtiges Verfahren entwickelt: die **Polymerase-Kettenreaktion (PCR).** Sie vereinfachte viele Untersuchungen, die mit Klonierung allein zwar möglich, aber sehr kompliziert waren. Diese Reaktion kann im Reagenzglas ablaufen und erzeugt eine sehr hohe Zahl an Kopien eines bestimmten Gens/DNA-Abschnitts.
Klonierung und PCR sind wichtige Verfahren, weil sie zur Gewinnung eines einzelnen, isolierten Gens führen, das in der Zelle normalerweise in Kombination mit vielen anderen Genen vorliegt.
Anders als die DNA-Klonierung kann die PCR im Reagenzglas ablaufen, man benötigt keine Bakterien oder andere Organismen. Ziel der PCR ist die **selektive Amplifikation** (Vervielfältigung) eines beliebigen DNA-Abschnitts.
Wichtig ist, dass man die Sequenzen beidseits des Abschnitts kennt, damit sich dort **Primer** (= komplementäre Oligonukleotide) anlagern können, die der Initiation des Replikationsvorgangs dienen. Die **DNA-Polymerase I** von *Thermus aquaticus* (Taq-Polymerase) wird üblicherweise deshalb verwendet, weil sie sehr hitzeresistent ist (diese Archäbakterien leben in heißen Quellen). In den in ▮ Tabelle 2 genannten Schritten werden ihr sehr hohe Temperaturen zugemutet.
Die drei aufgeführten Grundschritte sind in einem Zyklus enthalten und werden ca. 25–30-mal wiederholt, so dass das gewünschte DNA-Fragment danach in millionenfacher Kopie vorliegt (▮ Abb. 5). Entscheidend für die erfolgreiche Durchführung einer PCR ist neben der Einhaltung der korrekten Temperaturen auch die Herstellung der passenden Primer (auf das genaue Vorgehen kann an dieser Stelle nicht eingegangen werden).
Ein Zyklus der PCR dauert etwa 4–5 Minuten. Trotz dieser enormen Geschwindigkeit gibt es aber auch Nachteile bei diesem Verfahren:

- Der erste Nachteil ist, dass man die Sequenz des Gens, das man amplifizieren möchte, kennen muss, um die Primer korrekt platzieren zu können. Für Gene, deren Sequenz nicht bekannt ist, müssen andere Verfahren, wie z. B. die DNA-Klonierung, eingesetzt werden.
- Der zweite Nachteil liegt darin, dass die Länge des Fragments beschränkt ist. Bei 5 kb ist eine PCR völlig unproblematisch, und mittels spezieller Verfahren kann eine Länge von bis zu 40 kb amplifiziert werden. Gene des Menschen sind jedoch oftmals länger, und auch aus diesem Grund kann hierbei nicht mit der PCR gearbeitet werden.

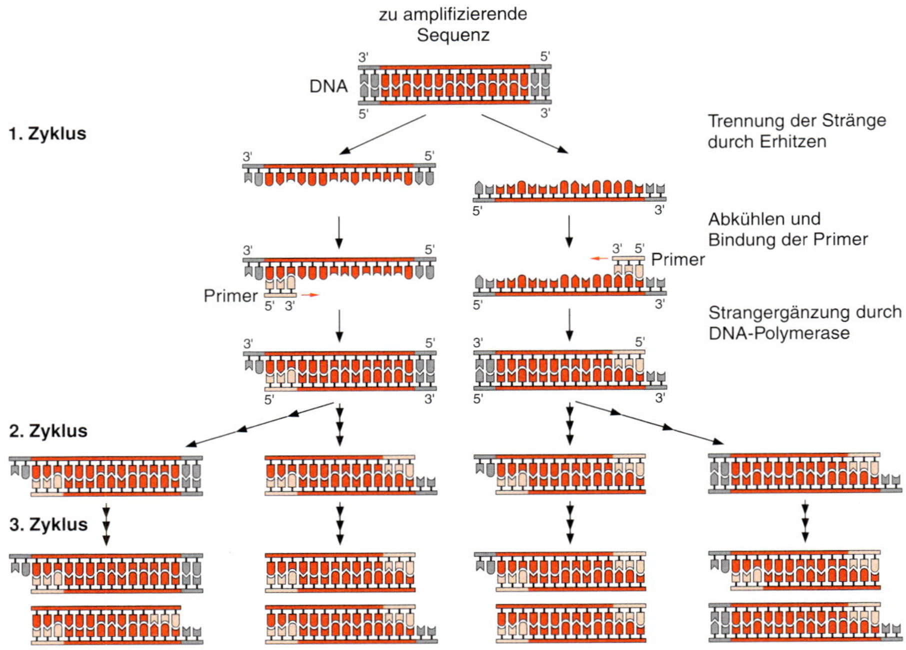

▮ Abb. 5: PCR-Schema. [nach 9]

Durch die PCR kann man z. B. ein bestimmtes Gen in reiner Form gewinnen. Dieses Gen kann in einen Vektor eingebaut werden, um ihn in Bakterien einzuschleusen und diese zu **klonieren** (s. S. 68 f.). So erspart man sich später eine aufwendige Selektion, weil das gewünschte Gen schon im Vorfeld selektiert wurde. Die auf Seite 69 beschriebene **Gelelektrophorese** dient auch zur Analyse der PCR-Produkte.

Nachweis von Mutationen

FISH-Technik

Mikrodeletionen (s. S. 62) können nicht mit der Giemsa-Färbung (s. S. 57) nachgewiesen werden, da innerhalb der sichtbaren Banden, wie sie mittels dieser Bänderungstechnik erzeugt werden, mehrere Gene liegen. Um tatsächlich Abnormitäten auf Genebene nachweisen zu können, wurden die Verfahren und Färbetechniken optimiert; so entwickelte sich das wissenschaftliche

Schritt	Polymerase-Kettenreaktion	Temperatur
I	Das DNA-Primer-Polymerase-Gemisch wird erhitzt, so dass die Wasserstoffbrückenbindungen sich lösen und Einzelstränge entstehen.	94 °C
II	Der große Überschuss an Primern führt dazu, dass die Stränge sich nicht wieder zusammenlagern, sondern sich die Primer an entsprechende Stellen beidseits des gewünschten Abschnitts anlagern.	42–65 °C
III	Zusetzen von Taq-Polymerase und 2-Desoxynukleotid-5-triphosphaten (Basenbausteine) und Synthese des komplementären Strangs zwischen den Primern	72 °C

▮ Tab. 2: Grundschritte der PCR.

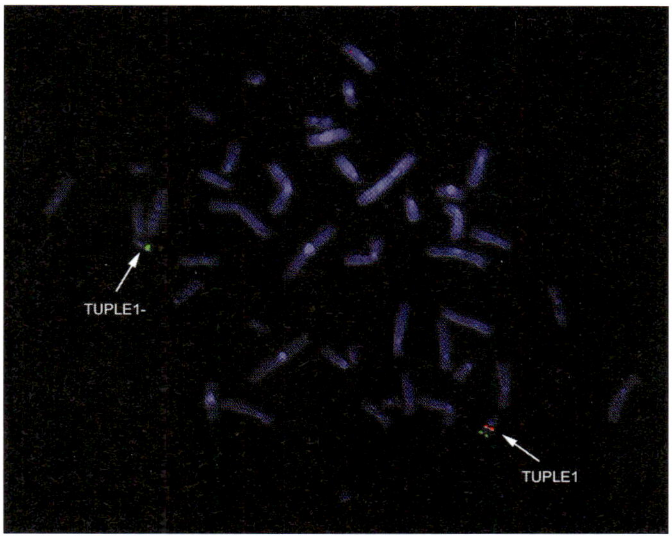

Abb. 6: FISH-Analyse: 22q11-Deletion-Syndrom. [6]

Gebiet der **molekularen Zytogenetik.** Sie hat z. B. Darstellungsverfahren wie die (veraltete) **In-situ-Hybridisierung (ISH)** und die **Fluoreszenz-in-situ-Hybridisierung (FISH)** hervorgebracht, mit denen auch sehr kleine Sequenzveränderungen aufgespürt werden können. Die bedeutendste Methode ist die FISH. Sie kommt besonders da zum Einsatz, wo es um komplizierte Strukturveränderungen der DNA geht, z. B. in der **Tumorzytogenetik,** und hat große Bedeutung in der **prä- und postnatalen Diagnostik.** Weitere Vorteile der FISH liegen darin, dass die **exakte Position** eines Gens auf einem Chromosom bestimmt werden kann, was die Erstellung einer **physikalischen Karte** (s. S. 66) ermöglicht. Außerdem funktioniert sie **auch bei Interphasechromosomen (Interphasezytogenetik).** So kann die Häufigkeit einer bestimmten Sequenz auch in nicht teilungsaktiven Zellen untersucht werden.

Vorgehen: Gearbeitet wird mit **DNA-Sonden,** kleinen DNA-Einzelsträngen, die mit fluoreszierenden Molekülen markiert und zum gesuchten DNA-Abschnitt komplementär sind. Die Sonden sollen an einen **bekannten DNA-Abschnitt** binden, den man im Präparat nachweisen möchte. Dazu muss zunächst die doppelsträngige DNA des Präparats in Einzelstränge aufgetrennt werden (DNA-Denaturierung z. B. durch Hitze). Die Sonden werden hinzugefügt, und innerhalb weniger Stunden bis Tage erfolgt die Hybridisierung von DNA und Sonden. Unter einem speziellen Fluoreszenzmikroskop bringt man die Sonden zum Leuchten.

Klinik: Das Chromosom-22q11-Deletion-Syndrom (Abb. 7) ist ein relativ häufiger genetischer Defekt (Inzidenz 1:5000 Geburten). Lokalisiert ist diese Mikrodeletion auf der Bande 11 des langen Arms von Chromosom 22. Sie ist die genetische Grundlage für das DiGeorge-Syndrom, aber, je nach Ausmaß der Deletion, auch für zahlreiche und vielseitige andere Phänotypen (insgesamt 180 klinische Erscheinungsbilder, u. a. angeborene Herzfehler, Gesichtsdysmorphien, Gaumenanomalien etc.).

In Abbildung 6 sind die Metaphasechromosomen (blau) dargestellt. Oben genannte Mikrodeletion wurde durch den Einsatz zweier genspezifischer Sonden (grün und rot) nachgewiesen: Der grün markierte Bereich wird durch die sog. Referenzsonde verursacht und findet sich auf dem intakten Chromosomen 22 in unmittelbarer Nähe zum gesuchten Bereich, der durch die rot leuchtende Sonde TUPLE1 nachgewiesen werden kann. Chromosom 22 unten rechts besitzt das gesuchte Gen und leuchtet rot. Auf dem homologen Chromosom in der Mitte links gibt es keine komplementäre Bindungsstelle für die Sonde, es ist keine rote Fluoreszenz zu sehen. Dies ist ein eindeutiger Nachweis für eine Deletion.

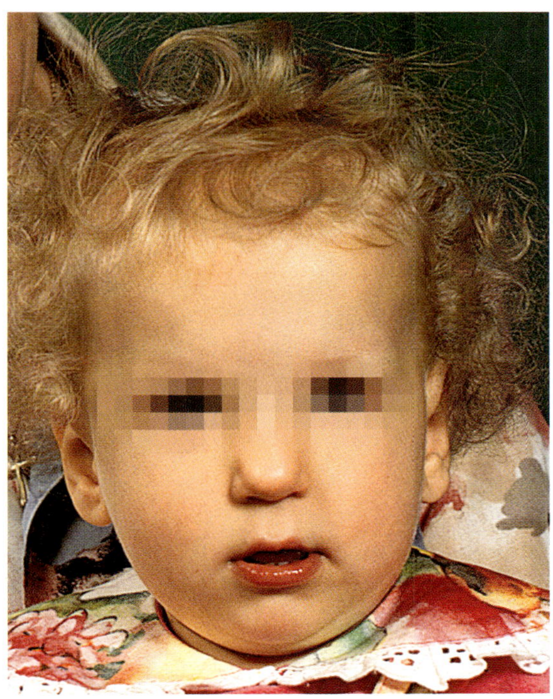

Abb. 7: Patientin mit 22q11-Deletion-Syndrom: langes, schmales Gesicht mit lang gezogener Nase, schmalem Mund und tief sitzenden Ohren. [23]

Gentechnik III

Southern blotting

Die **Southern-blot-Methode** (nach E. Southern) kann angewendet werden, um herauszufinden, ob ein bestimmter Chromosomenabschnitt vorhanden ist oder fehlt. Sie bietet auch die Möglichkeit zur Bestimmung der Größe des Restriktionsfragments, auf dem sich ein bestimmter DNA-Abschnitt befindet. Gängiger ist zwar die PCR (s. S. 70), doch ab einer Größe von etwa 40 kb ist das Southern blotting Methode der Wahl, da die PCR ab dieser Größe versagt.

Vorgehen: Nach Behandlung der DNA-Probe mit spezifischen Restriktionsenzymen wird eine Gelelektrophorese (s. S. 69) durchgeführt. Im Anschluss wird die doppelsträngige DNA auf dem Gel mittels Alkalien in Einzelstränge aufgetrennt, und eine **Trägermembran aus Nitrozellulose oder Nylon** wird auf das Gel gelegt und beschwert (= eigentlicher Vorgang des Southern blotting). Durch Kapillarkräfte wandern die Einzelstränge an diese Membran, und es entsteht ein exakter Abdruck der nach der Fragmentlänge aufgetrennten DNA. Die Trägermembran wird in eine Lösung eingebracht, in der sich mit **fluoreszierenden Molekülen assoziierte Sonden** befinden (s. a. S. 71). Diese hybridisieren mit dem gesuchten DNA-Abschnitt, sofern dieser vorhanden ist. Mittels Fluoreszenzmikroskopie werden die Sonden dann sichtbar gemacht.

> **Weitere Blotting-Methoden:** Neben dem Southern blotting gibt es noch das Northern blotting. Bei dieser Methode wird ähnlich vorgegangen, allerdings anstelle von DNA mit RNA gearbeitet. Beim Western blotting werden Proteine und Proteinveränderungen untersucht.

RFLP-Analyse

Der **Restriktionsfragment-Längenpolymorphismus (RFLP)** beschreibt das Phänomen, dass sich Restriktionsschnittstellen durch Sequenzabweichungen verändern können. Wie bereits erklärt wurde, schneiden Restriktionsenzyme DNA an spezifischen Stellen. Nach der Gelelektrophorese (s. S. 69) sind auf dem Gel typische Bandenmuster erkennbar, wobei jede Bande einem Restriktionsfragment bestimmter Länge entspricht. Durch **Mutationsereignisse** wie Insertionen, Deletionen oder Substitutionen werden die Schnittstellen der Enzyme verändert. Daraus resultiert, dass sowohl in kodierenden als auch in nichtkodierenden Bereichen der menschlichen (eukaryotischen) DNA die Längen der Restriktionsfragmente individuell unterschiedlich sind. Ist auf einem Chromosom die Schnittstelle für ein bestimmtes Restriktionsenzym vorhanden, fehlt jedoch auf dem homologen Chromosom, dann entsteht aus dem Chromosom mit der Schnittstelle ein kürzeres Fragment als aus dem anderen. Die betreffende Person ist für diesen RFLP heterozygot. Gerade bei den nichtkodierenden Bereichen werden Sequenzunterschiede toleriert, da sie keine phänotypischen Auswirkungen haben. RFLPs können als **Marker** dienen und bei der **genetischen Kartierung** von Mutationen eingesetzt werden (s. a. S. 66).

Vorgehen: Die genetische Kartierung basiert auf der Kopplungsanalyse (s. S. 66). Ist ein RFLP eng an ein Gen gekoppelt, d. h., liegt er in unmittelbarer Nähe zu diesem, kann er als Marker dienen. RFLPs können durch das Southern blotting nachgewiesen werden. Man kann eine zu diesem Marker komplementäre Sonde verwenden, um die Vererbung einer Mutation dieses Gens in einer betroffenen Familie zu verfolgen und zu untersuchen, welche Mitglieder Träger der Mutation sind. Der Abstand zwischen Gen und RFLP sollte maximal 5 cM betragen, um für eine Diagnose von Nutzen sein zu können (sonst ist die Gefahr einer Trennung durch Crossing-over gegeben, was das Ergebnis verfälschen kann).

> Um sich einmal klarzumachen, von welchem Abstand man hierbei spricht, kann man folgende **grobe** Faustregel heranziehen: 1 cM entspricht einem physikalischen Abstand von etwa 10^6 bp. Bei einem Abstand von 5 cM liegt das gesuchte Gen also 5×10^6 bp entfernt.

Beispiel: Im Jahr 1990 fand eine amerikanische Forschergruppe dank der Kopplungsanalyse das Gen für Brustkrebs. Es stellte sich heraus, dass viele betroffene Patientinnen den RFLP *D17S74* besitzen. Der RFLP war damals bereits auf dem langen Arm von Chromosom 17 lokalisiert. Dies gab den ersten entscheidenden Hinweis darauf, dass auch das gesuchte mutierte Gen mit großer Wahrscheinlichkeit dort liegen musste. Durch weitere Analysen konnte der Bereich schließlich immer weiter eingegrenzt werden, doch selbst dann befanden sich auf dem chromosomalen Abschnitt noch geschätzte 60 Gene, und die Forscher wussten lange nicht, welches davon das krankheitsverursachende war. Es gibt verschiedene Verfahren zur Feststellung, welches Gen in dem kartierten Bereich die Krankheit auslöst. Beispielsweise ist dies durch den Vergleich der Gensequenzen von Personen mit und ohne die entsprechende Krankheit möglich.
In manchen Fällen werden auch sog. **Knock-out-Mäuse** hergestellt: Von jedem Gen wird eine funktionslose Variante hergestellt, welche in das Genom je eines Mausstamms eingeschleust wird. Der Stamm, der die Krankheit aufweist, gibt einen Hinweis darauf, in welchem Gen sich die Mutation beim Menschen mit hoher Wahrscheinlichkeit befindet. Es gibt bereits sehr viele Knock-out-Mäusestämme, an denen auch Therapien für menschliche Erkrankungen getestet werden.

Die RFLP-Analyse ist im Gegensatz zum Southern blotting oder zur FISH-Analyse ein sog. **indirektes Verfahren** zum Nachweis von Genmutationen, da man das gesuchte Gen und/oder den molekularen Defekt nicht kennen muss. Die Methode setzt die Sicherheit der klinischen Diagnose voraus und liefert mit Markern, die sich in der Nähe des bekannten oder vermuteten Genorts (extragenisch) oder innerhalb des Gens (intragenisch) befinden, den Nachweis.

Genetische Beratung und Pränataldiagnostik

Die genetische Beratung ist eine medizinische Leistung und kann auf **freiwilli-**

ger Basis von Einzelpersonen oder Paaren in Anspruch genommen werden, wenn es Anlass zu der Annahme gibt, dass bei der Person selbst, bei Familienmitgliedern oder bei dem ungeborenen Kind eine erbliche Krankheit vorliegen könnte. Eine positive Familienanamnese ist ein wichtiger Indikator. Folgende Fragen werden u. a. gestellt:

- Ist ein Elternteil oder sind beide Eltern von einer Erbkrankheit betroffen?
- Sind die Ehepartner verwandt?
- Leiden Angehörige an geistiger Retardierung unklarer Ursache oder haben körperliche Fehlbildungen?
- Kam es in der Vergangenheit zu Fehl- oder Totgeburten?
- Ist ein Elternteil oder sind beide Eltern mutagenen oder teratogenen Einflüssen ausgesetzt oder ausgesetzt gewesen (z. B. Chemikalien, Infektionen, Suchtmittel, Strahlung)?

Aus der Anamnese und den erhobenen Befunden lässt sich ein Wiederholungsrisiko für eine genetisch bedingte Erkrankung, Fehlbildung oder/und geistige Behinderung errechnen oder schätzen. Entscheidet sich ein Paar trotz Risiko nach der Beratung für eine Schwangerschaft oder besteht diese bereits, kann die **pränatale Diagnostik** in vielen Fällen eine Abklärung fetaler Erkrankungen mit Beurteilung der Prognose anbieten. Verschiedene Untersuchungsmethoden werden dabei herangezogen:

Nichtinvasive Untersuchungen:

- Die **Ultraschalldiagnostik** dient als bildgebendes Verfahren und kann Anomalien und Fehlbildungen des ZNS, des Gesichts sowie des Herzens, der Nieren, des Gastrointestinaltrakts und des Skelettsystems abbilden.
- **Triple-Test** (veraltet, heute durch Nackentransparenzmessung und Serumanalyse weitgehend abgelöst): Aus dem Serum der Mutter werden α-Fetoprotein, Choriongonadotropin und unkonjugiertes (freies) Östradiol gewonnen und mit Standardwerten verglichen. So weist z. B. ein erhöhter α-Fetoprotein-Wert auf einen Neuralrohrdefekt (Spina bifida) hin. Beim Down-Syndrom sind die Werte von α-Fetoprotein und Östradiol erniedrigt und der Choriongonadotropinwert erhöht.

Invasive Untersuchungen:

- Die **Chorionzottenbiopsie** (Mutterkuchengewebeentnahme) kann ab der 11. Schwangerschaftswoche durchgeführt werden. Dabei werden fetale Zellen aus der Plazenta entnommen und einer Chromosomenanalyse unterzogen (s. a. S. 56).
- Ab der 15. Schwangerschaftswoche ist die **Amniozentese** (Fruchtwasserpunktion) möglich. Hierbei wird Fruchtwasser entnommen, woraus fetale Zellen zur Chromosomenanalyse gewonnen werden können.
- Ab der 20. Schwangerschaftswoche kann eine **Chordozentese** (Nabelschnurpunktion) durchgeführt werden. Auf diese Weise können fetales Blut untersucht und sehr schnell eine Karyotypisierung vorgenommen werden.

Ethische Fragestellung: Wird bei dem ungeborenen Kind eine Krankheit oder Fehlbildung festgestellt, stellt das Ergebnis die Eltern vor eine schwere Entscheidung. Mit einem Facharzt für Humangenetik werden im Rahmen der genetischen Beratung u. a. folgende Fragen erörtert: Gibt es weitere Untersuchungsmöglichkeiten, um die Diagnose zu sichern? Welche Therapiemöglichkeiten bestehen? Besteht Lebensfähigkeit für das Kind? Sind die Eltern, ist die Familie der Belastung gewachsen? Wird ein Schwangerschaftsabbruch erwogen?

Zusammenfassung

- **DNA-Klonierung:** DNA wird mit Restriktionsendonukleasen zerschnitten, in Vektoren eingebaut und in Bakterien eingeschleust. Diese synthetisieren das gewünschte Produkt (RNA oder Protein).
- **PCR:** Primer werden beidseits eines bekannten Gens platziert, und eine Polymerase synthetisiert in kürzester Zeit Tausende von Kopien. Der Prozess läuft im Reagenzglas ab, allerdings nur bis zu einer maximalen Größe des DNA-Abschnitts von 40 kb.
- **Gelelektrophorese:** Sie dient der Sortierung und Sichtbarmachung der von Restriktionsenzymen geschnittenen DNA-Fragmente. Diese werden nach ihrem Molekulargewicht aufgetrennt und bilden spezifische Bandenmuster auf einem Gel.
- **FISH:** Sie dient dem Nachweis und der Sichtbarmachung von Genmutationen und/oder chromosomalen Veränderungen und kommt z. B. in der Tumorzytogenetik zum Einsatz. Fluoreszierende Sonden binden an einen bekannten DNA-Abschnitt, den man im Präparat nachweisen möchte.
- **Southern blotting:** Diese Methode wird zum Nachweis eines bestimmten Chromosomenabschnitts eingesetzt. Gearbeitet wird mit der Gelelektrophorese und DNA-Sonden.
- **RFLP-Analyse:** Spezifische Marker, die an ein mutiertes Gen gekoppelt sind, dienen der genetischen Kartierung von Mutationen. In der Kopplungsanalyse wird die Vererbung einer Mutation in einer betroffenen Familie verfolgt und untersucht, welche Familienmitglieder Träger der Mutation sind bzw. wie groß das Erkrankungsrisiko für ein Ungeborenes ist.
- Die **genetische Beratung** kann auf freiwilliger Basis von risikogefährdeten Personen/Paaren in Anspruch genommen werden. Die Pränataldiagnostik bedient sich verschiedener invasiver und nichtinvasiver Methoden zur Untersuchung des Ungeborenen.

Populationsgenetik

Bevor wir auf Gesetzmäßigkeiten in der Populationsgenetik eingehen, hier einige Begriffserklärungen.

Population: „Eine Population ist eine lokal begrenzte Gruppe von Individuen, die derselben Art angehören" [8]. Zur Vereinfachung wird eine biologische Art als eine Gruppe von Populationen betrachtet, die sich in der Natur potenziell fortpflanzen können. „Jede Art weist ein geographisches Verbreitungsgebiet auf, in dem die Individuen nicht gleichmäßig verteilt sind, sondern sich i. d. R. in bestimmten lokal begrenzten Populationen konzentrieren" [8]. Die Wahrscheinlichkeit, dass sich Individuen innerhalb ihrer Population fortpflanzen, ist hoch, auch wenn oftmals keine klaren Grenzen zwischen zwei Populationen zu finden sind. Individuen in der Nähe eines Populationszentrums sind im Durchschnitt untereinander näher verwandt als mit Mitgliedern anderer Populationen.

Genpool: Innerhalb einer Population bezeichnet man die Summe der Gene als Genpool. „Er besteht aus sämtlichen Allelen an allen Genorten bei allen Individuen der Population" [8].

Allel: Als Allele werden die alternativen Zustandsformen eines Gens bezeichnet.

Genfrequenz: Bei **diploiden Organismen** existiert jeder Genort zweimal. Der Organismus ist entweder **homo-** oder **heterozygot** (s. S. 46). Dies bedeutet aber nicht zwangsläufig, dass auch nur zwei Allele existieren. In einer Population können wesentlich mehr Allele vorkommen (s. a. S. 46). Häufig gibt es unterschiedliche Allele für ein Gen, und die Häufigkeit, mit der sie auftreten, wird als **Genfrequenz** bezeichnet.

Genetische Fixierung: Gibt es Allele in einer Population, für die alle Populationsmitglieder homozygot sind, so bezeichnet man dieses Allel als **im Genpool fixiert.**

Hardy-Weinberg-Gesetz

1908 formulierten die Wissenschaftler Hardy und Weinberg unabhängig voneinander folgendes Gesetz:

Die Frequenzen von Allelen und Genotypen im Genpool einer Population bleiben über viele Generationen konstant, solange nicht andere Faktoren als die geschlechtliche Rekombination auf sie einwirken. Dabei wird die Vererbung nach den Mendelschen Regeln (s. S. 46f.) vorausgesetzt.

Beispiel: In einer Population von 500 Mäusen besitzen 20 ein weißes Fell, sie sind homozygot für das rezessive Allel (gg). Die restlichen 480 Mäuse sind alle grau, 320 sind homozygot (GG) und 160 heterozygot (Gg). Die Mäuse sind diploid, das bedeutet, dass es in der Population 1000 Kopien der Gene für die Fellfarbe gibt (▮ Abb. 1). Das dominante Allel G ist für 800 Gene (80%) verantwortlich, nämlich 320 (GG) × 2 = 640 + 160 (Gg) = 800. Die Allele der weißen Mäuse (gg) kommen mit einer Häufigkeit von 20% vor. Die Frequenzen haben folgende Werte:
GG = 0,64 (320/500 Mäuse),
Gg = 0,32 (160/500 Mäuse) und
gg = 0,04 (20/500 Mäuse).
Für den Genort der Fellfarbe befindet sich die genetische Struktur dieser Mauspopulation in einem Zustand des Gleichgewichts, d. h., die Population evolviert nicht. Die Buchstaben p und q wurden für die beiden Frequenzen der beiden Allele eingeführt: p = 0,8 (80%) und q = 0,2 (20%).

Kennt man die Häufigkeit des einen Allels und weiß, dass in der Population nur zwei Allele existieren, kann man daraus die Frequenz des anderen Allels berechnen:
Gesamthäufigkeit der Allele: p + q = 1,
dann folgt daraus 1 − p = q oder 1 − q = p

p^2	+	2pq	+	q^2	= 1
(Frequenz von GG)		(Frequenz von Gg und gG)		(Frequenz von gg)	

Die im Kasten fett gedruckte Berechnung ist das berühmte **Hardy-Weinberg-Gleichgewicht.**
Die Wahrscheinlichkeit, dass ein G-Spermium eine G-Eizelle befruchtet und eine GG-Zygote entsteht, liegt in unserer Mauspopulation bei 64%. Nun wird die Multiplikationsregel angewendet: $p^2 = 0{,}8 \times 0{,}8 = 0{,}64$. Die Entstehung einer gG- oder Gg-Zygote ist abhängig davon, welcher Elternteil das dominante Allel beisteuert: $2pq = 2 \times 0{,}8 \times 0{,}2 = 0{,}32$. q^2 errechnet sich für die homozygoten gg-Zygoten wie folgt: $q^2 = 0{,}2 \times 0{,}2 = 0{,}04$.

$$\mathbf{0{,}64 + 0{,}32 + 0{,}04 = 1}$$

Sofern die Frequenz der Genotypen bekannt ist, erlaubt es die Gleichung, die Allelhäufigkeiten in einem Genpool zu errechnen.

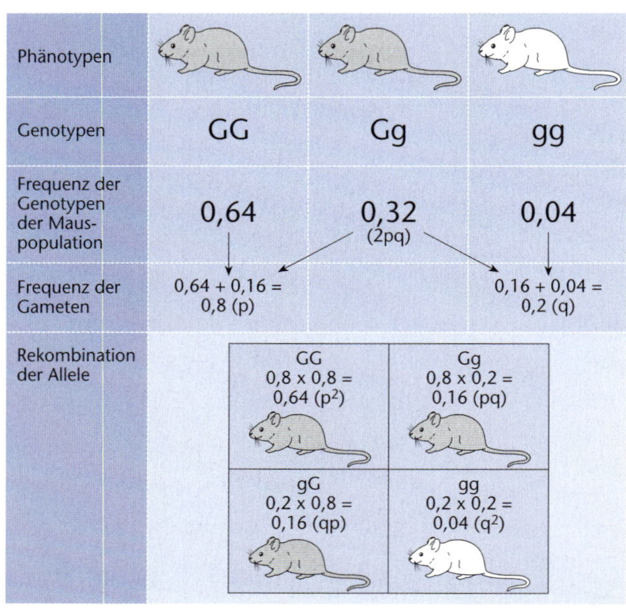

▮ Abb. 1: Hardy-Weinberg-Gesetz: p = Frequenz von G, q = Frequenz von g.

Klinik: Natürlich lässt sich dieses Gesetz auch auf Krankheiten des Menschen anwenden. So kann z. B. die Häufigkeit eines Gens für eine autosomal-rezessive Krankheit wie die Mukoviszidose in der Bevölkerung berechnet werden. Nur homozygote Träger (aa) des rezessiven Gens erkranken. Unter 1000 Geburten ist ein Kind homozygot für diese rezessiv vererbte Krankheit. 999 Kinder sind nicht betroffen (AA) oder Überträger (Aa).
- $1/1000 = 0{,}001$ (q2)
- $q = \sqrt{0{,}001} = 0{,}0316$
- $p = 1 - 0{,}0316 = 0{,}9684$
- $p^2 (0{,}938) + 2pq\ (0{,}061) + q^2 (0{,}001) = 1.$
- → 6,1% der Bevölkerung sind heterozygote Träger des Mukoviszidosegens.

Das Hardy-Weinberg-Gleichgewicht bleibt erhalten, wenn die folgenden fünf obligatorischen Punkte eintreten:

- Die Population ist sehr groß.
- Die Population ist isoliert, es kommt nicht zu Migration (Zu- oder Abwanderung = Genfluss).
- Es findet nur Zufallspaarung unter den Individuen statt.
- Es herrscht keine natürliche Selektion, die bestimmte Genotypen „bevorzugt".
- Der Genpool wird nicht durch Mutationen beeinflusst.

Das Hardy-Weinberg-Gleichgewicht besagt, was passiert, wenn eine Population nicht evolvieren würde. Die errechneten Werte ermöglichen die Beobachtung der genetischen Struktur innerhalb einer Population über einen kurzen Beobachtungszeitraum von wenigen Generationen. Was passiert, wenn diese fünf Punkte nicht erfüllt sind und z. B. Selektion und genetische Drift auftreten, lesen Sie im folgenden Abschnitt.

Natürliche Selektion

Die natürliche Selektion (s. a. S. 64) erhöht die Frequenz einiger Allele. Sie selektiert diejenigen genetischen Ausstattungen aus, welche die Überlebenswahrscheinlichkeit und die Fortpflanzungschancen negativ beeinflussen. Im o. g. Mäusebeispiel wäre dies in freier Natur innerhalb kurzer Zeit sicherlich die auffällige weiße Fellfarbe einiger Mäuse, da diese Prädatoren schnell zum Opfer fielen. Das dunklere Fell bietet den grauen Mäusen klare Vorteile: Sie werden nicht so leicht von Räubern entdeckt, das Überleben ist viel wahrscheinlicher, und die Fortpflanzungschancen sind gut. Das dominante Allel (GG) wird sich durchsetzen.
Aber auch die heterozygoten Träger (Gg) haben diese Chancen. Rezessive Gene können sehr lange in einer Population verbleiben, da die heterozygoten Träger diese „mitschleppen".

Klinik: Die Sichelzellanämie ist ein autosomal-rezessives Erbleiden, bei dem die Erythrozyten unter Sauerstoffmangel eine Sichelform annehmen. Folgen sind Hämolyse, Durchblutungsstörungen durch Verstopfung der Kapillaren, Fieber und Gehirndefeke. Ein homozygoter Träger des HbS-Gens (aa) ist sehr schwer krank. Die Häufigkeit Heterozygoter (Aa) in Malariagebieten (Erreger: *Plasmodium malariae*) ist signifikant hoch, da sie aufgrund der veränderten Form der roten Blutkörperchen einen klaren Vorteil **(Heterozygotenvorteil = Heterosiseffekt)** gegenüber homozygot-dominanten (gesunden) Personen haben. Es entwickelt sich eine **genetische Last** in der Population, weil die Selektion Heterozygote begünstigt.

Genetische Drift

So bezeichnet man auf Zufallsereignisse zurückzuführende Veränderung im Genpool **kleiner** Populationen. Zu Populationen, die für die genetische Drift klein genug sind, können die folgenden zwei Situationen führen.

Gründereffekt: Aus einer größeren Population spaltet sich eine kleine Gruppe ab. Diese Auswanderer besiedeln, isoliert von anderen Individuen ihrer Art, z. B. ein Tal oder eine Insel. Tatsächlich ist dieser Effekt bei menschlichen Kolonien anzutreffen, die sich aus kleinen Gruppen von Siedlern entwickelt haben. So finden sich beispielsweise Erbkrankheiten mit sehr hoher Wahrscheinlichkeit, wenn einer der Siedler ein rezessiver Träger war.
Für die **Tay-Sachs-Krankheit** konnte dieser Effekt bei der aschkenasischen Bevölkerung in den USA nachgewiesen werden.

Flaschenhalseffekt: Nach einer Umweltkatastrophe kann die Zahl der Individuen einer Population mit einem Schlag drastisch reduziert sein. Dabei findet die Vernichtung der Opfer **unselektiv** statt. Zurück bleibt eine sehr kleine Population, deren genetische Ausstattung mit großer Wahrscheinlichkeit nicht die der ursprünglichen Population repräsentiert. Manche Allele können überrepräsentiert, andere weniger stark repräsentiert sein, wieder andere gehen vielleicht ganz verloren. Für die kommenden Generationen kann die genetische Drift wirken, bis die Population wieder ausreichend groß ist. Nach Reduzierung durch massive Jagd auf eine Elefantenherde überlebten nur wenige Tiere der Population. Bei der Untersuchung mehrer Genorte vieler Elefanten der inzwischen wieder auf 100 000 Tiere angestiegenen Population konnte keine genetische Variabilität gefunden werden. An jedem der Genorte war ein einzelnes Allel fixiert, was vermutlich auf genetische Drift zurückzuführen ist.

Zusammenfassung

- ✖ Das Hardy-Weinberg-Gleichgewicht lautet: $p^2 + 2pq + q^2 = 1$
- ✖ Das Hardy-Weinberg-Gesetz gilt unter folgenden Annahmen: 1.) Die Population ist sehr groß, 2.) es kommt nicht zu Migration, 3.) Zufallspaarung der Individuen, 4.) keine natürliche Selektion, 5.) Genpool wird nicht durch Mutationen beeinflusst.
- ✖ Selektion und genetische Drift stellen eine Abweichung von den Gesetzmäßigkeiten dar.
- ✖ Zu genetischer Drift kann es durch den Gründer- oder Flaschenhalseffekt kommen (Voraussetzung für diese Effekte: kleine Population!).

Mikrobiologie

Ökologie

C Grundlagen der Mikrobiologie und Ökologie

Prozyte und Euzyte im Vergleich

Die Mikrobiologie befasst sich mit Mikroorganismen, also Organismen, die mit bloßem Auge nicht zu erkennen sind, sowie mit **Viren** und **Prionen,** die keine echten Lebensformen darstellen. Unter den Mikroorganismen gibt es sowohl Prokaryoten als auch Eukaryoten. Zu den Prokaryoten zählen die **Archäbakterien** und die **Bakterien,** die teilweise zur besseren Unterscheidung auch **Eubakterien** genannt werden. Eukaryotische Mikroorganismen werden häufig zu den sog. **Protisten** zusammengefasst. Hier gibt es Vertreter, die typische Eigenschaften von Tieren, Pflanzen oder Pilzen besitzen.

Morphologische Grundformen der Bakterien

Bakterien werden aufgrund morphologischer Formen sowie biochemischer und pathogener Eigenschaften klassifiziert. Zur Beschreibung werden zusätzlich die **Gram-Färbung** (s. S. 80), das Vorhandensein bzw. die Form von **Geißeln** (s. S. 82 f.) und die Ausbildung von **Kapseln** (s. S. 81) oder **Sporen** (s. S. 84 f.) angegeben. Es lassen sich die drei morphologischen Grundformen Kokken, gerade Stäbchen und einfach oder spiralig gekrümmte Stäbchen unterscheiden (▮ Abb. 1).

◗ **Kokken** sind kugelförmige, unbegeißelte Zellen, die keine Sporen bilden. Es gibt gramnegative und grampositive Vertreter. Kokken können einzeln vorkommen; häufig trennen sich die Zellen aber nach der Teilung nicht und bilden artspezifische Verbände:

- **Diplokokken** treten paarweise auf: *Strepococcus pneumoniae* (grampositiv), auch als Pneumokokke bezeichnet, kann verschiedene Infektionen wie Meningitis oder chronische Bronchitis hervorrufen.
- **Streptokokken** bilden kurze Ketten: *Streptococcus pyogenes* (grampositiv) ist der Erreger von Angina und Scharlach.
- **Staphylokokken** sind weintraubenähnlich angeordnet: *Staphylococcus aureus* (grampositiv) kann eitrige Infektionen hervorrufen.

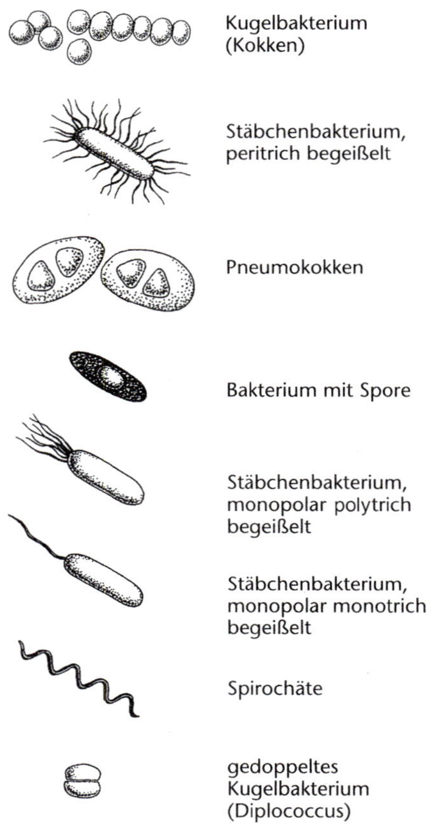

▮ Abb. 1: Morphologische Grundformen der Bakterien. [29]

◗ **Stäbchenbakterien (Bazillen)** sind stäbchenförmig und können grampositiv oder gramnegativ, begeißelt oder unbegeißelt sein. Einige Arten können auch Sporen bilden. Bekannte Vertreter sind Enterobakterien und Bazillen. *Bacillus anthracis* (grampositiv) ist der Milzbranderreger.

◗ **Vibrionen** sind kommaförmige Stäbchen und monopolar monotrich begeißelt (nur eine Geißel an einem Pol). *Vibrio cholerae* (gramnegativ) ist der Choleraerreger.

◗ **Spirillen** sind spiralförmige, starre Bakterien und bipolar polytrich begeißelt (viele Geißeln an beiden Polen). *Spirillum minus* (gramnegativ) ist der Erreger des Rattenbissfiebers.

◗ **Spirochäten** sind ebenfalls spiralförmig, aber ihr Zellleib ist flexibel. Sie besitzen keine Geißeln, können sich aber aufgrund ihrer schraubenförmigen Gestalt bewegen. *Treponema pallidum* (gramnegativ) ist der Erreger der Syphilis, *Borrelia recurrentis* der des Rückfallfiebers und *B. burgdorferi* der der Lyme-Krankheit, einer Borreliose.

Prozyte und Euzyte

Bakterien gehören zu den Prokaryoten, deren Zellen, die Prozyten, einfacher aufgebaut sind als die der Eukaryoten. Euzyten sind nicht nur größer, sondern besitzen eine deutlich höhere Differenzierung. Auffälligstes Kennzeichen einer Euzyte ist der von einer Doppelmembran umgebene Zellkern (der allerdings in einigen Fällen, bei Erythrozyten, abgestoßen werden kann). Der Prozyte fehlt dieser, das Erbmaterial liegt somit frei im Zytoplasma als geschlossenes ringförmiges Molekül vor. Im Gegensatz zu Eukaryoten ist die Prokaryoten-DNA nicht mit Histonen verknüpft. Da es sich um einen einzigen DNA-Faden handelt, wird die DNA in der Prozyte als **Bakterienchromosom** oder als **Nukleoid** bezeichnet. In vielen Bakterien findet man zusätzliches Erbmaterial auf kleinen geschlossenen ringförmigen DNA-Molekülen, den **Plasmiden** (s. a. S. 84). Diese enthalten zusätzliche Informationen, sind aber für ein Überleben bzw. die Fortpflanzung der Zelle nur unter Selektionsdruck nötig. Auf den Genen des Nukleoids befinden sich **keine Introns,** weshalb auch keine RNA-Prozessierung (s. S. 42 f.) stattfindet. Da in der Prozyte keine räumliche Trennung zwischen Transkription und Translation durch einen Zellkern vorhanden ist, können schon während der Transkription die Ribosomen an der mRNA andocken und mit der Übersetzung der Nukleotidsequenz in eine Aminosäuresequenz beginnen. Häufig wird eine mRNA gleich mehrmals translatiert, indem sich viele Ribosomen an sie anlagern. Der entstandene Komplex wird als **Polysom** bezeichnet. Die Ribosomen der Prokaryoten sind kleiner als die der Eukaryoten und unterscheiden sich daher in ihrem Sedimentationskoeffizient (s. a. S. 10).
Die Kompartimentierung der Prozyte ist erheblich weniger ausgeprägt als die der Euzyte. Die Prozyte besitzt kein inneres Membransystem (Zellkern, ER und Golgi-Apparat fehlen), und auch Mitochondrien sind nicht vorhanden. Einige Bakterien besitzen aber Einstülpungen der Plasmamembran, so dass Membrankörper, sog. **Mesosomen,**

	Prozyte	Euzyte
Allgemein		
Größe	1 - 5 µm, Ausnahmen können deutlich größer oder kleiner sein	5 - 100 µm, Ausnahmen können deutlich größer sein
Plasmamembran	hoher Proteinanteil	geringer Proteinanteil
Zellwand	mit Murein	wenn vorhanden, ohne Murein
Geißeln	aus Flagellin	aus Tubulin
Erbinformation		
Nukleus	keiner	von Doppelmembran umgeben
DNA	ringförmig geschlossen, nicht mit Histonen assoziiert; z. T. Plasmide	in mehreren Chromosomen, mit Histonen assoziiert
Gene	ohne Introns	mit Introns
Vermehrung	Zweiteilung	Mitose
Protein-biosynthese	auf die Transkription folgt direkt die Translation; keine räumliche Trennung	Transkription und Prozessierung im Kern; mRNA wird zu Ribosomen außerhalb des Kerns transportiert, wo die Translation stattfindet
DNA-Polymerase	an der inneren Plasmamembran	im Zellkern
Zellorganellen		
ER	nicht vorhanden	vorhanden
Golgi-Apparat	nicht vorhanden	vorhanden
Mitochondrien	nicht vorhanden, Enzyme der Atmungskette sitzen bei dazu befähigten Organismen an der Plasmamembran	vorhanden
Ribosomen	70-S-Typ (50-S- + 30-S-UE)	80-S-Typ (60-S- + 40-S-UE)

Tab. 1: Vergleich zwischen Euzyte und Prozyte. [nach 42]

im Zytoplasma gebildet werden. Sie stellen eine Vergrößerung der Membran und somit der Reaktionsfläche dar, denn bei Prokaryoten laufen sämtliche Stoffwechselwege im Zytoplasma bzw. an der Plasmamembran ab. Beispielsweise sitzen die Enzyme der Atmungskette bei den dazu befähigten Prokaryoten in der Plasmamembran, während sie bei Eukaryoten in der inneren Membran der Mitochondrien liegen (s. a. S. 14).
Die Vermehrung der Prokaryoten findet i. d. R. nach einer Verdoppelung des Nukleoids durch Zweiteilung statt. Eukaryoten besitzen deutlich mehr DNA, verteilt auf mehrere Chromosomen, und die Aufteilung der DNA auf die Tochterzellen findet in einem komplizierten Mechanismus, der Mitose (s. S. 28 f.), statt.
Fast alle Prozyten sind von einer Zellwand umgeben, die das bakterientypische Murein enthält. Zudem sind viele Prokaryoten beweglich; ihre Geißel ist aber wesentlich einfacher aufgebaut als die der Eukaryoten (s. S. 21). Ein Vergleich zwischen Prozyte und Euzyte ist in Abbildung 2a und b zu sehen bzw. in Tabelle 1 zusammengefasst.

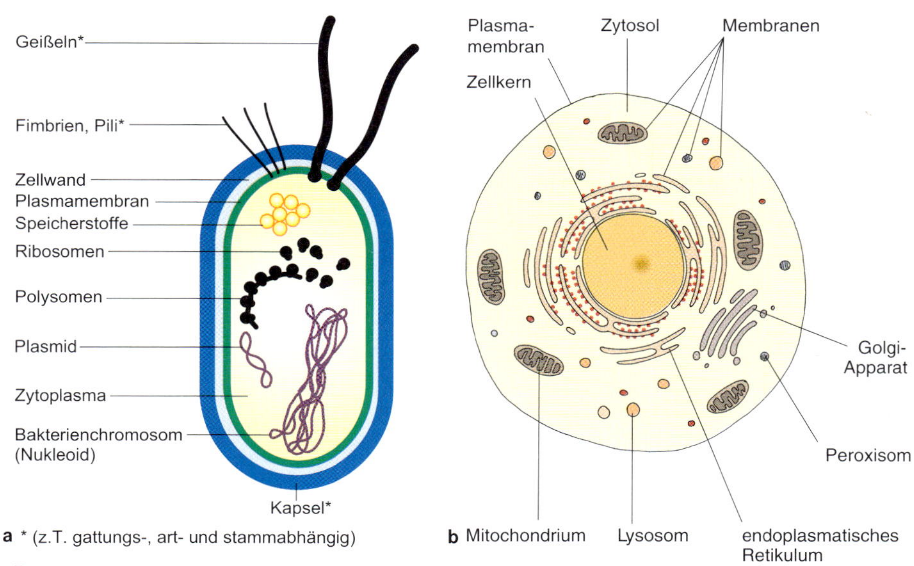

Abb. 2: a) Prozyte; b) tierische Euzyte. [3], [21]

Zusammenfassung

- Bakterien werden aufgrund ihrer Morphologie, der Begeißelung, der Gram-Färbung sowie der Kapsel- oder Sporenbildung klassifiziert.
- Prozyten sind kleiner und deutlich geringer differenziert als Euzyten. Ihnen fehlen der Zellkern, ein inneres Membransystem und Mitochondrien. Im Zytoplasma liegt die DNA als Ringchromosom (Nukleoid) vor. Da keine Kernmembran vorhanden ist, sind Transkription und Translation räumlich/zeitlich nicht voneinander getrennt.

Aufbau der Bakterienzelle I

Die in ▮ Abbildung 1 dargestellte Bakterienzelle weist alle Strukturen auf, die in diesem dreiteiligen Kapitel besprochen werden.

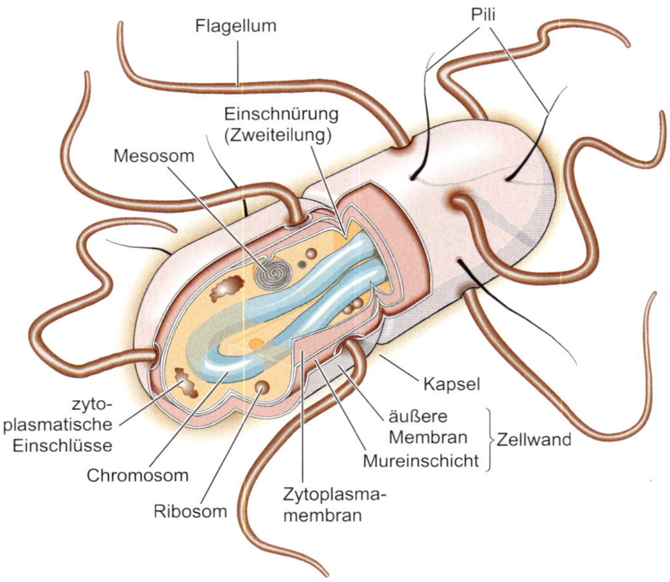

▮ Abb. 1: Strukturen einer Bakterienzelle. [36]

Die Zellwand

Fast alle Bakterien besitzen eine Zellwand, die sich außen auf der (Zyto-)Plasmamembran befindet (Ausnahme: **Mykoplasmataceae** [Mykoplasmen]). Sie stabilisiert die äußere Form und bildet einen mechanischen Schutz, zudem verhindert sie das Platzen der Zelle in hypotonischem Milieu. Das Grundgerüst der Bakterienzellwand besteht aus einem Polymer, dem Peptidoglykan **Murein.** Dieses Makromolekül ist aus den Monomeren N-Azetylglukosamin und N-Azetylmuraminsäure aufgebaut, die in alternierender Reihenfolge (β-1,4-glykosidisch) linear miteinander verknüpft sind. Die einzelnen Mureinketten sind durch Oligopeptide miteinander quervernetzt. Man vermutet, dass jede Zelle nur von einem einzigen netzförmigen Molekül umgeben ist. Dieses Netzwerk wird als **Mureinsacculus** bezeichnet. An dessen Oberfläche bzw. in ihm integriert befinden sich Substanzen, sog. **akzessorische Elemente** (s. u.), die den Bakterien eine artspezifische Oberfläche verleihen. Somit ist die Zellwand der Bakterien Träger artspezifischer **Antigenität,** weshalb sie vom menschlichen Immunsystem als Fremdsubstanz (wieder)erkannt werden kann.

Klinik: Das Murein der Bakterienzellwand kommt weder im Tier-, Pilz- noch im Pflanzenreich vor. Indem diese Struktur bzw. ihre Synthese gezielt angegriffen wird, bietet sich der Medizin eine Therapiemöglichkeit, ohne die Zellen des Wirtsorganismus zu schädigen. Hierauf beruht die Wirkungsweise vieler Antibiotika.

- Penizillin verhindert die Quervernetzung zwischen den einzelnen Mureinsträngen. Somit sind nur wachsende Zellen von der Wirkung des Penizillins betroffen. Es wirkt vor allem auf grampositive Zellen (s. u.).
- Das körpereigene Enzym Lysozym (auch Muramidase), das z. B. in der Tränenflüssigkeit vorkommt, spaltet die glykosidische Bindung des Mureins und zerstört so die Zellwand.

Da Penizillin keine weiteren Wachstumsprozesse der Bakterien stört (s. o.), nimmt deren Zytoplasmavolumen weiterhin zu. Hierdurch können sog. **L-Formen** entstehen, die keinen oder nur noch Teile des Mureinsacculus besitzen. Sie sind im Vergleich zu ihrer Ausgangsform stark vergrößert. Die L-Formen sind gegenüber osmotischen Einflüssen instabil und gehen für gewöhnlich schnell zugrunde. Man vermutet, dass sie sich nach Beendigung einer Antibiotikatherapie wieder in die Ausgangsform umwandeln und ein Infektrezidiv verursachen können.
Der Aufbau der Zellwand bestimmt das Färbeverhalten von Bakterien, wobei die Gram-Färbung eine wertvolle Methode zur Identifizierung von Bakterien darstellt.

Methode der Gram-Färbung: Die Bakterienzellen werden zunächst mit Karbolgentianaviolett gefärbt. Nach zwei Minuten wird das Präparat mit Iod-Kaliumiodid-Lösung behandelt. Im Anschluss wird es mit Alkohol gespült und mit rotem Karbolfuchsin gegengefärbt. Grampositive Bakterien besitzen eine dicke Mureinschicht, die den violetten Farbstoff zurückhält, wohingegen er bei gramnegativen Bakterien leicht ausgewaschen wird. Sie erscheinen durch das Karbolfuchsin rötlich.

- **Grampositive Bakterien** haben auf der Plasmamembran ein **mehrschichtiges Mureingerüst** (▮ Abb. 2 oben). In der Zellwand sind Proteine, Polysaccharide und verschiedene Teichonsäuren verankert. Letztere sind für grampositive Bakterien typische Polymere und Träger der **antigenen Eigenschaften.**
- **Gramnegative Bakterien** besitzen zusätzlich zur Plasmamembran eine **äußere Membran** (▮ Abb. 2 unten). Im Zwischenraum, dem **periplasmatischen Raum,** befindet sich ein **einschichtiges Mureingerüst,** das über Proteine mit der äußeren Membran verbunden ist.

Unter den pathogenen Bakterien sind die gramnegativen meist die gefährlicheren, da ihnen die äußere Membran einen zusätzlichen Schutz vor Angriffen des Wirtsimmunsystems und vor Antibiotika bietet. Werden sie vom Immunsystem zum Zerfall gebracht, so werden aus ihnen die für gramnegative Bakterien typischen **Lipopolysaccharide** der äußeren Membran freigesetzt. Diese wirken als **Endotoxine** und sind giftig.

Klinik: Bei Lipopolysacchariden wirkt vor allem der Lipid-A-Anteil toxisch. Sie gehören zu den Pyrogenen und können zu einem septischen Krankheitsbild mit plötzlich auftretendem hohem Fieber und Störungen der Blutgerinnung bis hin zum Multiorganversagen mit Schock führen. Endotoxine sind sehr hitzestabil und können auch eine Sterilisation überstehen.

Kapseln

Einige Bakterien besitzen auf den Zellwänden aufgelagert eine schleimige oder klebrige Substanz, welche stark wasserhaltig ist und als **Kapsel** bezeichnet wird (▮ Abb. 3). Sie ist meist aus Polysacchariden aufgebaut (z. B. bei *Streptococcus mutans*), kann aber auch aus Polypeptiden bestehen (z. B. bei *Bacillus anthracis*). Sie ist nicht überlebenswichtig, schützt aber vor Phagozytose. So haben pathogene Bakterien mit einer Kapsel eine erhöhte **Virulenz.** Die Schleimkapsel von *Staphylococcus aureus* macht den Erreger für Antibiotika schwerer zugänglich.

Definitionen: Die Virulenz ist ein Maß für die Aggressivität des Erregers, während die Pathogenität nur die krankheitserregende Fähigkeit feststellt. Erreger mit hoher Virulenz rufen dementsprechend schon in kleiner Zahl heftige Symptome hervor.

Klinik: Aufgrund des Schutzes vor Phagozytose stellt die Kapsel einen Pathogenitätsfaktor dar. Eine Infektion mit kapselbildenden *Streptococcus pneumoniae* (auch Pneumokokken, ▮ Abb. 3) kann u. a. zu einer tödlichen Lungenentzündung führen. Kapsellose Pneumokokken hingegen sind avirulent.

Die Plasmamembran

Ebenso wie die Plasmamembran eukaryotischer Zellen (s. S. 4 ff.) übernimmt die der Bakterienzelle u. a. auch die Funktionen der **selektiven bzw. osmotischen Barriere** und des **Stofftransports.** Sie besteht aus einer **Phospholipid-Doppelschicht,** die mit zahlreichen Proteinen assoziiert ist. Der Proteingehalt der prokaryotischen Plasmamembran ist deutlich höher als der der eukaryotischen. Aufgrund der geringeren Kompartimentierung sind viele Proteine, die in der Euzyte auf verschiedene Organellen verteilt sind, in der Plasmamembran lokalisiert (s. S. 82, ▮ Tab. 1). Da Prozyten ein inneres Membransystem fehlt, sind Enzyme, die in der Euzyte z. B. in der Mitochondrienmembran liegen, bei Bakterien mit der Plasmamembran assoziiert, und alle Enzyme der Atmungskette befinden sich bei den dazu befähigten Prokaryoten in der Plasmamembran.

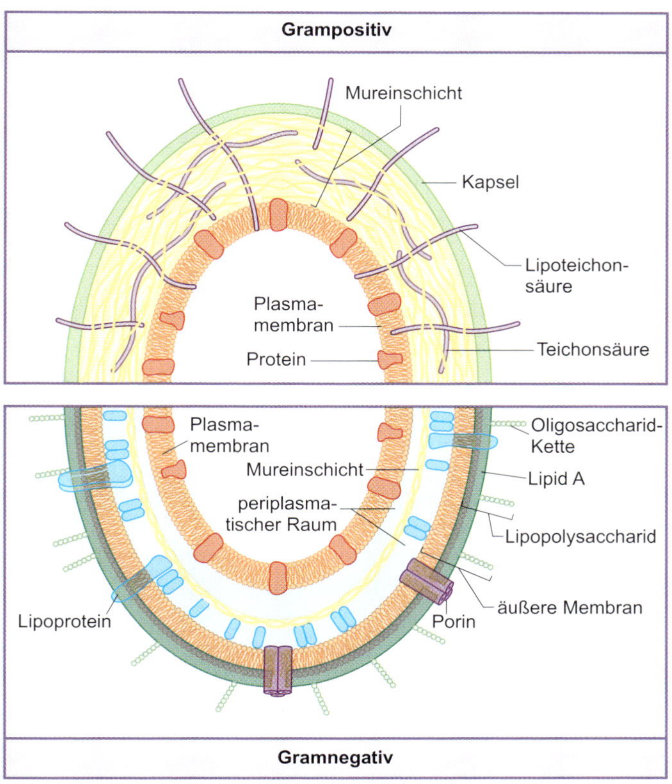

▮ Abb. 2: Zellwand eines grampositiven und eines gramnegativen Bakteriums. [1]

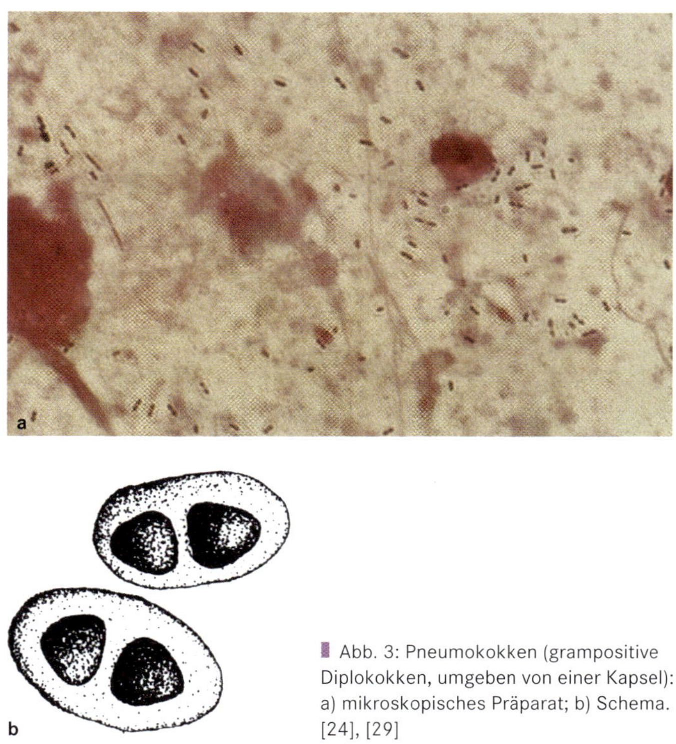

▮ Abb. 3: Pneumokokken (grampositive Diplokokken, umgeben von einer Kapsel): a) mikroskopisches Präparat; b) Schema. [24], [29]

Aufbau der Bakterienzelle II

An einigen Stellen ist die Plasmamembran von Prokaryoten stark eingefaltet, so dass eine Vergrößerung der Oberfläche und somit der Reaktionsfläche erreicht wird. Diese Einstülpungen werden als **Mesosomen** bezeichnet, an denen sich häufig die Enzyme der Atmungskette befinden.

Proteine und Enzyme	Lokalisation in der Euzyte	Lokalisation in der Prozyte
für die Atmungskette	innere Membran des Mitochondriums	
zur Zellwandsynthese	ER und Golgi-Apparat	
Permeasen (Transportproteine)	Plasmamembran	in der Plasmamembran
Sensorproteine (z. B. zur Chemotaxis)	nur bei bestimmten Zelltypen in der Plasmamembran vorhanden	
zur DNA-Synthese	Zellkern und Mitochondrium	

Tab. 1: Lokalisation von Proteinen und Enzymen bei Eu- und Prozyten.

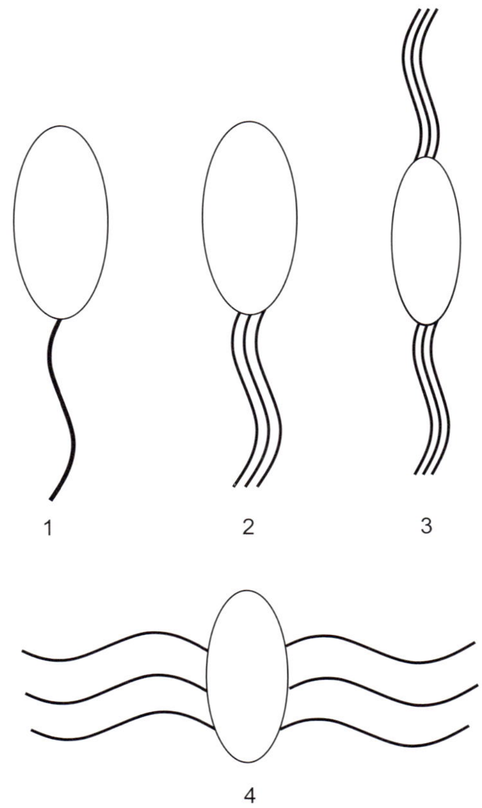

Abb. 4: Begeißelungstypen: 1 = monopolar monotrich (z. B. *Vibrio cholerae*), 2 = monopolar polytrich (z. B. *Pseudomonas aeruginosa*), 3 = bipolar polytrich (z. B. *Spirillum volutans*), 4 = peritrich (z. B. *Salmonella choleraesuis*). [32]

Geißeln und Pili

Beweglichkeit wird bei Bakterien meist mittels einer Rotation von **Geißeln (Flagellen)** erreicht. Die Anordnung der Geißeln ist ein wichtiges taxonomisches Merkmal (Abb. 4):

- **Monopolar:** Geißeln befinden sich an einem Zellende.
- **Bipolar:** Geißeln befinden sich an beiden Zellenden.
- **Peritrich:** Geißeln befinden sich an den Längsseiten oder über die ganze Zelloberfläche verteilt.
- **Monotrich:** Die Zelle besitzt nur eine besonders dicke Geißel.
- **Polytrich:** Geißeln kommen in Büscheln von etwa 2–50 vor.

Der Feinbau der Prokaryotengeißel ist nicht vergleichbar mit dem der Geißel von Eukaryoten (Abb. 5, Tab. 2). Sie ist hauptsächlich aus Ketten des globulären Proteins **Flagellin** aufgebaut, welche helikal um einen Hohlraum gewunden sind, wodurch ein schraubenförmiges Filament entsteht. Die Bakteriengeißel ist aus drei Abschnitten aufgebaut: dem oben beschriebenen helikalen **Geißelfilament,** das den Hauptteil der Geißel ausmacht, einem **Geißelhaken** in der Nähe der Zelloberfläche und einem **Basalkörper,** der in der Plasmamembran und der Zellwand verankert ist. Das Geißelfilament ist mit dem Haken verbunden, der wiederum im Basalkörper drehbar befestigt ist. Der Basalkörper dient als Motor, besteht aus 35 unterschiedlichen Proteinen und bildet ein System von Ringen, deren Rotation sich auf das Geißelfilament überträgt und dort wiederum zu einer Drehbewegung führt, die für die Fortbewegung des Bakteriums verantwortlich ist. Die Energie für die Rotation erhält die Geißel aus einem Protonengradienten an der Membran.

Bei begeißelten Bakterienstämmen können auch unbewegliche, geißellose Varianten vorkommen. Die mobilen Bakterien bilden aufgrund ihrer Beweglichkeit bei serologischen Untersuchungen einen Hauch (dünnen Film) auf der Agarplatte. Sie werden deshalb als **H-Formen** (**H**auch) bezeichnet, während die unbegeißelten Varianten **O-Formen** (**o**hne Hauch) genannt werden. In der Serodiagnostik verwendet man dementsprechend die Bezeichnung O-Antigen für die Antigene der Zelloberfläche bzw. Zellwand und H-Antigen für die Geißelantigene. Einige Proteine der Geißeln sind artspezifisch und dienen bei der serologischen Diagnostik als Identifikationsmerkmal.

Geißel	Prokaryot	Eukaryot
Aufbau	Flagellin, 3 Abschnitte	Mikrotubuli, 9 + 2-Anordnung
Länge	bis 20 µm	bis 200 µm
Durchmesser	12 – 18 nm	2,5 µm
von Plasmamembran umgeben	nein	ja
Bewegung	Rotation	Wellenbewegung

Tab. 2: Vergleich zwischen prokaryotischer und eukaryotischer Geißel.

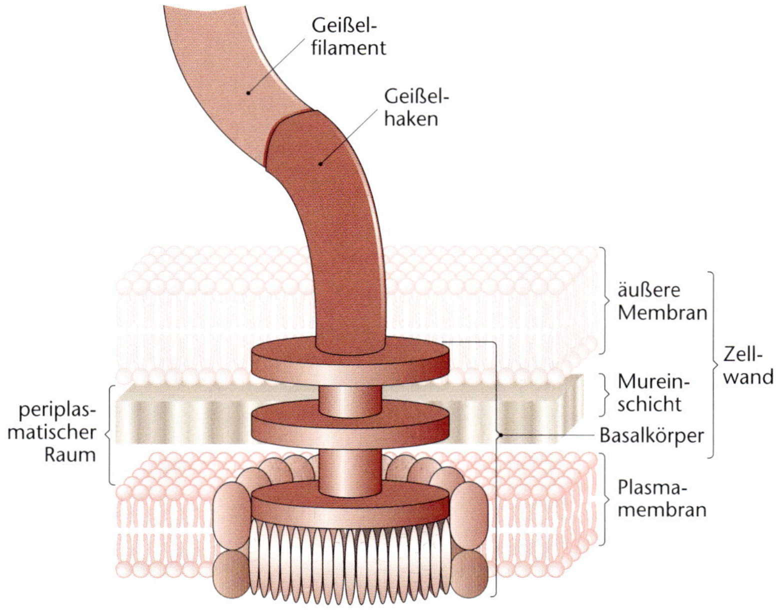

Abb. 5: Verankerung der Geißel eines gramnegativen Bakteriums.

Klinik: Das peritrich begeißelte, fakultativ anaerobe *Escherichia coli* ist ein wichtiger Bestandteil der gesunden Darmflora. Wird es „verschleppt“, kann *E. coli* Infektionen hervorrufen, d. h., es ist fakultativ pathogen. Von *E. coli* können anhand der O- und H-Antigene verschiedene Serotypen bestimmt werden, die zur Klassifikation der Pathogenität herangezogen werden.

Als Oberflächenanhänge kommen außerdem **Pili (Fimbrien)** vor, die besonders häufig bei gramnegativen Bakterien auftreten. Im Aufbau ähneln sie der Geißel, sind jedoch viel feiner und kürzer. Sie dienen z. B. der **Adhärenz** (Anheftung) der Bakterien an eine Oberfläche und stellen einen Virulenzfaktor dar, da durch sie der Abtransport oder das Abschwemmen des Bakteriums aus dem Gewebe verhindert wird. Eine weitere Form der Pili sind die **Sex-Pili** oder **F-Pili.** Bei der **Konjugation** schaffen zwei Bakterien mittels der hohlen Sex-Pili eine Plasmabrücke, über die ein Teil des Genoms ausgetauscht wird (s. S. 88 f.).

Ribosomen

Die **Ribosomen** der Prokaryoten besitzen einen Sedimentationskoeffizienten von 70 S, wodurch sie sich von den 80-S-Ribosomen der Eukaryoten unterscheiden (s. a. S. 10). Bakterienribosomen sind aus einer 50-S- und einer 30-S-Untereinheit (UE) aufgebaut, während die der Eukaryoten eine 40-S- und eine 60-S-UE besitzen. In den Ribosomen sind verschiedene rRNAs mit Proteinen assoziiert. Eine Übersicht bietet ▮ Tabelle 3.
Weitere Unterschiede finden sich im Ablauf der Translation. Bei Eukaryoten ist die „Cap“ am 5'-Ende der mRNA für die Bindung an das Ribosom und somit für die Initiation der Translation verantwortlich (s. S. 40 f.). Bei Prokaryoten übernimmt diese Aufgabe die sog. **Shine-Dalgarno-Sequenz.** Diese Nukleotidsequenz befindet sich am 5'-Ende der mRNA und liegt sieben bis zwölf Nukleotide vor dem Startcodon AUG; sie ist komplementär zu einer Sequenz am 3'-Ende der 16-S-rRNA der kleinen UE, welche die Sequenz CCUCC enthält. Hier kann die mRNA an das Ribosom binden, und die Translation beginnt. Im Gegensatz zu Eukaryoten finden Translation und Transkription nicht räumlich getrennt statt.

	Prokaryot		Eukaryot	
	30-S-UE	50-S-UE	40-S-UE	60-S-UE
rRNA	16 S	23 S; 5 S	18 S	28 S; 5,8 S; 5 S
Anzahl der Proteine	21	33	33	49

Tab. 3: Vergleich des Ribosomenaufbaus von Pro- und Eukaryoten (S = Sedimentationskoeffizient).

Klinik: Der unterschiedliche Aufbau der Ribosomen von Pro- und Eukaryoten ermöglicht eine antibakterielle Therapie mit Antibiotika, ohne die Wirtszellen zu schädigen:
- Tetrazykline hemmen die prokaryotische Proteinbiosynthese, indem sie an die 30-S-UE binden und eine Anlagerung der Aminoacyl-tRNA verhindern.
- Makrolidantibiotika, wie z. B. Erythromycin (Makrolide = organische ringförmige Moleküle mit intramolekularer Estergruppe), hemmen ebenfalls die Proteinbiosynthese. Sie binden an die 50-S-UE des Ribosoms und verhindern somit die Bildung eines Initiationskomplexes und die Translokation.

Aufbau der Bakterienzelle III

Nukleoid

Ein typisches Kennzeichen der Prokaryoten ist das Fehlen eines Zellkerns; die Erbsubstanz befindet sich direkt im Zytoplasma und ist nicht wie bei Eukaryoten von einer Doppelmembran umgeben. Die Bakterien-DNA ist aber nicht diffus im Zytoplasma verteilt, sondern in bestimmten Bereichen lokalisiert, da sie an einer bestimmten Stelle mit der Plasmamembran assoziiert ist. Das Genom von Prokaryoten besteht aus einem ringförmigen doppelsträngigen DNA-Molekül, das fast die komplette Erbinformation enthält. Im Gegensatz zur Eukaryoten-DNA ist sie nicht mit Histonen assoziiert, weshalb ihre Bezeichnung als **Bakterienchromosom** nicht ganz korrekt ist, auch wenn sie oft verwendet wird. Die genaue Benennung lautet **Nukleoid (Kernäquivalent).**

Die Anzahl der Basenpaare der Bakterien-DNA liegt je nach Art zwischen $0{,}6-13 \times 10^6$ (beim Menschen ca. 3×10^9). Die **Replikation** des Nukleoids verläuft semikonservativ (s. S. 38 f.) und geht von nur einem Ursprung aus, dem **Origin.** Da bei Prokaryoten die Assoziation der DNA zu Histonen nicht erst gelockert werden muss, verläuft die Replikation bis zu 25-mal schneller als bei Eukaryoten. Die **DNA-Polymerase III** ist bei Prokaryoten an der Zellmembran fixiert, und während der Replikation dreht sich das ringförmige DNA-Molekül durch sie hindurch (▮ Abb. 6).

Neben dem Nukleoid finden sich bei vielen Bakterien weitere, deutlich kleinere, ringförmige, geschlossene DNA-Moleküle, die als **Plasmide** bezeichnet werden. Anzahl und Größe von Plasmiden, die unabhängig vom Nukleoid repliziert werden, können variieren. Sie enthalten wenige Gene, die unter normalen Wachstumsbedingungen entbehrlich sind, doch sie können beispielsweise für **Resistenzen gegen Antibiotika** verantwortlich sein (s. S. 88 f.). Bei der Zellteilung werden die Plasmide zufällig auf die Tochterzellen aufgeteilt. Einige Plasmide können vorübergehend ihren autonomen Status verlieren und in das Nukleoid integriert werden. Diese sog. **Episomen** werden dementsprechend auch mit dem Nukleoid repliziert. Auf Plasmiden können auch Gene vorhanden sein, die die **Virulenz** eines Erregers erhöhen. Beispielsweise kodieren Plasmidgene für **Exotoxine.** Dies sind Stoffwechselprodukte, die von Bakterien in das extrazelluläre Milieu abgegeben werden. Sie können andere Bakterien abtöten, schädigen aber auch den Wirtsorganismus.

Klinik: Zur Exotoxinbildung sind z. B. folgende Erreger fähig:
- *Clostridium tetani* setzt in Wunden große Mengen des Tetanustoxins frei. Nach einer Inkubationszeit von 4 – 21 Tagen treten schmerzhafte tonische Krämpfe der quergestreiften Muskulatur auf.
- *Corynebacterium diphtheriae* setzt Exotoxine frei, die bei der Diphtherie lebensbedrohliche Komplikationen wie eine Myokarditis oder Lähmungen auslösen können. Die Toxine hemmen die Proteinbiosynthese und stören so die Zellfunktion.
- *Clostridium botulinum* bildet unter anaeroben Bedingungen Botulinumtoxine (Botox®). Diese Neurotoxine hemmen am synaptischen Spalt die Azetylcholinfreigabe, was eine Lähmung der Muskulatur zur Folge hat.

Sporen

Bakterien der Gattungen *Clostridium* und *Bacillus* gehören zu den Sporenbildnern. Sie können unter ungünstigen Lebensbedingungen sehr umweltresistente Dauerformen bilden, sog. **Sporen,** die teilweise mehrere Jahrzehnte lebensfähig bleiben.

Entstehung und Aufbau

Der Sporenbildung gehen eine Ansammlung von proteinhaltigem Material und die Verwertung von Speicherstoffen in einem bestimmten Bereich der Bakterienzelle voraus, wobei eine sporenspezifische Substanz entsteht, die **Dipicolinsäure,** die mit aufgenommenen Kalziumionen Komplexe bildet. Die eigentliche Sporenbildung beginnt mit einer Einschnürung der Membran. Nach der vollständigen Abschnürung befinden sich innerhalb der Zellwand zwei von einer Membran umgebene Teile: die verbliebene Mutterzelle und die künftige **Sporencore,** die das Innere der Spore bilden wird. Diese enthält DNA, RNA und Ribosomen sowie wenig Zytoplasma. Die künftige Sporencore wird von der Plasmamembran der Mutterzelle umwachsen, was zur Folge hat, dass sie von zwei Membranen umgeben ist. Dann werden die verschiedenen Schichten der Spore gebildet. Da die Bildung dieser Sporen im Inneren der Bakterien stattfindet, bezeichnet man sie als **Endosporen.** Einen Überblick über die reife Spore gibt ▮ Abbildung 7.

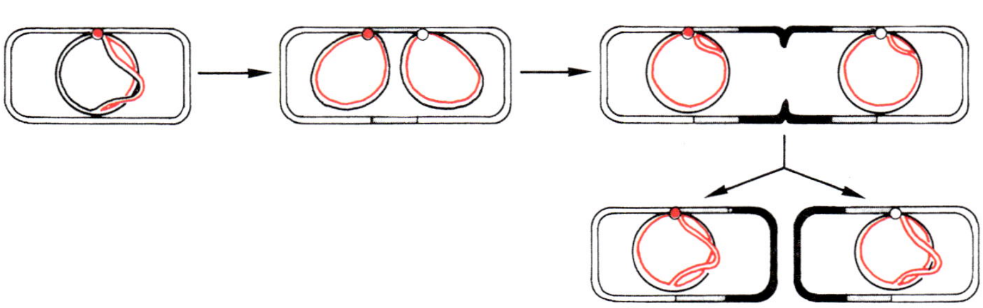

▮ Abb. 6: Replikation des Nukleoids und Teilung der Bakterienzelle. [33]

Funktion

Die Sporenbildung wird durch eine Verknappung lebensnotwendiger Nährstoffe bzw. eine Anhäufung von schadhaften Stoffwechselprodukten initiiert. Im Zytoplasma liegen nur noch wenige Enzyme vor, und somit findet ein stark reduzierter Stoffwechsel statt. Die Komplexe der Dipicolinsäure mit Kalziumionen machen das Zytoplasma zähflüssig, was für die Thermostabilität der Sporen verantwortlich ist. Sporen können z. T. Temperaturen von über 100 °C tolerieren. Zusätzlich weisen Sporen Resistenzen gegenüber Strahlung und verschiedenen Chemikalien auf. Im Sporenzustand kann ein Bakterium mehrere Jahrzehnte überdauern. Verbessern sich die Umweltbedingungen, so nimmt die Spore Wasser auf und wird wieder zu einer aktiven Bakterienzelle.

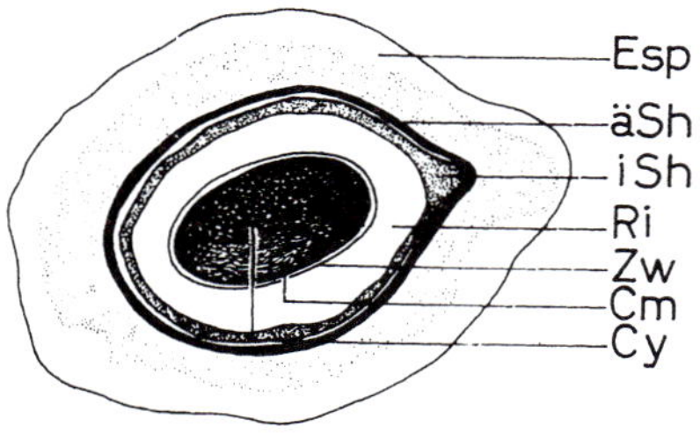

Abb. 7: Aufbau einer reifen Spore: Cy = Zytoplasma, Cm = Zytoplasmamembran, Zw = Sporenzellwand aus dicht vernetztem Murein, Ri = Sporenrinde aus vielschichtigem Gerüst von Peptidoglykanen, iSh = innere Sporenhülle, äSh = äußere Sporenhülle, Esp = Exosporium (ist nur bei wenigen Bakterien vorhanden und besteht aus Polypeptiden). [33]

Klinik: Aufgrund der Undurchlässigkeit der Sporenhülle sind Sporen gegenüber chemischen Substanzen und somit vielen Desinfektionsverfahren resistent. Um Laborgeräte oder medizinische Instrumente zu sterilisieren, gibt man sie in einen Autoklaven. In diesem Behälter werden mittels Dampfdruck Temperaturen von über 120 °C erzeugt, die sogar ausreichen, um Sporen abzutöten. Bekannte Sporenbildner sind: *Bacillus anthracis* (Milzbrand), *Clostridium botulinum* (Botulismus) und *Clostridium tetani* (Wundstarrkrampf).

Neben der Endospore gibt es weitere Überdauerungsformen von Bakterien, wie z. B. die Exospore. Nur sehr wenige Bakterien können Exosporen bilden. Auf sie wird an dieser Stelle nicht näher eingegangen, da sie keine medizinische Relevanz besitzen.

Zusammenfassung

- Fast alle Bakterien besitzen eine Zellwand, deren Grundgerüst ein Mureinsacculus bildet.
- Grampositive Bakterien besitzen ein vielschichtiges Mureingerüst auf der Plasmamembran.
- Gramnegative Bakterien besitzen ein einschichtiges Mureingerüst im periplasmatischen Raum. Sie sind zusätzlich von einer äußeren Membran umgeben.
- Kapseln sind auf die Zellwand aufgelagerte Schichten, die die Bakterienzelle vor Phagozytose schützen.
- Der Proteingehalt der prokaryotischen Plasmamembran ist deutlich erhöht. Aufgrund der geringeren Kompartimentierung liegen viele Proteine, die in der Euzyte auf verschiedene Organellen verteilt sind, in der Plasmamembran.
- Die Prozytengeißel besteht hauptsächlich aus Flagellin und bewegt das Bakterium mittels einer Drehbewegung vorwärts; Pili dienen der Adhärenz oder der Konjugation.
- Die 70-S-Ribosomen der Bakterien bestehen aus einer 30-S- und einer 50-S-UE.
- Die Erbsubstanz von Bakterien liegt fast ausschließlich in einem ringförmigen, geschlossenen, nicht mit Histonen assoziierten DNA-Molekül vor, dem Nukleoid.
- Plasmide sind kleine, ringförmig geschlossene DNA-Elemente, die zusätzlich in der Bakterienzelle vorliegen können und sich nukleoidunabhängig replizieren. Sie enthalten z. B. Resistenzgene.
- Sporen dienen bestimmten Bakteriengattungen zur Überdauerung „schlechter“ Zeiten und sind sehr stabil gegenüber thermischer, physikalischer und chemischer Behandlung.

Wachstum der Bakterien

Stoffwechsel

Mikroorganismen werden bezüglich ihres Stoffwechsels in verschiedene Gruppen eingeteilt. Die Kriterien für diese Klassifizierung sind die Kohlenstoff- und Energiequellen, welche die Bakterien benötigen:

- **Autotrophe** Organismen sind in der Lage, **Lichtenergie (fotoautotroph)** bzw. **chemische Energie (chemoautotroph)** zur Synthese von organischen Stoffen aus Kohlendioxid zu nutzen.
- **Heterotrophe** Organismen benötigen organische Substanzen, vor allem Glukose oder andere Zuckerderivate, um hieraus Energie und auch Kohlenstoff zu gewinnen.

Heterotrophe Bakterien unterscheiden sich in der Verwertung von Glukose. Während die meisten eukaryotischen Organismen ihre Energie aus der Zellatmung beziehen, bei der Glukose zu Kohlendioxid abgebaut wird, gibt es bei Bakterien viele verschiedene Stoffwechselwege zur Energiegewinnung. Hieraus folgt eine weitere Klassifizierung der Bakterien, je nachdem, ob sie Sauerstoff benötigen oder nicht:

- **Obligat aerobe** Organismen benötigen zur Energiegewinnung durch Zellatmung Sauerstoff.
- **Obligat anaerobe** Organismen können nur in sauerstofffreiem Milieu wachsen und gewinnen ihre Energie durch Gärung. Sauerstoff ist ein Diradikal und wirkt als Zellgift, außerdem kann es zu toxischem Wasserstoffperoxid reagieren. Obligat anaeroben Mikroorganismen fehlt das Enzym Katalase, das die Zersetzung von Wasserstoffperoxid zu Wasser und Sauerstoff katalysiert.
- **Fakultativ anaerobe** Organismen können sowohl in Gegenwart als auch in Abwesenheit von Sauerstoff wachsen. Man unterscheidet zwischen Organismen, die bei Anwesenheit von Sauerstoff Zellatmung und bei dessen Abwesenheit Gärung betreiben, und solchen, die in Gegenwart von Sauerstoff wachsen können, ihn aber nicht nutzen. Letztere werden als **aerotolerant** bezeichnet. Zu ihnen zählt z. B. das Milchsäurebakterium *Lactobacillus casei,* das in Milchprodukten vorkommt.
- **Mikroaerophile** Organismen benötigen zwar Sauerstoff zur Energiegewinnung, tolerieren aber nicht den hohen Sauerstoffgehalt der Luft.

Klinik:

- Einige Vertreter der Clostridien wie *Clostridium tetani* (Wundstarrkrampf) und *C. perfringens* (Gasbrand) sind obligat anaerobe Erreger.
- *Mycobacterium tuberculosis* (Tuberkulose) ist ein obligat aerober Organismus.
- *Escherichia coli* ist ein fakultativ anaerobes Darmbakterium, das sowohl Zellatmung als auch Gärung betreiben kann.
- *Helicobacter pylori* überlebt durch Produktion von Ammoniak in der Magenschleimhaut. Es wird diskutiert, ob das mikroaerophile Bakterium eine Bedeutung bei der Entstehung eines Magenkarzinoms spielt.

Einige Bakterien können sich nur in Wirtszellen vermehren, weshalb sie auch als **obligat intrazellulär** bezeichnet werden. Zu dieser Gruppe gehören die Chlamydien und Rickettsien.

Klinik:

- Der Erreger der Ornithose (Psittakose/Papageienkrankheit) ist *Chlamydia psittaci.* Diese Vogelkrankheit ist durch Tröpfcheninfektion auch auf den Menschen übertragbar. Je nachdem, wie stark das Immunsystem des Betroffenen ist, weist die Krankheit unterschiedliche Symptome auf; eine sehr typische Verlaufsform ist ein schwerer, grippeähnlicher Infekt mit Kopf- und Gliederschmerzen, Fieber und Husten.
- *Chlamydia trachomatis* ist der Erreger des Trachoms (Ägyptische Körnerkrankheit), einer ansteckenden Bindehaut-Hornhaut-Erkrankung mit Bildung von charakteristischen Einschlusskörpern. Im Krankheitsverlauf trübt sich die Hornhaut bis zur Erblindung.
- Rickettsien verursachen das Fleckfieber. Sie leben als Parasiten im Verdauungstrakt von Arthropoden (z. B. Läuse, Flöhe oder Milben) und können von ihnen auf den Menschen übertragen werden. An der Einstichstelle kommt es häufig zu einer Verfärbung mit Juckreiz, worauf ein rascher Fieberanstieg mit schwerer Allgemeinsymptomatik folgt. Früher wurde Fleckfieber auch als Kriegstyphus bezeichnet, da es sich bei den schlechten hygienischen Bedingungen in Kriegen epidemieartig ausbreitete. Häufig endete der an Typhus erinnernde Krankheitsverlauf tödlich.

Bakterienkultur

Bakterien können künstlich in flüssigen Nährmedien oder auf festen Nährböden kultiviert werden. Anspruchslose Organismen vermehren sich in einem **Minimalmedium,** das neben Wasser noch organische Verbindungen (meist Glukose) als Energie- und Kohlenstoffquelle sowie einige Spurenelemente enthält. Bei anspruchsvolleren Bakterien müssen dem Medium weitere Stoffe wie Vitamine, Nukleotide oder Aminosäuren zugesetzt werden. Man spricht dann von einem **Vollmedium** (meist werden Hefeextrakte eingesetzt).
Da der Nährboden selbst nicht von Mikroorganismen angegriffen werden soll, gibt man als Verfestigungsmittel **Agar** hinzu. Dies ist ein stark vernetztes Polysaccharid, das aus Meeresalgen gewonnen wird und nur von sehr wenigen Bakterien zersetzt werden kann. Vom sog. **Blutagar** (▮ Abb. 1) ist die Rede, wenn dem Medium Blut (von Mensch, Pferd oder Schwein) zugesetzt wird, um zu untersuchen, ob die Bakterien Bestandteile des Wirtsbluts für ihr Wachstum benötigen (Hämolyse).
Mischkulturen verschiedener Bakterien können auf einer Agarplatte ausgestrichen werden. Nach einer bestimmten Inkubationszeit wächst aus jedem Bakterium eine Kolonie heran. Da Bakterien sich durch Zweiteilung vermehren, besteht die Kolonie nur aus identischen Klonen. Nimmt man einige Zellen einer Kolonie ab, kann man eine Reinkultur auf einer neuen Platte kultivieren.
Um einzelne Zellen mit bestimmten Eigenschaften zu isolieren, wird eine Kultur auf einem **Selektivnährboden**

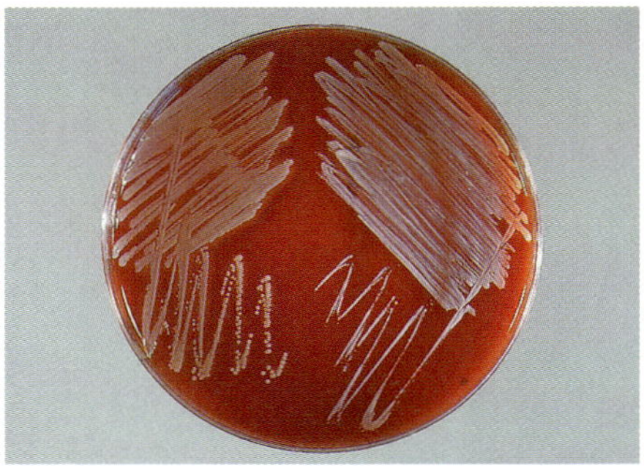

▮ Abb. 1: Staphylokokkenarten auf Blutagar. [29]

verstrichen bzw. in ein **Selektivnährmedium** gegeben. Diesem Medium wurde z. B. ein Antibiotikum zugesetzt, welches das Wachstum eigentlich hemmen sollte. Vermehren sich die Bakterien, ist der Nachweis für eine Antibiotikumsresistenz gegeben.

Klinik: In der bakteriologischen Diagnostik müssen die Mikroorganismen meist erst kultiviert werden, bevor sie identifiziert werden können. Ein Abstrich wird auf einem Nährboden oder in Nährmedien kultiviert. Nach einer geeigneten Inkubationszeit von einigen Stunden bis zu mehreren Tagen können die Bakterien untersucht (z. B. s. S. 80, „Gram-Färbung") und identifiziert werden. Auch Morphologie und Färbung der Kolonien sind hierbei wichtige Bestimmungskriterien.

Wachstum und Vermehrung

In künstlichen Kulturen versucht man, die Umweltbedingungen für Bakterien ideal einzustellen, um eine möglichst hohe Wachstums- und Teilungsrate zu erzielen. Wichtige Umweltfaktoren sind Temperatur, Sauerstoff- und Kohlenstoffdioxidgehalt, pH-Wert, Nährstoffkonzentration und Wassergehalt. Je nach Bakterienart können weitere Bedingungen eine Rolle spielen. Die Wachstumsgeschwindigkeiten der einzelnen Bakterienarten sind unterschiedlich: *E. coli*-Bakterien teilen sich unter Idealbedingungen etwa alle 20 Minuten, *Mycobacterium tuberculosis* hingegen nur ca. alle 12 Stunden.
Werden Bakterien in einem statischen Nährmedium (ohne Stoffzufuhr und -abtransport) kultiviert, so ergibt sich eine typische Wachstumskurve (▌Abb. 2), die in vier Phasen unterteilt wird.

- **Anlaufphase (lag-Phase):** Sie umfasst den Zeitraum zwischen der Beimpfung des Nährmediums mit Bakterien und der maximalen Teilungsrate. Bevor diese erreicht ist, müssen sich die Bakterien auf das neue Medium einstellen, da z. B. neue Enzyme synthetisiert werden müssen.
- **Exponentielle Phase (log-Phase):** Sie ist charakterisiert durch eine minimale Generationszeit der Bakterien, die für jede Art spezifisch ist. Innerhalb dieser Zeit verdoppelt sich die Anzahl der Bakterien, wodurch es zu exponentiellem Wachstum kommt. Da die Bakterienkonzentration auf der y-Achse logarithmisch aufgetragen wird, entsteht in diesem Bereich eine Gerade.
- **Stationäre Phase:** Am Ende der exponentiellen Phase verlangsamt sich die Wachstumsrate, da die Nährstoffkonzentration immer weiter abnimmt und die Konzentration der teilweise toxischen Abbauprodukte steigt. Zudem kann ein Sauerstoffmangel entstehen. Der Übergang von der exponentiellen zur stationären Phase verläuft allmählich und wird teilweise auch als **Retardationsphase** bezeichnet. Während der stationären Phase bleibt die Gesamtzahl der Bakterien gleich, d. h., es sterben so viele ab wie neue entstehen.
- **Absterbephase:** In der Kultur sterben mehr Zellen ab als neue entstehen. Der Absterbeprozess kann exponentiell verlaufen. Teilweise lösen sich die Zellen durch zelleigene Enzyme auf (s. S. 19, „Autolyse").

Klinik: Bakteriostatika hemmen das Wachstum von Bakterien, so z. B. die meisten Antibiotika. Als Bakterizide werden Substanzen bezeichnet, die Bakterien abtöten, z. B. Desinfektionsmittel (z. B. Alkohole, Wasserstoffperoxid, Chlor).

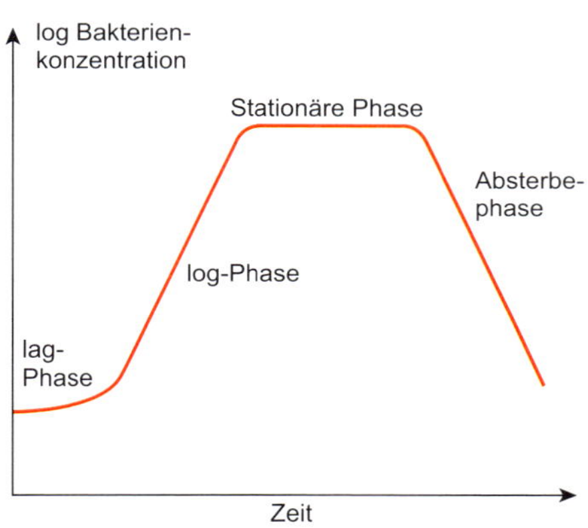

▌Abb. 2: Wachstumskurve einer statischen Bakterienkultur. [16]

Zusammenfassung

- Je nach benötigter Energie- und Kohlenstoffquelle werden die Bakterien in autotroph und heterotroph klassifiziert. Eine weitere Unterteilung wird durch das Verhalten gegenüber Sauerstoff vorgenommen.
- Bakterien können künstlich in flüssigen oder festen Nährmedien gezüchtet werden. Je nach Zusammensetzung spricht man von Minimal- oder Vollmedien.
- Das Wachstum von Bakterien in statischen Nährmedien zeigt einen charakteristischen Kurvenverlauf, der in vier Phasen unterteilt wird: Anlaufphase, exponentielle Phase, stationäre Phase und Absterbephase.

Bakteriengenetik

Bau eines Operons

Im Chromosom eines Prokaryoten finden sich Hunderte spezifische Gengruppen, sog. **Operons,** die als genetische Steuer- und Regeleinheiten funktionieren. Ein Operon besteht nach dem **Modell von Jacob und Monod** aus einem **Promotor,** einem **Operator** und **Strukturgenen.** Von der Zelle gebildete oder aufgenommene Stoffe treten mit dem Operator in Wechselwirkung, was zur Deaktivierung bzw. Aktivierung des Operons führt, je nachdem, ob die Genprodukte der Strukturgene benötigt werden oder nicht.

Strukturgene: Diese Gene kodieren für spezifische Enzyme, die z. B. für den Abbau oder Transport eines bestimmten Stoffs verantwortlich sind.

Operator: Er ist den Strukturgenen vorangeschaltet und dient als „Schaltknopf", dessen Grundeinstellung auf „Aus" steht, solange ein **Repressor** anwesend ist und an ihn bindet. In diesem Zustand werden die nachfolgenden Strukturgene nicht exprimiert. Der Repressor wird von einem weiter entfernten **Regulatorgen** kodiert.

Promotor: In dieser Region bindet die **RNA-Polymerase,** und die Transkription der folgenden Gene kann beginnen (s. a. S. 40 f.).
Bestimmte Ereignisse führen dazu, dass die Bakterienzelle auf die Transkription und Translation der Strukturgene angewiesen ist und das Operon aktiv werden muss. Anhand des klassischen Beispiels des **Laktose-Operons** (kurz lac-Operon) von *Escherichia coli* soll dieser Vorgang beschrieben werden.

Das lac-Operon

E. coli ist in der Lage, verschiedene Kohlenhydrate als Energiequellen zu nutzen. In einem Nährmedium mit Glukose produzieren die Bakterien alle zum Glukoseabbau notwendigen Enzyme und gewinnen aus dieser Spaltung ihre Energie. Überführt man die Kultur in ein Medium, das Laktose enthält, können sich die Bakterien rasch umstellen und Enzyme synthetisieren, die zum Abbau und Transport von Laktose erforderlich sind. Die Strukturgene, die diese Enzyme kodieren, befinden sich innerhalb eines Operons, das dem beschriebenen Aufbau folgt. Es sind insgesamt drei Gene, die für folgende drei Enzyme kodieren:

- **β-Galaktosidase (lac Z):** spaltet Laktose in Galaktose und Glucose
- **β-Galaktosid-Permease (lac Y):** erleichtert den Eintritt der Laktose in die Zelle sowie die Hydrolyse durch die β-Galaktosidase
- **Transazetylase (lac A):** begrenzt den Laktoseeintritt in die Zelle

Solange Glukose im Medium vorhanden ist, heftet der Repressor am Operator, und die Gene werden nicht exprimiert (▮ Abb. 1). Gelangt Laktose in die Zelle, wird ein Teil in **Allolaktose** (ein Isomer der Laktose) umgewandelt, welche als **Induktor** dient. Sie bindet an das Repressormolekül, was zu dessen Konformationsänderung führt und es außerstande setzt, sich an den Operator zu heften. Die Transkription der Strukturgene durch die RNA-Polymerase kann gestartet werden (▮ Abb. 2). Ist die Laktose abgebaut oder werden die Bakterien in ein laktosefreies Medium überführt, erreicht die Laktosekonzentration im Zellinneren ein Minimum, das nicht ausreicht, um die Repressoren weiter inaktiv zu halten. Die reversible Bindung wird gelöst, und die Repressoren heften sich wieder an den Operator. Die Expression der Strukturgene ist beendet und wird wieder gehemmt.

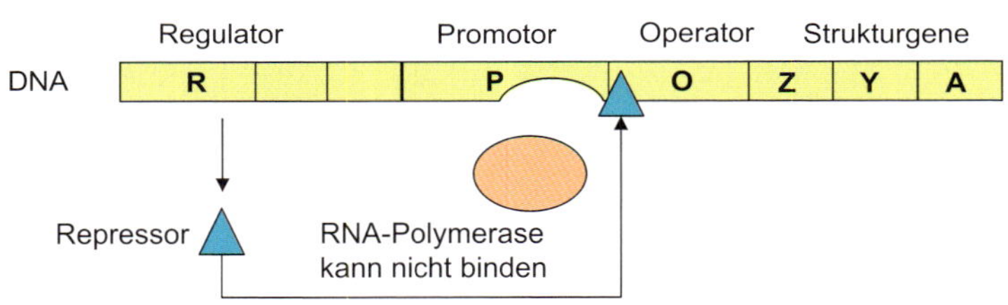

▮ Abb. 1: Inaktives Operon. [34]

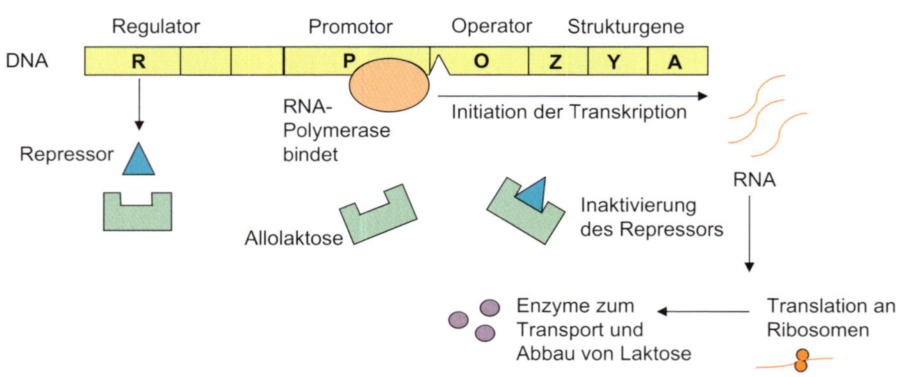

▮ Abb. 2: Aktives Operon. [34]

Transfer von Genmaterial

Verschiedene, sehr erstaunliche Mechanismen befähigen Bakterien dazu, fremde DNA aufzunehmen und zu exprimieren. Das führt zu einer großen genetischen Vielfalt. Drei Wege der Genübertragung sind bekannt: die **Konjugation,** die **Transduktion** und die **Transformation.**

Konjugation

Nur Bakterien mit **sog. Fertilitätsfaktor (F-Faktor, Fertilitätsgene)** sind in der Lage, über eine **Plasmabrücke** (s. a. S. 83) eine direkte Verbindung zu einem anderen Bakterium herzustellen.

Übertragung des F-Faktors: F^+-Bakterien (Spender) besitzen sog. **Sex-Pili (F-Pili),** über die sie Kontakt zu **F^--Bakterien** (Empfänger) aufnehmen. Die

Fertilitätsgene liegen auf einem doppelsträngigen **F-Plasmid (konjugatives Plasmid).** Ein einzelner Strang der F-Plasmid-DNA wird aufgebrochen, und eine Helikase entspiralisiert die doppelsträngige DNA. Nachdem ein Teil des aufgebrochenen Einzelstrangs über die Plasmabrücke in das F^--Bakterium gewandert ist, dient er als Matrize. Der zurückgebliebene intakte Strang dient ebenso als Vorlage für die Replikation. Aus dem F^--Bakterium ist ein F^+-Bakterium geworden, das künftig selbst Sex-Pili ausbilden und Konjugationen eingehen kann (▮ Abb. 3).

Merke: Die Konjugation ist ein parasexueller Vorgang, bei dem Erbinformation von einer Spenderzelle auf eine Empfängerzelle übertragen wird. Sie ist nur in eine Richtung (von F^+-Zelle zu F^--Zelle) möglich und kann sogar zwischen artfremden Bakterien stattfinden.

Hfr-Stämme: Eine besondere Form der Spenderzellen stellen die **Hfr-Zellen** (High frequency of recombination) dar. Im Gegensatz zu o. g. Bakterien haben diese Zellen das Plasmid in ihr Nukleoid integriert. Bei der Konjugation kann es passieren, dass das gesamte Bakteriengenom des Spenders übertragen wird. Der Prozess startet innerhalb des integrierten F-Plasmids und endet mit dem vollständigen Transfer. Dies geschieht jedoch nur sehr selten. Viel häufiger beginnt der Transfer am F-Plasmid, endet jedoch schon nach einigen Bakteriengenen und betrifft nicht das gesamte Nukleoid. Die Empfängerzelle erhält dann nicht den kompletten F-Faktor und wird somit auch nicht F^+, bekommt aber einige neue Gene. Diese paaren sich mit homologen Abschnitten in der Empfängerzelle, und es kommt zum Crossing-over (s. S. 31). Die Empfängerzelle gewinnt auf diese Weise u. U. vollkommen neue Eigenschaften ihres Spenders.

F-Duktion: Zu dieser Form der Genübertragung kommt es, wenn in sehr seltenen Fällen das integrierte F-Plasmid eines Hfr-Stammes spontan aus dem Nukleoid austritt. Bei diesem Vorgang kann es passieren, dass Gene des Bakterienchromosoms links und/oder rechts des F-Plasmids mit ausgeschnitten werden. Ein solches Plasmid wird als **F'-Plasmid** bezeichnet. Bei einer anschließenden Konjugation mit Übertragung des F'-Plasmids (F-Duktion) werden diese DNA-Stücke in die F^--Zelle transferiert.

Transposons: Diese mobilen DNA-Elemente (s. S. 67) können zwischen Nukleoid und Plasmid springen und dabei Bakteriengene mit sich transportieren. Werden über ein Transposon z. B. Resistenzgene auf ein (integriertes) F-Plasmid übertragen, so werden diese bei der Konjugation an den Empfänger transferiert.

Transduktion

Von einer Transduktion ist die Rede, wenn Bakteriophagen zum Gentransfer zwischen zwei Bakterien dienen. Lesen Sie dazu mehr auf Seite 92.

Transformation

Manche Bakterien sind in der Lage, freie, isolierte DNA an ihre Zellmembran zu binden und in ihr Zellinneres einzuschleusen. Nur in sehr seltenen Fällen kommt es auch zur Integration und Expression dieser DNA. In der Gentechnik ist dieser Prozess dennoch von entscheidender Bedeutung: Nach chemischer und/oder physikalischer Behandlung bestimmter Bakterien ist es möglich, die Wahrscheinlichkeit für eine Transformation zu erhöhen. Rekombinante DNA wird zu Klonierungszwecken in Bakterien eingebracht (s. S. 68 f.).

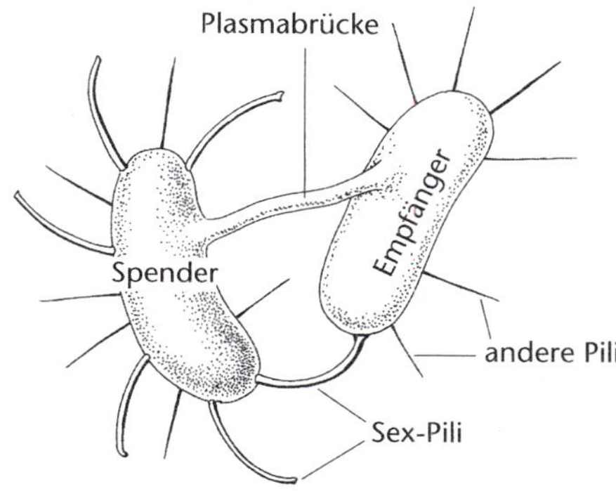

▮ Abb. 3: Konjugation. [29]

Klinik: In der Medizin spielt der Gentransfer von Resistenzgenen (R-Faktoren) eine große Rolle.
- Über einen Sexpilus kann beispielsweise auch ein R-Plasmid in die Empfängerzelle gelangen.
- Bei der Transduktion kann ein Resistenzgen im Phagenkopf transportiert werden.
- Durch die Transformation oder über Transposons (s. a. S. 67) können sich Resistenzgene ebenfalls ausbreiten.

Auch durch Neumutationen können Antibiotikaresistenzen entstehen. Aufgrund des breiten Einsatzes von Antibiotika in Krankenhäusern herrscht ein Selektionsdruck auf resistente Stämme. Auf herkömmliche Antibiotika sprechen diese gar nicht mehr an. Der zu frühe Abbruch einer Antibiotikatherapie hat einen ähnlichen Effekt: Die empfindlicheren Keime wurden erfasst, die bis zum Abbruch überlebenden sind gegen das betreffende Antibiotikum weitgehend resistent.

Zusammenfassung

- Operons sind Genom-Organisationseinheiten bei Prokaryoten. Sie bestehen aus einem Promotor, einem Operator und Strukturgenen.
- Von der Zelle gebildete oder aufgenommene Stoffe treten mit dem Operator in Wechselwirkung, was zur Deaktivierung/Aktivierung des Operons führt, je nachdem, ob die Genprodukte der Strukturgene benötigt werden oder nicht.
- Es existieren drei Mechanismen der Genübertragung bei Bakterien: Konjugation, Transduktion und Transformation.

Viren I

Eigenschaften

Viren sind infektiöse Partikel und werden auch als **Virionen** bezeichnet. Sie sind viel kleiner als Bakterien: Ihre Größe reicht von etwa **20 nm** (Poliomyelitis-Virus, kleiner als ein Ribosom) bis **300 nm** (Mumpsvirus). (Zum Vergleich: Staphylokokken sind ca. 1000 nm groß.)
Viren sind **keine** Lebewesen, weil ihnen grundlegende Voraussetzungen fehlen: Sie können sich nicht selbstständig reproduzieren und nicht dauerhaft ohne Wirtsorganismus überleben. Sie sind nicht fähig, einen eigenen Stoffwechsel zu betreiben (obligat intrazelluläre Parasiten), da ihnen u. a. Zellorganellen wie Ribosomen fehlen. Viren sind stets auf die Enzyme der Wirtszelle angewiesen. Im Gegensatz zu Lebewesen sind sie nicht reizreaktiv.

Viroide: Bei Viroiden handelt es sich um die kleinste Version, die ein Virus darstellen kann. Ein Viroid ist ein winziges Molekül, bestehend aus einem zirkulären RNA-Einzelstrang, der zwischen 150 und 400 Nukleotide lang ist. Bisher konnten Viroide nur als Erreger bestimmter Pflanzenkrankheiten nachgewiesen werden (z. B. das Kartoffelspindelknollen-Viroid). Viroide bewirken vermutlich Fehler in der Genregulation und führen zu abnormaler Entwicklung und gestauchten Wuchsformen.

Bau

Grundbauplan: Der Grundbauplan eines Virus ist vergleichsweise einfach. Das **Genom** ist von einem **Kapsid,** einer Hülle aus Proteinen, umgeben. Diese Proteine sind aus Untereinheiten, sog. **Kapsomeren,** aufgebaut. Im Inneren befindet sich das **Nukleoid,** bestehend aus DNA oder RNA. Hülle und Genom werden als **Nukleokapsid** bezeichnet.

Genom: Es kann linear oder ringförmig, doppel- oder einzelsträngig, am Stück oder in Einzelsegmenten vorliegen. Ein Virus enthält immer nur DNA **oder** RNA und im Gegensatz zu Eukaryoten **niemals beides** gleichzeitig.

Kapsid: Die Proteinhülle kann sehr verschiedene Formen aufweisen.

- Der **kubische/polyedrische** Aufbau ist ein Ikosaeder aus 20 gleichseitigen Dreiecken (z. B. Adenovirus, ▮ Abb. 1a).
- Viren eukaryotischer Zellen werden oftmals von einer **Außenhülle,** dem **Envelope,** umgeben. Sie besteht aus einer Phospholipid-Doppelschicht (s. a. S. 4), auf deren Außenseite als Spikes bezeichnete Glykoproteine sitzen (z. B. Herpesvirus, ▮ Abb. 1b). Sie dienen der Anheftung an spezielle Oberflächenmerkmale der Zielzellen.
- Der **helikale** Aufbau ergibt sich aus der spiralförmigen Anordnung kugelförmiger ovaler Kapsomere um die Nukleinsäure herum (z. B. Tabakmosaikvirus, ▮ Abb. 1c).
- Einen **komplexen** Aufbau besitzen Bakteriophagen. Sie haben einen kubischen Kopf, der auf einem röhrenartigen, kontraktilen Schwanz mit Schwanzfibern sitzt (z. B. Phage T4, ▮ Abb. 1d).

Klassifizierung

Es war und ist für die Wissenschaft nicht einfach, sinnvolle Kriterien zur Klassifizierung von Viren zu finden. Sie ist willkürlich und systematisiert Viren nach morphologischen und biologischen Gesichtspunkten, soweit es möglich ist. Herangezogen werden u. a. folgende Merkmale:

- Wirtsspezifität
- Bau und Form der Nukleinsäure: RNA oder DNA, doppel- oder einzelsträngig, linear oder ringförmig, haploid oder diploid
- Morphologie des Kapsids: helikal, kubisch, komplex
- Vorhandensein der Außenhülle (Envelope)
- Antigeneigenschaften
- Natürliche Übertragungsart
- Pathologie und Symptome der verursachten Krankheit

Je nach Wirtsorganismus lassen sich **vier Virustypen** unterscheiden: **tierpathogene Viren, Bakteriophagen (bakterienpathogen), Mykoviren (pilzpathogen)** und **Pflanzenviren (phytopathogen).**

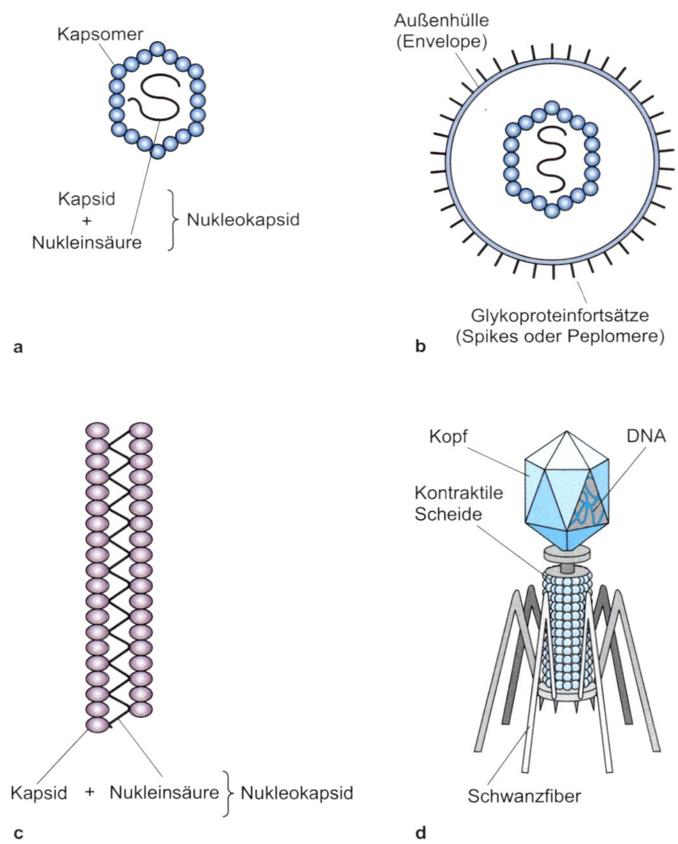

▮ Abb. 1: Virenaufbau: a) Adenovirus, b) Herpesvirus, c) Tabakmosaikvirus, d) Bakteriophage, z. B. T4. [a, b, c: 3], [d: nach 9]

Unterschiede zu Bakterien

Merkmal	Viren	Bakterien
Lebensform	keine Lebensform, infektiöses Partikel	Prokaryot
Größe	20–300 nm	ab 1000 nm
Beweglichkeit	nein	durch Geißel(n), amöboid, rotierend
Stoffwechsel	keine eigenen Enzyme, kein Stoffwechsel, keine Ribosomen oder anderen Organellen	Enzyme vorhanden, eigener Stoffwechsel, Ribosomen liegen im Zytoplasma
Nukleinsäuren	entweder RNA **oder** DNA	DNA **und** RNA vorhanden
Vermehrung	nur durch Neuprogrammierung der infizierten Wirtszelle	Zweiteilung
Angriff der Wirtszelle	Umprogrammierung des Zellstoffwechsels der Wirtszelle, führt oftmals zum Zelltod	Exo- oder Endotoxine führen oftmals zum Zelltod des Wirtsorganismus.
Krankheiten	z. B. Grippe, Pocken, Mumps, Masern, Herpes, AIDS	z. B. Keuchhusten, Tuberkulose, Typhus, Lepra, Tetanus

Tab. 1: Vergleich von Viren und Bakterien.

Vermehrung

Das Virengenom enthält Baupläne und Anleitungen zum Neubau weiterer Viren. Dieses Genom wird in die Wirtszelle eingebracht und dort von ihr exprimiert. Im Labor können Viren in Versuchstieren oder Zellkulturen vermehrt und kultiviert werden. Tierpathogene Viren und Bakteriophagen befallen ihre Wirte auf unterschiedliche Art (s. u.).

Infektion durch Bakteriophagen

In Abbildung 1d ist der Aufbau des **Bakteriophagen T4** gezeigt. Im Kopf befindet sich die **doppelsträngige DNA.** Der Schwanz ist hohl und kann die Wirtszelle nach Anheftung durch die Schwanzfibern an spezifische Rezeptoren penetrieren, um die DNA zu injizieren. Dabei zeigen Phagen zwei Vermehrungszyklen (Abb. 2).

Lytischer Zyklus virulenter Phagen

In der Zielzelle wird die Phagen-DNA repliziert, transkribiert und translatiert. Sie „übernimmt" die vollständige Kontrolle über die Bakterienzelle. Der Zellstoffwechsel wird umgestellt, und Zellenzyme, Ribosomen, tRNAs und weitere Komponenten der Zelle arbeiten ausschließlich an der Produktion viraler Nukleinsäuren und Kapsomere, die sich im Anschluss spontan zusammensetzen. Zuletzt „zwingt" die Phagen-DNA die Bakterienzelle, das Enzym Lysozym zu produzieren, welches die Plasmamembran auflöst und so die neuen Phagen entlässt. Am Ende des Zyklus (bei 37 °C oftmals bereits nach 20 Minuten) steht der Zelltod durch **Lyse,** und ca. 100–200 Virionen, die weitere Zellen befallen können, werden freigesetzt.

Lysogener Zyklus temperenter Phagen

Gemäßigte oder temperente Phagen infizieren das Wirtsbakterium, ohne sich zu vermehren. Dabei wird die Phagen-DNA in das Bakteriennukleoid integriert **(Prophage).** Der Prophage ist inaktiv und wird an die Tochterzellen vererbt. Bakterienzellen, die Prophagen enthalten, sind theoretisch zur Lyse fähig und werden als **lysogen** bezeichnet. Diese Bakterien sind immun gegen eine erneute Infektion durch einen Phagen dieser Art. Sie sind in der Lage, ein zytoplasmatisches **Repressorprotein** zu synthetisieren, das die Vermehrung virulenter Phagen verhindert und gleichzeitig den Ausbau des Prophagen unterdrückt. In sehr seltenen Fällen kommt es spontan (ohne äußere Einwirkung) zum Austritt des Prophagen und zum Übergang in den lytischen Infektionszyklus. Alkylierende Agenzien und UV-Strahlung können in der Diagnostik verwendet werden, um das Repressorprotein zu deaktivieren und Austritt, Vermehrung und Lyse künstlich zu induzieren.

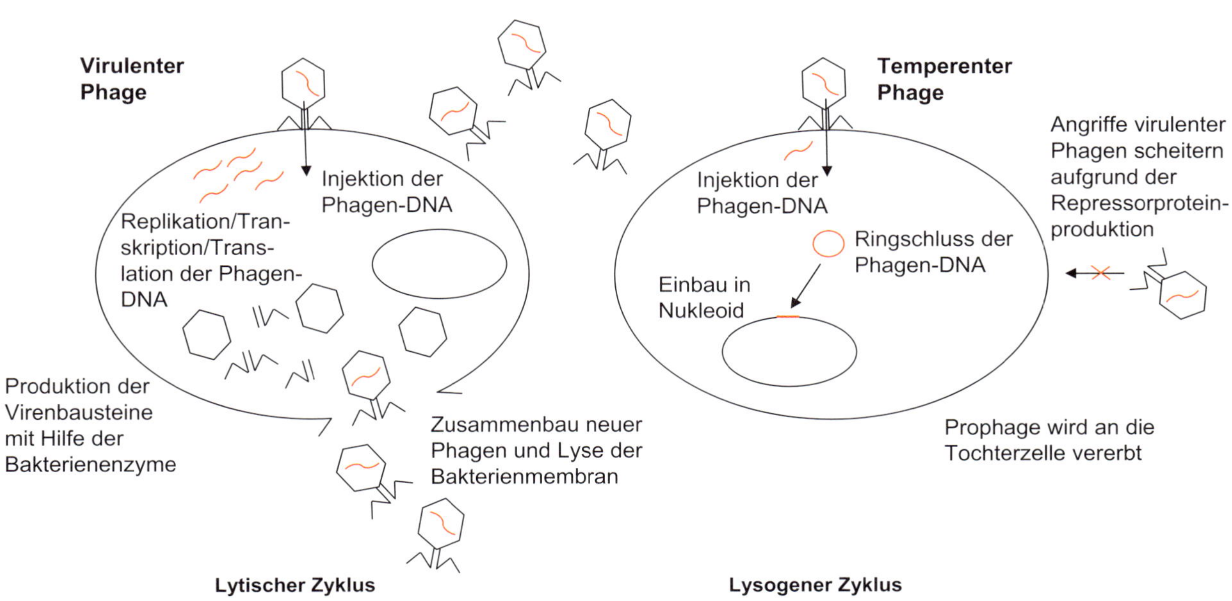

Abb. 2: Lytischer und lysogener Zyklus. [34]

Viren II

Zum Schutz vor Angriffen durch Bakteriophagen haben Bakterien bestimmte Schutzmechanismen entwickelt. Viele besitzen Zelloberflächen, an die Phagen nicht binden können. Gelangt dennoch Phagen-DNA in das Bakterium, greifen **Restriktionsenzyme** (s. a. S. 68) diese an und hydrolysieren sie. Die eigene DNA wird zum Schutz nach einem spezifischen Muster methyliert. Es entsteht ein Selektionsdruck auf Phagen, die gegen Restriktionsenzyme resistent sind: Einige Viren können mittels der bakteriellen DNA-Methyltransferase ihre DNA methylieren; eine auf diese Weise „getarnte" Phagen-DNA kann von Restriktionsenzymen nicht erkannt und zerstört werden. Das Wirt-Parasit-Verhältnis befindet sich im ständigen Fluss!

Transduktion – Gentransfer durch Bakteriophagen

Auf den Seiten 88–89 werden unterschiedliche Wege des Gentransfers bei Bakterien angesprochen. Neben Konjugation und Transformation gibt es auch die Möglichkeit der **Transduktion,** der Übertragung von Genmaterial von Bakteriophagen auf Bakterien. Dabei kann es spontan zum Transfer bakterieller DNA von Bakterium zu Bakterium kommen, wenn beim Zusammenbau der Phagen im lytischen Zyklus auch Teile des Bakterienchromosoms in den Phagenkopf verpackt werden (s. S. 91, ▮ Abb. 2). Das passiert jedoch relativ selten. In der Gentechnik kann man diesen Weg gezielt nutzen, um bestimmte Gene in temperente Phagen einzubringen, die im Anschluss Bakterien infizieren und Prophagen bilden.

Bakteriophage λ

Im Folgenden wird als Ergänzung zu den Kapiteln „Gentechnik I–III" (s. S. 68–72) auf ein Verfahren eingegangen, bei dem Viren als **Vektoren** (Transportvehikel) eingesetzt werden.
Der **temperente Bakteriophage** λ wird häufig in der Gentechnik verwendet, um DNA in *E. coli* einzuschleusen. Ein großer Teil der linearen, doppelsträngigen Phagen-DNA kann entfernt werden, ohne dass seine Fähigkeit zur Infektion von Bakterien beeinträchtigt wird (beispielsweise Gene, die für den Übergang vom lysogenen in den lytischen Zyklus verantwortlich sind). Der entfernte Teil wird im Anschluss durch ein Gen ersetzt, das man in die Bakterien einschleusen möchte. Die Herstellung eines solchen Vektors verläuft im Prinzip wie die Herstellung eines Plasmidvektors (s. S. 68): Die Phagen-DNA wird isoliert, mit Restriktionsenzymen gespalten, und die neue DNA wird mit Hilfe von Ligasen eingebaut. Dann infiziert man eine *E.-coli*-Kolonie mit den Phagen. Die Phagen-DNA vollzieht einen Ringschluss und wird anschließend in das Bakterienchromosom integriert (s. S. 91, ▮ Abb. 2). Die Kolonie kann nun das neue Gen exprimieren.

Infektion durch tier-/humanpathogene Viren

Die Viren eukaryotischer Zellen dringen im Gegensatz zu Bakteriophagen komplett in die Wirtszelle ein, um dort ihr Genom freizusetzen (▮ Abb. 3). Dies gelingt den Viren aufgrund spezifischer Oberflächeneigenschaften der Hülle (virale Glyko- und Lipoproteine), die es ermöglichen, an Rezeptoren der Wirtszelle anzudocken.

Phase	Vorgang	Schema
Adsorption	Das Virus bindet an Rezeptoren auf der Zelloberfläche (hohe Wirtsspezifität).	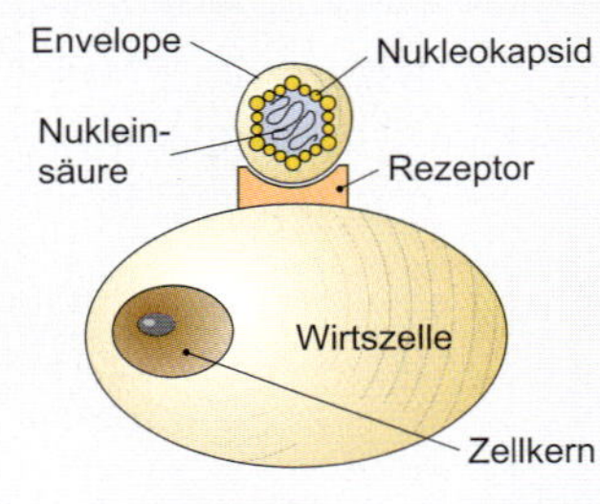
Penetration	Das Virus wird durch Phago- oder Pinozytose (s. S. 17) eingeschleust, oder seine Hülle verschmilzt mit der Zellmembran.	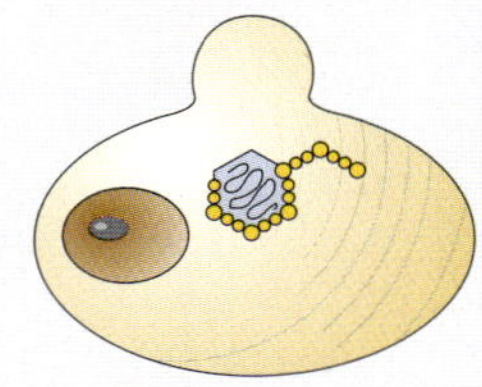
Uncoating	Das Kapsid und ggf. die Hülle werden abgebaut, und das Genom wird freigesetzt.	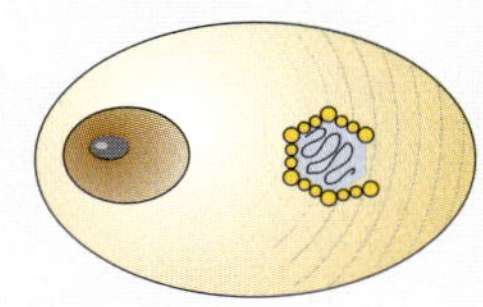

▮ Abb. 3: Die sechs Phasen der Vermehrung von Viren eukaryotischer Zellen. [nach 16]

Ist das virale Genom aus doppelsträngiger DNA aufgebaut, so kann es direkt in das Genom der Wirtszelle integriert werden. Dort eingebaut, wird die virale DNA als **Provirus** bezeichnet. Sie kann in einem latenten Zustand verbleiben und an die Tochterzellen vererbt werden. Bei einzelsträngiger DNA wird der komplementäre Strang erst durch die DNA-Polymerase der Wirtszelle synthetisiert. **Retroviren** besitzen Erbinformation in Form von RNA. Bei der Infektion eines Wirts bringen sie das virale Enzym **reverse Transkriptase** (auch RNA-abhängige DNA-Polymerase genannt) mit in das Zytoplasma. Es übersetzt die RNA in DNA. Erst danach kann die DNA in den Zellkern wandern und in das Wirtsgenom integriert werden.

Klinik: Morphologisch sind Viren sehr wandlungsfähig, v. a. RNA-Viren. Bei dem Prozess der reversen Transkription der Retroviren gibt es keinen Reparaturmechanismus, und so ändert sich das Genom mit einer relativ hohen Rate. Alle 10^3 - 10^4 Basen treten Punktmutationen auf, die für Änderungen der Oberflächenstruktur verantwortlich sein können (z. T. zum Vorteil für das Virus). Die Abwehr durch das Immunsystem und die Entwicklung effektiver Medikamente sind in diesen Fällen sehr schwierig (wie z. B. beim HI-Virus).

Phase	Vorgang	Schema
Replikation	Die Proteinbiosynthese der Wirtszelle wird umprogrammiert und dient zur Produktion viraler Proteine und Nukleinsäuren.	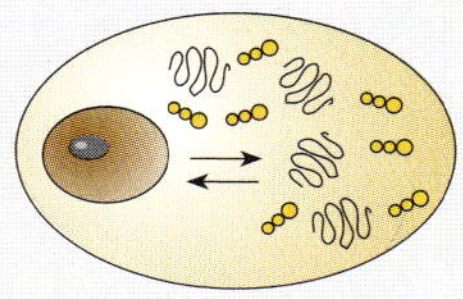
Maturation und Self-assembly	Die einzelnen Virenbausteine setzen sich zusammen.	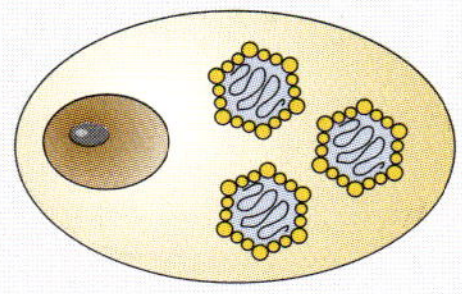
Liberation	Die Freisetzung der Viren geschieht durch Lyse (Zelle zerfällt) oder durch Abschnürung, wobei die Zellmembran zur neuen Hülle des Virus wird. In die Hülle werden virale Proteine (Spikes) integriert.	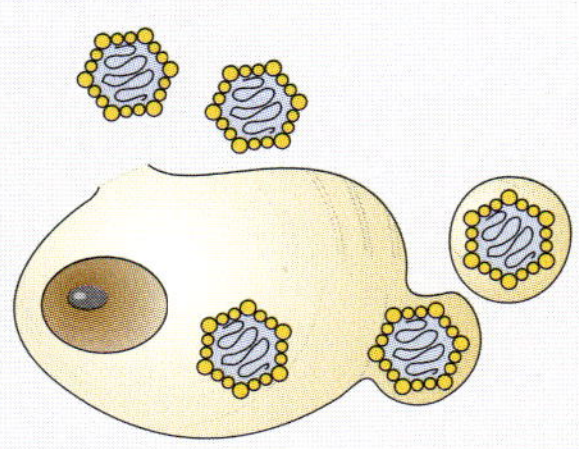

Abb. 3: Die sechs Phasen der Vermehrung von Viren eukaryotischer Zellen. [nach 16] (Fortsetzung)

Bekämpfung von Viren

Impfstoffe

Bei der Impfung gegen ein Virus werden üblicherweise nur Teile des Virus in den Körper injiziert, so dass das Immunabwehrsystem Antikörper bilden und bei der nächsten Infektion das ganze Viruspartikel abwehren kann. Da Viren sehr wandlungsfähig sind (s. o.), müssen Impfstoffe innerhalb kürzester Zeit entwickelt und verabreicht werden, was häufig nicht gelingt.

Virustatika

Virustatika sind Medikamente, die die Vermehrung von Viren hemmen. Chemisch gesehen handelt es sich um Derivate von Glykoproteinen (Interferone) oder Nukleinsäuren. Da Viren keinen eigenen Stoffwechsel besitzen, sondern den des Wirts benutzen, ist ein Angriff auf Viren immer mit einem Angriff auf den Wirt verbunden. Daher ist die Entwicklung virusspezifischer Mittel nicht einfach. Im Reproduktionszyklus finden sich einige Phasen, in die gezielt eingegriffen werden kann. Virustatika können beispielsweise

- das Virus in der Adsorptionsphase stören und so ein Andocken verhindern,
- das Uncoating hemmen,
- Virusenzyme, wie die reverse Transkriptase, blockieren,
- in Maturation und Self-assembly eingreifen.

Virustatika haben meist sehr starke unerwünschte Nebenwirkungen. Sie wirken je nach Mittel u. a. schädlich auf Nieren, Magen-Darm-Trakt, Nervensystem und/oder haben kanzerogene/mutagene Eigenschaften. Aufgrund dieser starken Nebenwirkungen kommen sie meist als letztes Mittel der Wahl bei sehr stark immungeschwächten Personen (wie AIDS-Patienten) zum Einsatz. Ein äußerst virusspezifisches, gut verträgliches Mittel ist dagegen Aciclovir (Zovirax®), das sehr selektiv auf Herpesviren wirkt.

Desinfektionsmittel

Da sich auf der Hülle vieler Viren virale Glykoproteine befinden, kann durch lipidlösliche Agenzien (z. B. Ether/Chloroform) das Infektionspotential reduziert werden. Diese Maßnahmen können jedoch nur vorbeugend eingesetzt werden.

Zusammenfassung

- Viren sind winzige, infektiöse Partikel ohne eigenen Zellstoffwechsel, die nicht in der Lage sind, sich selbst zu reproduzieren. Sie sind obligat intrazelluläre Parasiten und reagieren nicht auf Reize.
- Ihr Grundbauplan besteht aus DNA oder RNA, welche von einem Kapsid umgeben ist. Bestimmte Viren besitzen eine Außenhülle (Envelope), die mit Spikes besetzt ist.
- Die Klassifizierung ist schwierig und teilt willkürlich nach morphologischen und biologischen Kriterien ein (Wirtsspezifität, Nukleinsäure, Antigeneigenschaften etc.).
- Bakteriophagen sind spezialisiert auf die Infektion von Bakterien und können sich durch den lytischen und den lysogenen Zyklus vermehren.
- Als Transduktion wird der Gentransfer von Phage auf Bakterium bezeichnet.
- Der Replikationszyklus tier-/humanpathogener Viren ist in sechs Phasen eingeteilt: Adsorption, Penetration, Uncoating, Replikation, Maturation und Self-assembly sowie Liberation.
- Zur Bekämpfung von Viren stehen Impfungen, Virustatika (z. T. mit erheblichen Nebenwirkungen) und vorbeugend Desinfektionsmittel zur Verfügung.

Prionen

Es gibt Erkrankungen des **ZNS,** die weder virologisch, neuropathologisch, immunologisch noch klinisch den Kriterien einer Virusinfektion entsprechen. Es handelt sich jedoch eindeutig um Infektionen. Gemeinsam ist diesen Erkrankungen das Vorliegen infektiöser Partikel (meist Proteine), sog. **Prionen.** Das Wort leitet sich ab von *engl.* Proteinaceous infectious particles. Jahre- bis jahrzehntelange Inkubationsperioden, ein chronisch-progredienter Verlauf, der zum Tode führt, und die Beschränkung der Symptome auf das ZNS mit schweren Demenzen kennzeichnen diese sog. **Prionenerkrankungen (Prionenenzephalopathien).**

Herkunft und Vermehrung

Prionen stellen laut einer inzwischen allgemein anerkannten Hypothese die **aberrante Form eines „normalen" Proteins** dar. Dieses „normale" Protein wird von einem Genabschnitt auf dem kurzen Arm von Chromosom 20 kodiert und PrP genannt. Es ist membranständig und besitzt eine charakteristische Sekundärstruktur. Die Hypothese besagt, dass eine **Konformationsänderung** die Sekundärstruktur derart verändert, dass das resultierende Protein, das Prion, infektiöse Eigenschaften entwickelt (PrP^{SC}). Wie und warum diese Konformationsänderung abläuft, ist bislang noch ungeklärt. Prionen sind nicht löslich und fallen aus, wodurch es zur Akkumulation im ZNS kommt. Histologisch sind prionenhaltige amyloide Plaques nachweisbar. (Amyloid bedeutet stärkeähnlich [*griech.* amylo, für Stärke]; diese Ablagerungen zeigen bei Zugabe von Iod eine Braunfärbung, ähnlich wie bei der Iod-Stärke-Reaktion.) Die Hypothese besagt weiter, dass die Prionen in der Lage sind, die „gesunden" Proteine der Konformationsänderung zu unterwerfen, obwohl es sich nicht um eine enzymatische Reaktion handelt. Es kommt zum sprunghaften Anstieg der Prionenzahl, wie bei einer Kettenreaktion, während die Zahl der „gesunden" Proteine rapide abnimmt. Auch dieser Prozess ist wissenschaftlich noch nicht geklärt.

Prionenerkankungen

Histologisch zeigen sich im Gehirn spongioforme Gewebelockerungen mit einer löchrigen, schwammigen Struktur (*griech.* spóngos, für „Schwamm").

Abb. 1: Ungeklärte Fragen: Wurde BSE durch die Verfütterung von Tiermehl aus Kadavern scrapieinfizierter Schafe auf Rinder übertragen? Kann BSE durch den Verzehr von Rindfleisch auf den Menschen übertragen werden? [11]

Krankheiten, für die beim Menschen Prionen als Ursache vermutet werden, sind u. a. die **Kuru-** und die **Creutzfeldt-Jakob-Krankheit** (s. u.). Entsprechende Krankheiten bei Wirbeltieren stellen die **Scrapie-Krankheit** bei Schafen und Ziegen (Schafwahnsinn) sowie die **bovine spongiforme Enzephalopathie (BSE, Rinderwahn)** bei Rindern dar. Vermutungen zufolge wurde BSE durch die Verfütterung von Tiermehl aus Kadavern scrapieinfizierter Schafe auf Rinder übertragen (Abb. 1). So könnte die Krankheit die Artbarriere überwunden haben. Die Symptome bei Schafen und Rindern sind schwere Koordinationsstörungen, Muskelzittern und Schreckhaftigkeit bei Lichtreiz und Lärm.

Klinik: Prionenenzephalopathien des Menschen

- Bei der Creutzfeldt-Jakob-Krankheit ist in ca. 80% der Fälle keine Ursache erkennbar (sporadische Form). Rund 15% der Fälle treten familiär gehäuft durch Vererbung des mutierten Gens auf. Offenbar ist die Krankheit z. B. durch Gewebetransplantationen übertragbar (iatrogene oder infektiöse Form). Eventuell wird sie durch Infektionen hervorgerufen. Klinische Zeichen sind eine frühe progressive Demenz mit Konzentrationsstörungen, Wesensveränderung mit emotionalen Störungen sowie ängstlich-agitierte und paranoide Zustandsbilder. Es könnte sein, dass die Prionen, die im ZNS nachgewiesen werden können, durch den Verzehr von Rindfleisch auf den Menschen übertragen wurden.
- Die sog. Kuru-Krankheit trat früher unter den Eingeborenen Westguineas auf. Vermutlich wurde sie durch den Verzehr menschlicher Gehirne übertragen. Seit der Kannibalismus dort nicht mehr praktiziert wird, kommt die Krankheit nicht mehr vor. Klinische Zeichen: Patienten leiden an lokomotorischer Ataxie, Zittern, Schielen sowie Schluck- und Sprachstörungen. Innerhalb weniger Monate führt die Krankheit zum Tod.

Klinik: Die Alzheimer-Krankheit ist jenseits des 65. Lebensjahrs die am häufigsten auftretende Demenz. Auch hier werden im Gehirn Amyloidablagerungen gefunden. Die Ursache ist jedoch noch völlig ungeklärt; eine Übertragbarkeit wie bei Prionenenzephalopathien wird nicht vermutet.

Zusammenfassung

- Bei Prionenerkrankungen liegen im ZNS infektiöse Partikel, sog. Prionen, vor.
- Eine Hypothese besagt, dass eine Konformationsänderung bei einem „gesunden" Protein zu einem infektiösen Protein, dem Prion, führt. Prionen „vermehren" sich, indem sie Proteine zu dieser Konformationsänderung zwingen.
- Als Übertragungsweg wird die Aufnahme von infektiösem Fleisch vermutet.
- Bei Wirbeltieren kennt man z. B. die Scrapie-Krankheit und BSE, beim Menschen u. a. die Creutzfeldt-Jakob- und die Kuru-Krankheit.

Systematik

Pilze bilden keine homogene Verwandtschaftsgruppe, und ihre Zuordnung zum Pflanzenreich ist inzwischen veraltet. Sie stellen ein eigenes Reich dar, in dem man zwei Gruppen unterscheidet: die pilzähnlichen Protisten und die „echten" Pilze, die Fungi. Erstere haben Stadien, in denen sie sich amöboid oder durch Geißeln fortbewegen können, Letztere besitzen dagegen keine beweglichen Entwicklungsstadien mehr. Nach heutigen Erkenntnissen stehen Pilze dem Tierreich näher als dem Pflanzenreich, und es gibt schätzungsweise 250 000 – 300 000 Arten, von denen bisher aber nur 120 000 entdeckt wurden. Jährlich kommen etwa 1000 neu entdeckte Pilzarten hinzu.

Zellbau und Lebensweise

Pilze gehören zu den **Eukaryoten** (s. S. 2). Sie besitzen die typischen Merkmale, wie einen **membranumgebenen Zellkern, Mitochondrien** und andere Organellen. Der Unterschied zu tierischen Zellen liegt im Vorhandensein einer **Zellwand,** die, anders als bei Pflanzen (s. a. S. 104, ▌Abb. 2), meist aus Chitin besteht. Die Lebensweise von Pilzen ist **obligat heterotroph,** d. h., sie betreiben keine Fotosynthese und nehmen Nahrung über **Absorption** auf. Sie sind in der Natur entscheidend an der Zersetzung von pflanzlichem und tierischem Material beteiligt, welches sie vorwiegend über den aeroben Atmungsstoffwechsel abbauen. Daher werden sie als **Saprobier** oder **Saprophyten (Faulstoffverwerter)** bezeichnet. Bestimmte Pilze bilden mit Algen eine symbiontische Lebensform, die Flechten. Pathogene Pilze können als Parasiten den menschlichen Organismus befallen und einige schwere Krankheiten verursachen.

Klinik: Mykosen sind durch Pilze verursachte, z. T. lebensbedrohliche Infektionskrankheiten. Man unterscheidet: oberflächliche/kutane, subkutane und tiefe/systemische Mykosen. Erstere werden durch Dermatophyten und Hefepilze (z. B. *Microsporum* spp.) verursacht und befallen Haut, Haare oder Nägel. Subkutane Hautmykosen entwickeln sich in tieferen Schichten der Dermis und stellen i. d. R. keine Bedrohung für die allgemeine Gesundheit des Patienten dar. Sie kommen bis auf die weltweit verbreitete Sporotrichose *(Sporothrix schenckii)* eher selten vor. Systemmykosen können durch Hefen und Schimmelpilze hervorgerufen werden und die inneren Organe, z. B. die Schleimhäute des Respirationstrakts, befallen; sie sind für immungeschwächte Menschen (z. B. HIV-Patienten) lebensgefährlich. Einige Pilze, wie *Candida albicans*, sind Bestandteil der Mund- und Darmflora und können erst schädlich werden, wenn die Abwehrkräfte geschwächt sind. Viele Pilze lösen nach Inhalation der Sporen Immunreaktionen aus oder treten über offene Wunden in den Körper ein, wo sie sich dann ausbreiten (s.a. Seite 97, ▌Tab. 2).

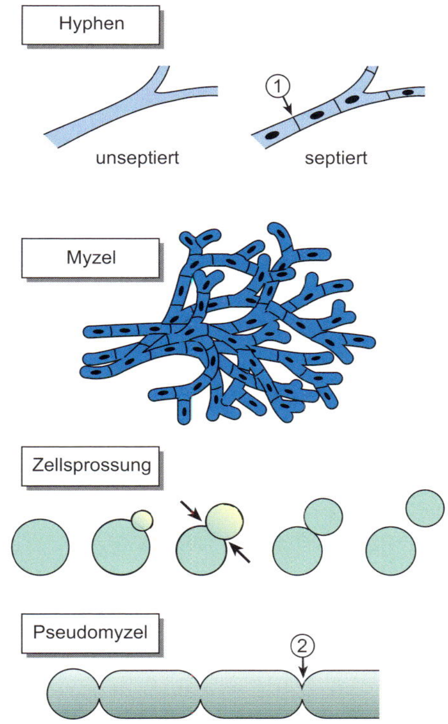

▌Abb. 1: Wachstumsformen: Hyphen (zoenozytische [li.o.] und septierte [re.o.]), Myzel, Sprosswachstum, Pseudomyzel. 1 = Septum, 2 = Einschnürung, kein echtes Septum. [3]

Wachstumsformen

Hyphen und Fadenmyzele

Das, was man landläufig als Pilz kennt und im Wald antrifft, stellt nur den minimalen, sichtbaren Teil eines viel komplexeren, unterirdisch lebenden Organismus dar. Der Pilz mit Hut ist nur der Fruchtkörper und enthält die Sporen (s. u.). Im Erdreich findet sich der Vegetationskörper, ein großes Netzwerk aus Zellfäden, das als **Fadenmyzel** bezeichnet wird. Die Fäden werden **Hyphen** genannt. Zum einen gibt es die **unseptierten** oder **zoenozytischen Hyphen,** bei denen die Zellfäden nicht von Septen unterbrochen sind. Der **multinukleäre Zustand** der Pilze entsteht durch wiederholte Kernteilung, wobei die Teilung des Zytoplasmas jedoch ausbleibt. Zum anderen gibt es die **septierten Hyphen:** Das fädige **multinukleäre** Gebilde mit Tausenden von Zellkernen im Plasma wird von Septen unterbrochen, die Poren besitzen, so dass ein Durchfluss von freiem Zytoplasma und sogar von Zellorganellen stattfinden kann (▌Abb. 1).
Die Wachstumsform des Fadenmyzels hängt unmittelbar mit der Lebensweise der Pilze zusammen: Da sie ihre Nährstoffe über Absorption gewinnen, bietet das weitverzweigte Hyphensystem eine große Oberfläche, die die Stoffaufnahme sichert.

Sprossung

Hefen, sog. **Sprosspilze,** sind einzellige Pilze, die keine Hyphen bilden. Sie bevorzugen feuchte Orte und besiedeln auch pflanzliche und tierische Gewebe. Je nach Umweltbedingung können Hefen sich (neben der geschlechtlichen Fortpflanzung, s. u.) als Einzelzellen über **vegetative Knospung** vermehren. Das geschieht dann, wenn das Substrat genügend Nährstoffe enthält. Unter dem Mikroskop sieht man rundliche Einzelzellen. Sind die Umweltbedingungen schlechter, entwickeln die Hefen ein sog. **Pseudomyzel,** wobei die Knospen miteinander verbunden bleiben und länglich aussehen. Die unbeweglichen Organismen gelangen so durch Wachstum in nährstoffreichere Zonen (▌Abb. 1).

Pilze II

Es gibt Pilze, die zwischen beiden Wuchsformen wechseln **(dimorphe Pilze);** so liegt z. B. *Histoplasma capsulatum* (Erreger der Histoplasmose) außerhalb des Körpers als Fadenmyzel und innerhalb des Körpers als Hefezellen vor.
Ganz entscheidend für die mykologische Diagnostik ist die Identifikation der Wachstumsformen unter dem Mikroskop. In ▮ Abbildung 2 a ist das Myzel von *Aspergillus* spp. dargestellt, das sich in der Bronchialflüssigkeit eines stark immunsupprimierten Patienten befand. In ▮ Abbildung 2 b sehen Sie den starken *Aspergillus*-Befall der Leber eines anderen Patienten.

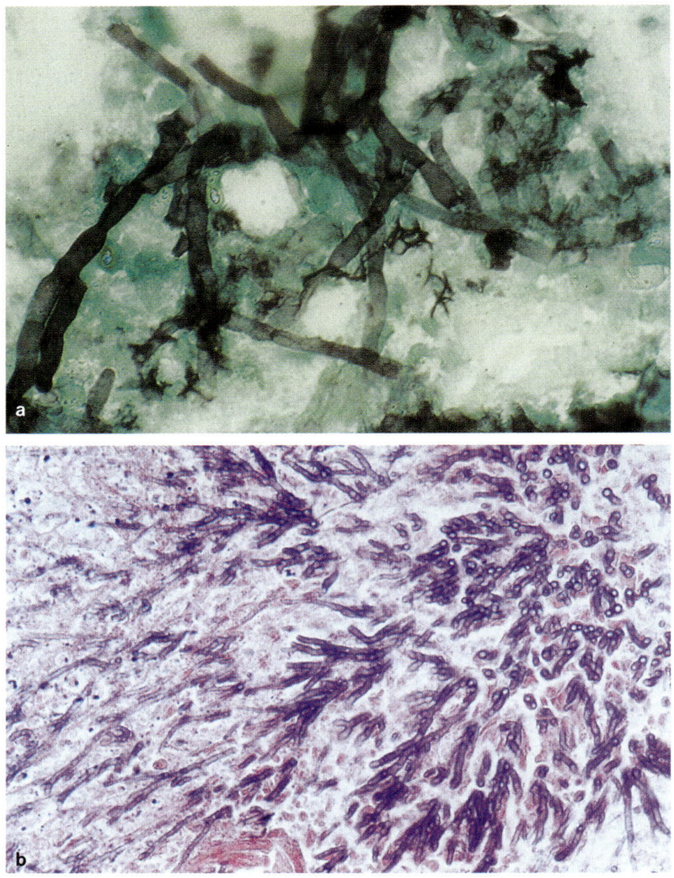

▮ Abb. 2: Schimmelpilzbefall (*Aspergillus*-Myzel) a) in Lunge und b) Leber. [24], [25]

Antibiotika- und Toxinsynthese

Pilze synthetisieren verschiedene Stoffe. Diese können auf der einen Seite genutzt werden, um **Antibiotika** zu gewinnen und **bakterielle Infektionen** zu bekämpfen. Beispiel hierfür ist das **Penizillin,** das der Pinselschimmel ***(Penicillium notatum)*** produziert. Auch ***Aspergillus* spp., *Fusidum* spp.** und ***Cephalosporium* spp.** synthetisieren Antibiotika. Auf der anderen Seite können Pilze bekanntlich auch giftig sein (▮ Tab. 1).

Klinik: Als Myzetismus bezeichnet man eine Pilzvergiftung durch den Genuss giftiger Pilze (z. B. α-Amanitin des Knollenblätterpilzes), häufig mit tödlichem Ausgang. Mykotoxikosen sind Erkrankungen, die durch den Genuss von mit Pilztoxinen verunreinigten Lebensmitteln hervorgerufen werden (z. B. Aflatoxin des Schimmelpilzes).

Vermehrung

Ungeschlechtliche Fortpflanzung

- Wie oben angesprochen, können sich Hefen **asexuell** durch **Knospung** vermehren, indem sich eine mit Plasma gefüllte Tochterzelle von der Mutterzelle abschnürt und anschließend ein Zellkern einwandert.
- Pilze vermehren sich auch durch **einfache Zellteilung.**
- Einige **Pilze** bilden Sporen an den Enden ihrer Hyphen. Liegen die Sporen frei und ungeschützt, werden sie **Konidien** (Exosporen) genannt (z. B. bei *Aspergillus*, ▮ Abb. 3 und 4). Andere Pilze (z. B. Zygomyceten) bilden kleine Behälter mit Endosporen, die **Sporangien** (▮ Abb. 4). Diese Form der Fortpflanzung dient der raschen Vermehrung und weiten Verbreitung, da die Sporen vom Wind verteilt werden.

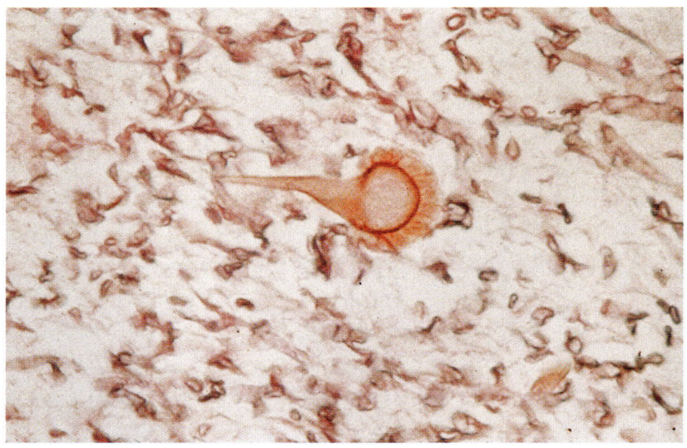

▮ Abb. 3: Diese histologische Darstellung ist der eindeutige Hinweis auf *Aspergillus* spp.: Man erkennt deutlich die Konidien. [25]

Pilz	Knollenblätterpilz (*Amanita phalloides*)	Fliegenpilz (*Amanita muscaria*)	Schimmelpilz (*Aspergillus flavus*)	Mutterkornpilz (*Claviceps purpurea*)
Toxin	α-Amanitin	Muscarin	Aflatoxin	Ergotamin
Wirkung	▸ sehr gefährlich, in geringen Dosen bereits tödliche Wirkung ▸ hemmt die RNA-Polymerase II	▸ Parasympathomimetikum, das auf das vegetative Nervensystem wirkt	▸ oftmals Ursache für Nahrungsmittelvergiftungen ▸ eines der stärksten Kanzerogene	▸ wirkt auf das vegetative Nervensystem ▸ ruft Halluzinationen hervor (Grundstoff der Droge LSD) ▸ kann in der Geburtshilfe eingesetzt werden, weil es zu Kontraktion der glatten Uterusmuskulatur führt

▮ Tab. 1: Einige Pilztoxine und ihre Wirkung.

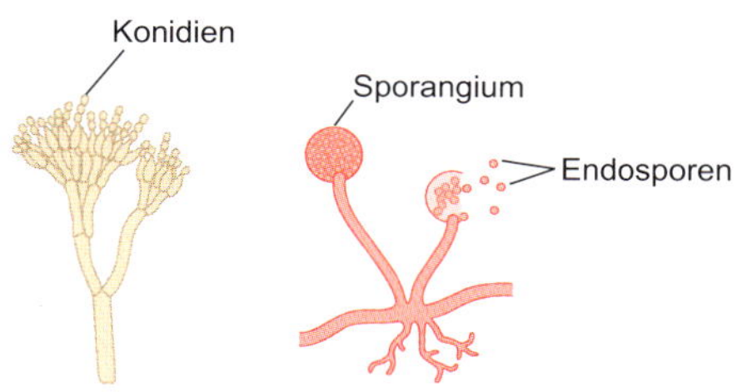

Abb. 4: Fortpflanzung durch Exo- und Endosporen. [1]

Geschlechtliche Fortpflanzung

Bei der **sexuellen Reproduktion** lagern sich Fadenmyzele unterschiedlicher Paarungstypen (z. B. auch Zygomyceten) mit **haploidem Chromosomensatz** zusammen und bilden **Gametangien** (Erweiterung der Hyphen). Darin findet zuerst die Plasmogamie **(dikaryotische Phase),** dann die Karyogamie statt (diese kann sich bei schlechten Bedingungen Monate nach der Plasmogamie vollziehen). Nach der Karyogamie kommt es sofort zur Meiose, und es reift ein Sporangium, das die genetisch unterschiedlichen haploiden Sporen enthält. Aus einer Spore entsteht ein neues Myzel. Die meiste Zeit in ihrem Entwicklungszyklus befinden sich diese Pilze im haploiden Zustand.

Andere Pilze verbringen die meiste Zeit im **dikaryotischen Zustand.** Das ist z. B. der Fall bei einem Hutpilz (Basidiomyceten). Erst in den Basidien (Strukturen in den Lamellen im Hut) finden die Karyogamie und sofort im Anschluss die Meiose statt. Es entwickeln sich also wieder haploide Sporen, die über den Wind verbreitet werden. Aus ihnen entsteht ein kurzlebiges haploides Myzel. Treffen zwei Hyphen unterschiedlicher Paarungstypen aufeinander, kommt es wieder zur Plasmogamie und zum dikaryotischen Zustand, der den Fruchtkörper, den Hut, hervorbringen kann.

Damit die Verwirrung komplett ist, sei nur so viel gesagt: Es gibt auch **diploide Sporen** sowie Hefen, die sich geschlechtlich vermehren können und z. B. Basidien ausbilden. Es gibt also fast nichts, was es in der Welt der Pilze nicht gibt!

Ausgewählte Erreger von Mykosen

Gruppe	Kennzeichen	einige ausgewählte Gattungen	einige ausgewählte Arten	Mykose
D – Dermatophyten	Infektion von Haut, Nägeln und Haaren	Trichophyton	*T. rubrum*	u. a. Tinea manuum/inguinalis/pedis und Granuloma trychophyticum
			T. mentagrophytes	u. a. Tinea inguinalis/pedis und Tinea barbae
			T. verrucosum	u. a. Tinea corporis/capitis und Tinea barbae
		Microsporum	*M. canis*	Tinea capitis
		Epidermophython	*E. floccosum*	Tinea inguinalis
H – Hefen	Infektion von Haut, Schleimhaut; Verursachung von Systemmykosen	Candida	*C. albicans* *C. glabrata*	Candidose
		Cryptococcus	*C. neoformans*	Kryptokokkose
		Trichosporon	*T. capitatum*	Trichosporose
S – Schimmelpilze	Infektion von Haut, Schleimhaut; Verursachung von Systemmykosen	Aspergillus	*A. fumigatus* *A. flavus*	Aspergillose
		Histoplasma	*H. capsulatum*	Histoplasmose

Tab. 2: Erreger von Mykosen im DHS(Dermatophyten-Hefen-Schimmelpilze)-System nach Rieth: Diese Einteilung hat sich in der medizinischen Diagnostik bewährt.

Zusammenfassung

- Pilze sind Eukaryoten mit Zellwänden (meist aus Chitin), obligat heterotroph und wachsen als Faden- oder Sprosspilze.
- Sie bilden ein eigenes Reich; die Zuordnung zum Pflanzenreich ist veraltet.
- Ihre Wuchsformen sind entscheidend bei der mykologischen Diagnostik. Fadenmyzele und ihre Hyphen sind von Sprosspilzen zu unterscheiden, die sich durch Knospung vermehren oder sog. Pseudomyzele ausbilden können.
- Die Vermehrung kann sexuell oder asexuell stattfinden.
- Pilze können z. T. gefährliche Mykosen auslösen, die oberflächlich, kutan, subkutan oder systemisch lokalisiert sein können.
- Einige Arten synthetisieren Antibiotika, andere sehr gefährliche Toxine.

Biologische Kreisläufe

Allgemeines

Die **Ökologie** beschäftigt sich mit den Wechselwirkungen zwischen Organismen und deren Umgebung. Die Umwelt umfasst Faktoren, welche die Lebewesen beeinflussen. Man unterteilt diese in zwei Bereiche:

- **Abiotische Faktoren** wie Temperatur, Nährstoffe, Wasser oder Licht
- **Biotische Faktoren** wie andere Organismen in der Umgebung eines Individuums

Ein **Ökosystem** besteht demnach aus einer Lebensgemeinschaft, der **Biozönose,** die durch abiotische Faktoren beeinflusst wird. Innerhalb eines Ökosystems existieren Energie- und Stoffkreisläufe. Je nachdem, welche Energie- und Kohlenstoffquelle Organismen nutzen, werden sie in unterschiedliche Gruppen eingeteilt:

- **Produzenten** sind **autotrophe Organismen** (s. S. 86), die energiereiche organische Stoffe aufbauen, welche von **heterotrophen Organismen** (s. u.) verwertet werden können. Produzenten nutzen meist die Sonnenenergie, um durch Fotosynthese aus anorganischem Kohlenstoffdioxid organischen Traubenzucker und dessen Folgeprodukte zu synthetisieren. In seltenen Fällen können Mikroorganismen aber auch chemische Energiequellen (*Nitrobacter* spp., Energiequelle: Nitrit) zur Synthese von organischen Stoffen verwenden. Fast sämtliche für Organismen nutzbare Energie stammt jedoch direkt oder indirekt von der Sonne. Zu den Produzenten zählen **Pflanzen, Algen, Cyanobakterien (Blaualgen)** sowie einige weitere **autotrophe Bakterienarten.**
- **Konsumenten** sind heterotrophe Organismen (s. S. 86). Sie müssen organische Substanzen aufnehmen, um daraus Energie und Kohlenstoff zu gewinnen, und sind somit stets auf Produzenten angewiesen. Man unterteilt sie in folgende Kategorien:
  - **Primärkonsumenten** (Konsumenten 1. Ordnung) sind herbivor, d. h., sie ernähren sich von Pflanzen (also von Produzenten).
  - **Sekundärkonsumenten** (Konsumenten 2. Ordnung) sind karnivore Organismen. Sie ernähren sich als Fleischfresser von den Primärkonsumenten. Teilweise wird eine weitergehende Hierarchisierung in Tertiärkonsumenten (fressen Karnivoren) etc. vorgenommen.
- **Destruenten** sind ebenfalls heterotrophe Organismen. Sie leben im Boden, Schlamm oder auf dem Meeresgrund und ernähren sich von abgestorbenem Material (sog. Detritus = zerfallene organische Substanz). Dieses enthält immer noch energiereiche organische Substanzen, die je nach Destruentenart zu anorganischen Stoffen wie Kohlenstoffdioxid, Methan oder anderen energieärmeren Verbindungen abgebaut werden. Zu den Destruenten werden Pilze, bestimmte Wirbellose und viele Bakterienarten gezählt.

Die chemischen Grundstoffe bleiben innerhalb eines Stoffkreislaufs größtenteils erhalten. Bei der Umwandlung von energiereichen zu energiearmen Stoffen geht aber ein Großteil der Energie in Form von Wärme verloren. Nur ein geringer Prozentsatz der in Organismen chemisch gebundenen Energie kann so durch einen Konsumenten oder Destruenten verwertet werden. Einen Überblick über Stoff- und Energiefluss gibt das Diagramm in ▮ Abbildung 1.

> Die meisten Produzenten fixieren Kohlenstoffdioxid unter Verwendung von Sonnenenergie und bilden so energiereiche organische Substanzen, die ihnen wiederum zur Energiegewinnung und zum Wachstum dienen. Konsumenten und Destruenten bauen dieses organische Material in mehreren Schritten zu Kohlenstoffdioxid ab. Somit schließt sich der Stoffkreislauf. Für alle biologisch bedeutenden Elemente wie Stickstoff oder Schwefel existiert ein derartiger Stoffkreislauf.

Stickstoffkreislauf

Exemplarisch für alle Stoffkreisläufe wird an dieser Stelle der Stickstoffkreislauf besprochen (▮ Abb. 2). Als Bestandteil von Aminosäuren und Nukleotiden spielt Stickstoff eine große Rolle für alle Lebewesen und stellt häufig einen das Wachstum begrenzenden Faktor dar.

Elementarer Stickstoff, der ca. 78 Vol.-% der Luft ausmacht, liegt molekular als N_2 vor. In dieser Form ist er aber für die meisten Organismen nicht nutzbar, da er eine sehr stabile chemische Bindung besitzt, die nur schwer gespalten werden kann. Organismen, die Stickstoff aus der Luft fixieren können, spielen deshalb eine entscheidende Rolle im Stickstoffkreislauf.

Stickstofffixierung („$N_2 \rightarrow NH_4^+$"):

- Zu dieser Reaktion, bei der elementarer Stickstoff (N_2) aus der Luft zu Ammoniumionen (NH_4^+) reduziert wird, sind Bodenbakterien oder die sog. Knöllchenbakterien fähig. Letztere leben in Symbiose (s. S. 101) mit Schmetterlingsblütlern (z. B. Klee, Erbsen, Bohnen). Die Ammoniumionen werden dann von den Pflanzen aufgenommen und zur Synthese von z. B. Aminosäuren verwendet. In dieser Form ist der Stickstoff in den Pflanzen gebunden und kann so in Konsumenten und Destruenten gelangen.
- Destruenten setzen durch den Abbau organischer Substanzen zu anorganischen Produkten Ammoniumionen frei. Konsumenten setzen Stickstoff über Harnstoff oder Harnsäure, welche von Destruenten weiter abgebaut werden können, oder Ammoniumionen frei. Pflanzen nehmen die Ammoniumionen direkt aus der Umgebung auf.

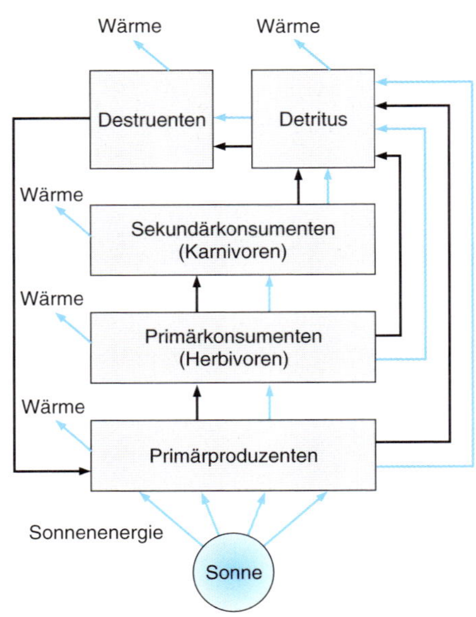

▮ Abb. 1: Stoff- und Energiefluss in einem Ökosystem. Blaue Linien: Energieflüsse, schwarze Linien: Stoffflüsse. [nach 9]

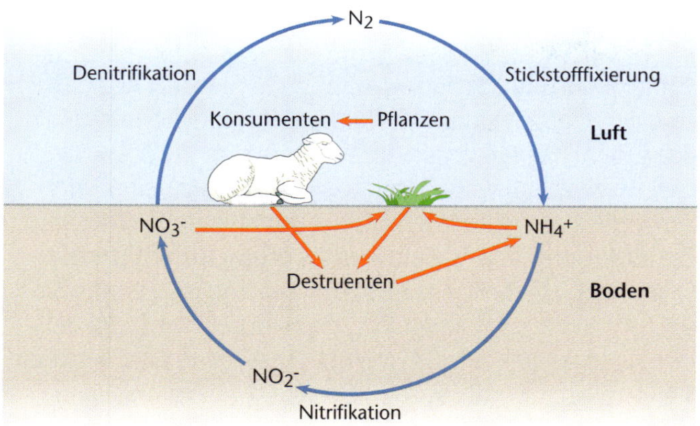

Abb. 2: Stickstoffkreislauf.

Nitrifikation („$NH_4^+ \rightarrow NO_2^- \rightarrow NO_3^-$"):

In gut durchlüfteten Böden werden Ammoniumionen durch **nitrifizierende Bakterien** erst zu Nitrit, dann zu Nitrat oxidiert. Nitrat kann von Pflanzen aufgenommen und in organische Verbindungen eingebaut werden.

Denitrifikation („$NO_3^- \rightarrow N_2$"):

Liegt Nitrat unter Sauerstoffabschluss vor, so können **denitrifizierende Bakterien** es zu Stickstoff abbauen.

Das Wachstum von Pflanzen kann durch die Zugabe von Stickstoff gefördert werden. In den letzten Jahrzehnten wurden in der Landwirtschaft zunehmend künstliche Dünger eingesetzt, die u. a. Ammoniumsalzen bestehen, welche mittels eines chemischen Verfahrens aus Luft-Stickstoff und Wasserstoff synthetisiert werden. Durch diesen anthropogenen Eingriff in den Stickstoffkreislauf kommt es immer wieder zu Problemen (s. u.).

Aerober und anaerober Abbau

Am Beispiel einer **Kläranlage** lassen sich die einzelnen Schritte im Abbauprozess von organischem Material verdeutlichen.
Eine Kläranlage besteht aus mindestens zwei Stufen: In der **mechanischen Stufe** werden gröbere Verschmutzungen beseitigt, während in der **biologischen Stufe** organische Materialien abgebaut werden. Viele Kläranlagen besitzen zudem weitere Stufen, bei denen auf die spezielle Anforderungen des regionalen Abwassers eingegangen wird.
Am Beispiel der biologischen Stufe, die aus Belebungsbecken, Nachklärbecken und Faulturm besteht, lassen sich in überschaubarem Maßstab die natürlichen Abbauprozesse nachvollziehen.

Das in der mechanischen Stufe bereits vorgeklärte Abwasser läuft in das Belebungsbecken, wo aerobe Bakterien Kohlenstoffverbindungen zu Kohlenstoffdioxid abbauen. Damit ideale Bedingungen herrschen, wird in das Becken Sauerstoff eingeblasen. Neben den Bakterien befinden sich in diesem Becken auch Protozoen, die als Indikatoren für die richtigen Bedingungen dienen. Bakterien, Protozoen und organische Substanzen bilden zusammen die sog. Belebtschlammflocken.

Aus dem Belebungsbecken fließt das Abwasser mit dem Belebtschlamm in das Nachklärbecken. In diesem Becken steht das Wasser, so dass sich die Flocken absetzen können. Ein Teil des entstehenden Schlamms wird zurück in das Belebungsbecken gepumpt, der restliche Anteil wird mit Schlämmen aus der mechanischen Stufe im Faulturm eingelagert. Dort finden unter Ausschluss von Sauerstoff anaerobe Abbauprozesse statt, bei denen hauptsächlich Methan entsteht.

Anthropogene Eingriffe in die Stoffkreisläufe können das **natürliche Gleichgewicht** stören. In Gewässern stellen Stickstoff und Phosphor begrenzende Faktoren für das Pflanzen- und Algenwachstum dar. Durch Düngung in der Landwirtschaft werden Verbindungen dieser Elemente in großen Mengen in Gewässer gespült. Die eingetragenen mineralischen Nährstoffe fördern das Algenwachstum derart, dass die Primärkonsumenten diese nicht mehr verzehren können. Es kann zur **Eutrophierung** eines Gewässers kommen. Ein **nährstoffarmer (oligotropher)** kann so zu einem **nährstoffreichen (eutrophen)** See werden (das Gewässer „kippt").
Sterben die Algenmassen ab, sinken sie zu Boden, wo sie von Destruenten unter Sauerstoffverbrauch abgebaut werden. Ist der Sauerstoff aufgebraucht, bauen Bakterien unter anaeroben Bedingungen die organische Masse weiter ab. Hierbei entstehen Fäulnisgase wie Methan, Ammoniak und Schwefelwasserstoff, die für höhere Organismen z. T. toxisch sind.

Zusammenfassung

- Die Ökologie befasst sich mit den Wechselwirkungen zwischen Organismen und deren Umwelt.
- Biologisch bedeutsame Elemente (z. B. Stickstoff) befinden sich in einem Stoffkreislauf, in dem sie erhalten bleiben.

Wechselbeziehungen zwischen Organismen

Nahrungskette

Innerhalb eines Ökosystems nimmt jeder Organismus eine bestimmte Position in der Nahrungskette ein. Produzenten (s. S. 98) stellen Nährstoffe her, die von Primärkonsumenten aufgenommen werden. Diese wiederum werden von Sekundärkonsumenten gefressen. Die einzelnen Ernährungsstufen einer solchen Nahrungskette werden als **trophische Stufen** bezeichnet. Betrachtet man die Gesamtheit der **Biomasse** (Gewicht der organischen Masse von Lebewesen), so stellt man fest, dass diese in der nächsthöheren Trophiestufe nur ca. 10% der vorhergehenden beträgt (▮ Abb. 1). Das liegt daran, dass ein Großteil der aufgenommenen Nährstoffe für die Aufrechterhaltung der Lebensfunktionen benötigt und nur ein geringer Prozentsatz zum Aufbau neuer Biomasse verwendet werden. Eine Nahrungskette kann demnach nur eine begrenzte Zahl von Stufen besitzen, meist nicht mehr als vier oder fünf. Dieses Phänomen hat für die Ernährung der Weltbevölkerung große Bedeutung: Mit pflanzlicher Kost kann man bei gleicher Nutzfläche mehr Menschen ernähren als mit dem Fleisch von Nutztieren, da über diesen Umweg ca. 90% der Biomasse verloren gehen.
Die Abnahme der Biomasse zwischen den einzelnen trophischen Stufen kann zur Kumulation von Schadstoffen führen. Kritisch sind vor allem solche, die sich im Körper anreichern, wie das Pestizid DDT (Dichlordiphenyltrichlorethan, inzwischen weitgehend verboten) oder Schwermetalle. Durch industrielle Produktionen wird eine Vielzahl solcher toxischen Chemikalien in die Umwelt freigesetzt. Zum Teil können Substanzen durch die Stoffwechselaktivität von Mikroorganismen auch in stärker toxische Produkte umgewandelt werden. Beispielsweise wurde Quecksilber früher in unlöslicher Form in Gewässer entsorgt; Bakterien im Sediment wandelten es in Methylquecksilber um, eine hochtoxische, lösliche Verbindung, welche von Organismen im Wasser aufgenommen wurde und immer noch wird. Methylquecksilber reichert sich in jeder Trophiestufe an. Da Fische in Gewässern das Ende der Nahrungskette bilden, können größere und ältere Exemplare eine erhebliche Quecksilberbelastung aufweisen, die für den Menschen schädlich sein kann.

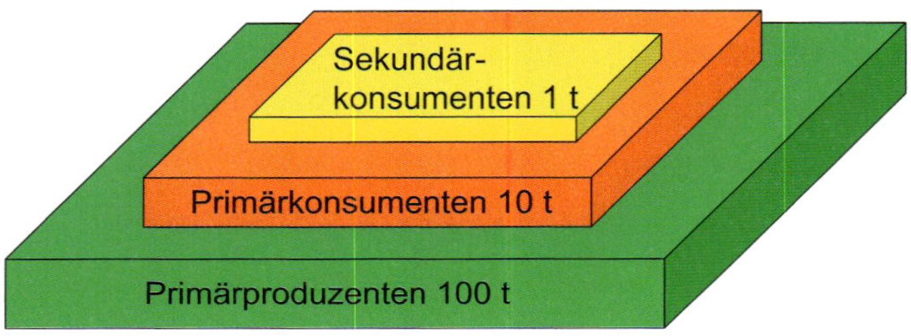

▮ Abb. 1: Idealisierte Biomassenpyramide einer Nahrungskette. [32]

Populationsdynamik

„Unter einer **Population** versteht man eine lokal begrenzte Gruppe von Individuen, die der gleichen Art angehören und sich untereinander fortpflanzen können" [nach 8]. Der Beitrag, den ein Individuum durch eigene Fortpflanzung oder durch die Unterstützung von Verwandten zum Genbestand der Folgegeneration leistet, wird als **biologische Fitness** bezeichnet. Hierbei ist es nicht nur wichtig, möglichst viele Nachkommen zu produzieren, vielmehr muss sichergestellt werden, dass eine möglichst große Anzahl von Nachkommen das fortpflanzungsfähige Alter erreicht. Die **Populationsgröße** ist die Gesamtzahl an Individuen einer Population, wogegen die **Populationsdichte** die Anzahl der Individuen auf der zur Verfügung stehenden Fläche beschreibt. Eine Population ist kein statisches Gebilde. Verschiedene Faktoren können ihre Dichte beeinflussen bzw. begrenzen; diese werden in **dichteunabhängige** und **dichteabhängige Faktoren** unterteilt (▮ Tab. 1).
Wissenschaftler diskutieren bis heute kontrovers, ob dichteunabhängige oder dichteabhängige Faktoren das Wachstum einer Population begrenzen. Als relativ gesichert gilt, dass Begrenzungsfaktoren artspezifisch sind und meist Faktoren beider Gruppen eine Rolle spielen. Nimmt die Populationsdichte ein bestimmtes Maß an, so verändert sie sich kaum noch. Begrenzende Faktoren verhindern ein weiteres Wachstum der Population, da sie negativ rückkoppelnd auf die Reproduktionsrate wirken. Diese entspricht dann in etwa der Sterberate, so dass ein **dynamisches Gleichgewicht** entsteht.
Anhand des Wachstums einer Bakterienkolonie in einem statischen Medium (s. S. 87) lassen sich die Wachstumsphasen in einer Population verdeutlichen.
Bei einigen Tierarten, wie z. B. bei diversen Nagetier- oder Insektenarten, kommt es zu auffälligen periodischen Schwankungen der Individuenzahl. Dieses Phänomen wird als **Massenwechsel** bezeichnet. Die Ursache ist weitgehend ungeklärt. Wahrscheinlich sind je nach Art unterschiedliche Faktoren für einen solchen Massenwechsel verantwortlich. Eine mögliche Hypothese geht von Zusammenhängen zwischen **Räuber- und Beutepopulation** aus. Steigt die Population

Dichteunabhängige Faktoren	Dichteabhängige Faktoren
Wetter und Klima	Konkurrenz innerhalb der Art durch Verknappung der Ressourcen (Nahrung, Brutplatz etc.)
Umweltereignisse (z. B. Jahreszeiten)	Vermehrung von Räubern durch erhöhtes Nahrungsangebot
Katastrophen (z. B. Brände)	sozialer Stress (Überbevölkerung); kann zu Wachstumsstörungen oder zu sinkender Reproduktionsrate führen
Konkurrenz mit anderen Spezies	Auftreten von Krankheiten und Parasitenbefall
Beschaffenheit der Umgebung (z. B. Böden)	Anhäufung von Schadstoffen

▮ Tab. 1: Faktoren, die die Populationsgröße beeinflussen.

der Beutetiere, so wächst auch die Anzahl von Räubern, die ihrerseits wiederum die Zahl der Beutetiere dezimiert. Neuere Forschungen zeigten aber, dass die Anzahl der Räuber nicht der alleinige Faktor zur Regulation der Beutetierdichte sein kann.
In einer anderen Hypothese wird davon ausgegangen, dass die periodischen Schwankungen in den Lebensbedingungen der jeweiligen Art zu suchen sind. Günstige Lebensbedingungen resultieren in einer hohen Reproduktionsrate, wohingegen dichtebegrenzende Faktoren wie Stress, Konkurrenz und Krankheiten erst mit einer Verzögerung negativ rückkoppelnd auf die Reproduktionsrate wirken. Die Population ist zu diesem Zeitpunkt schon sehr stark angewachsen. Je nach Art können die Folgen eines solchen sprunghaften Anstiegs der Individuenzahl unterschiedliche Konsequenzen haben.

Wechselbeziehungen zwischen artverschiedenen Organismen

Die unterschiedlichen Arten einer Biozönose leben nicht unabhängig voneinander in einem Ökosystem, sondern beeinflussen sich gegenseitig. Zwischenartliche Beziehungen haben unterschiedliche Effekte auf die beteiligten Interaktionspartner (▮ Tab. 2).

Interaktion	Effekt	Definition	Beispiel
Konkurrenz	für beide Seiten negativ; der besser angepasste Organismus wird sich langfristig durchsetzen	Zusammenleben mindestens zweier verschiedener Arten, die auf dieselben limitierenden Ressourcen angewiesen sind	Verschiedene Vogelarten ernähren sich von der gleichen Insektenpopulation.
Prädation	für eine Seite positiv, für die andere negativ	Zusammenleben, bei dem ein Partner (Parasit/Räuber) auf Kosten des anderen (Wirt/Beute) lebt	Flöhe, die im Fell eines Säugetiers parasitieren und dessen Blut saugen
Kommensalismus	für eine Seite positiv, für die andere ohne Wirkung	Zusammenleben zweier verschiedener Arten, wobei ein Partner (Kommensale = Mitesser) von der Nahrung des anderen (Wirt) profitiert, diesem aber weder schadet noch nützt	Aasfresser, die größeren Jägern folgen und fressen, was nach der Jagd übrig bleibt
Symbiose	für beide Seiten positiv	Form der Vergesellschaftung zweier Arten, die für beide Partner (Symbionten) von Nutzen ist	Der Anemonenfisch schützt die Anemone vor Fraßfeinden. Die giftige Anemone ist für den Fisch nicht schädlich und bildet einen Zufluchtsort vor Räubern.

▮ Tab. 2: Formen enger Wechselbeziehungen zwischen verschiedenen Spezies.

Klinik: Symbiosen zwischen Mensch und Mikroorganismen
▸ Als Darmflora werden die Mikroorganismen bezeichnet, die den Dickdarm des Menschen besiedeln. Hierbei handelt es sich v. a. um *E. coli* sowie verschiedene Enterokokken- und *Bacillus*-Arten. Sie leben von der Nahrung, die der Mensch zu sich nimmt, unterstützen aber ihrerseits die Verdauung. Zusätzlich synthetisieren sie Vitamine und essenzielle Fettsäuren und unterstützen die Immunabwehr, indem sie die Besiedelung des Darms durch pathogene Erreger verhindern.
▸ Die gesunde Haut des Menschen ist ebenfalls dicht von Mikroorganismen besiedelt. Als ein Bestandteil der Haut schützen sie diese und den ganzen Organismus vor pathogenen Bakterien.
▸ Die Vaginalflora einer erwachsenen Frau wird hauptsächlich von *Lactobacillus acidophilus* gebildet. Dieser Keim wandelt das in den Epithelzellen der Vagina gespeicherte Glykogen in Milchsäure um und sorgt somit für ein stabiles saures Milieu mit einem pH-Bereich zwischen 4,0 und 4,5. Dieses Milieu schafft für viele pathogene Keime ungünstige Wachstumsbedingungen.
Eine Antibiotikatherapie zieht immer die Bakterienflora des Darm- bzw. Genitaltrakts in Mitleidenschaft und verändert das durch die Bakterien geschaffene Milieu. Dadurch kommt es in der Folge häufig zu einer Pilzinfektion (s. a. S. 95 ff.).

Zusammenfassung

- ✖ Die einzelnen Ernährungsstufen einer Nahrungskette werden als trophische Stufen bezeichnet. Von einer zur nächsthöheren Trophiestufe gehen ca. 90% der Biomasse verloren.
- ✖ Die Populationsdichte wird von dichteunabhängigen (z. B. Klima) und dichteabhängigen (z. B. innerartliche Konkurrenz) Faktoren beeinflusst.
- ✖ Periodische Schwankungen der Populationsdichte werden als Massenwechsel bezeichnet.
- ✖ Es gibt unterschiedliche Interaktionen zwischen Organismen verschiedener Arten in einer Biozönose: Konkurrenz, Prädation, Kommensalismus und Symbiose.

Biologiepraktikum

D Praktischer Teil

Mikroskopie I

Das Biologiepraktikum hilft Ihnen dabei, das theoretische Wissen aus der Vorlesung in die Praxis umzusetzen. Sie werden unter dem Mikroskop live sehen, wovon Sie in der Vorlesung gehört haben. Die folgenden Seiten zum Biologiepraktikum können keinen Anspruch auf Vollständigkeit erheben, da der Praktikumsstoff von Universität zu Universität sehr unterschiedlich sein kann, doch diese oder ähnliche Versuchsanordnungen könnten Ihnen begegnen.
Unter dem Mikroskop lassen sich sehr gut zahlreiche Zellstrukturen erkennen, nutzen Sie also jede Gelegenheit, frische Präparate vor die Linse zu bekommen!

Das Mikroskop

Die Bestandteile eines Mikroskops sind im Grunde stets dieselben. Ohne im Folgenden allzu detailliert auf die genauen Funktionsweisen einzugehen, werden hier kurz Bau und Gebrauch eines Kursmikroskops erklärt. Wie Sie in ▮ Abbildung 1 sehen, gibt es sieben (①–⑦) wichtige Bauteile, mit denen Sie korrekt umgehen können sollten.
Zu einem guten mikroskopischen Bild zu gelangen ist nicht schwer:

- Legen Sie Ihren Objektträger ① auf den Objekttisch ② und befestigen Sie ihn mit den Klemmen.
- Die wichtigste Regel: Beginnen Sie das Mikroskopieren stets mit dem kleinsten Objektiv ③ (z. B. 4 ×).
- Stellen Sie das Bild mit dem Grobtrieb ④ scharf und bringen Sie Ihren Objektträger mit dem verstellbaren Objekttisch so in Position, dass sich das Präparat in der Mitte Ihres Gesichtsfelds befindet.
- Alle weiteren Einstellungen werden mit dem Feintrieb ⑤ scharf gestellt.
- Nun wählen Sie das nächste Objektiv (z. B. 10 ×), ohne an der Scharfstellung etwas zu ändern, denn die Schärfe sollte i. d. R. nur mit dem Feintrieb eingestellt werden. Verfahren Sie auch bei den anderen Objektiven so.
- Welche Auswirkungen das Verstellen der Kondensorblende ⑥ hat, finden Sie heraus, indem Sie sie öffnen und schließen: Sie sorgt für den Kontrast.
- Die Bildhelligkeit kann mit dem Beleuchtungsregler ⑦ eingestellt werden.
- Wichtig: Beide Augen sollten geöffnet sein. Das bereitet am Anfang Schwierigkeiten, aber so können Sie, ohne den Kopf zu heben, rasch den Blick zwischen Objekt und Zeichenblatt wechseln.

Plasmaströmungen in Pflanzenzellen

Unter dem Mikroskop sticht sofort die Zellwand der Pflanzenzelle ins Auge. Sie umgibt die Zellmembran und ist das charakteristischste Merkmal der Pflanzenzelle. Sehen Sie ein Präparat mit einer solchen Zellwand, wissen Sie, es kann sich nicht um eine tierische Zelle handeln. Die grünen Chloroplasten sind kein typisches Merkmal, wie Sie auf Seite 106 bei *Euglena viridis* sehen werden.
Zur Präparation werden Sie vermutlich einen Schnitt der Wasserpest (*Elodea canadensis*) anfertigen (▮ Abb. 2). Die feinen, dünnen Blättchen dieser wasserbewohnenden Pflanze können schön durchleuchtet werden. Unter dem Mikroskop lässt sich deutlich eine Rotation des Zytoplasmas erkennen. Dabei bewegt sich eine flüssige Endoplasmaschicht über eine Unterlage aus Aktinfilamenten des Zytoskeletts (s. S. 22 ff.). Das sorgt z. B. für eine rasche Verteilung der Substanzen in der Zelle.

Rhizopoda

Die Amöbe

Die einzelligen Amöben aus dem Stamm der Rhizopoda (Wurzelfüßer) benutzen sog. Pseudopodien (Scheinfüßchen) zur Fortbewegung und Ernährung. Unter dem Mikroskop sieht man *Amoeba proteus* über den Objektträger kriechen oder „schreiten". Sie kann innerhalb von Sekunden bis Minuten Pseudopodien an ihrer Zelloberfläche ausbilden. Wenn sich die Amöbe bewegt, verlängert sie ein Pseudopodium und verankert dessen Spitze auf dem Untergrund, stets gelockt von chemischen Stoffen, die ihre Nahrung absondert (Chemotaxis). Die Nahrung wird umflossen und phagozytiert.

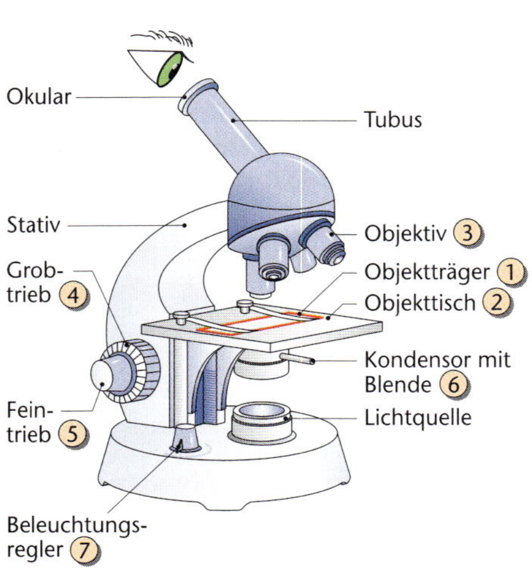

◀ ▮ Abb. 1: Monokulares Kursmikroskop (Einzelheiten s. Text).

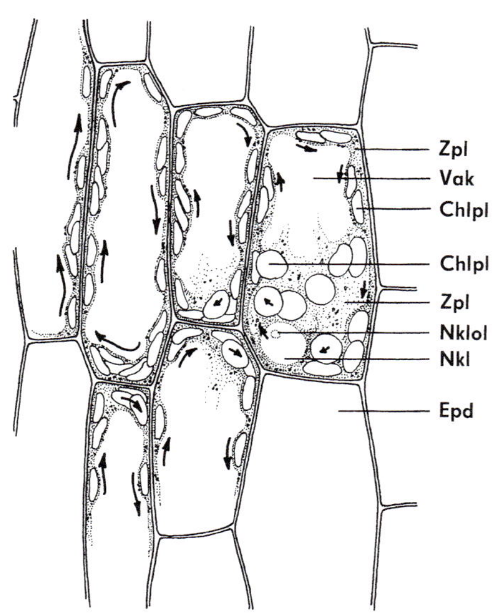

▮ Abb. 2: *Elodea canadensis*: Zpl = Zytoplasma, Vak = Vakuole, Chlpl = Chloroplast, Nklol = Nukleolus, Nkl = Nukleus, Epd = Epidermis, Pfeile = Strömung. [4] ▶

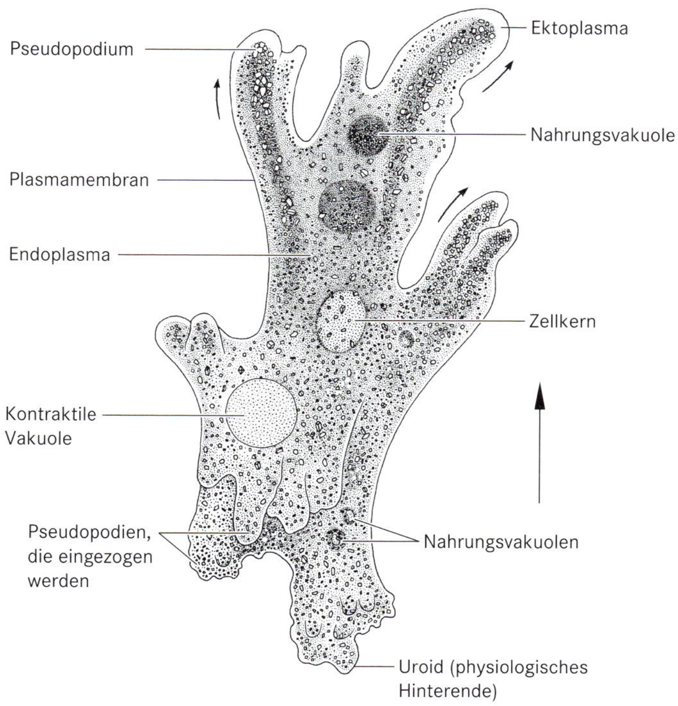

Abb. 3: *Amoeba proteus*: Zellbau; kleine Pfeile: Fließrichtung der Pseudopodien; großer Pfeil: augenblickliche Fortbewegungsrichtung der Amöbe. [37]

In der Zelle fällt das Endoplasma (s. u.) mit vielen Granula und Kristallen auf (Abb. 3).

Klinik: Der Lebensraum der Amöben ist vielfältig: Sie bewohnen das Meer, Süßwasser sowie das Erdreich, und manche sind sogar sehr gefährliche Endoparasiten. *Entamoeba histolytica* kann durch verunreinigtes Wasser oder verdorbene Nahrung übertragen werden und führt beim Menschen zur Amöbenruhr mit starken blutig-schleimigen Durchfällen.

Amöboide Fortbewegung

Durch die Amöbe zieht sich das Zytoskelett, das es ihr ermöglicht, sich fortzubewegen. Auf molekularer Ebene werden Aktinfilamente an einer Stelle auf- und an anderer abgebaut (s. S. 22). Die Aktinfilamente beeinflussen die Zellviskosität: Das Zytoplasma der Amöbe liegt in einem flüssigen Zustand (solartig) im Inneren des Einzellers vor (Endoplasma) und wird von einem festeren Gelmantel (Ektoplasma) umschlossen. Wenn ein neues Pseudopodium ausgebildet wird, fließt Endoplasma in die entsprechende Richtung und wird zu Ektoplasma umgebaut. Das Ganze kann auch in umgekehrter Richtung stattfinden, wenn ein Pseudopodium „eingezogen" wird.

Die amöboide Fortbewegung ist auch bei hoch entwickelten Zellen wie Leukozyten oder Fibroblasten in Zellkultur zu finden. In Embryonen wandern z. B. Urkeimzellen in die sich entwickelnden Gonaden ein.

Phagozytose

Um die Phagozytose gut beobachten zu können, werden die Amöben mit Pantoffeltierchen (z. B. *Paramecium bursaria*) gefüttert. Die Phagozytose ist die Aufnahme eines festen Teilchens, welches die Amöbe mit seinen Pseudopodien umfließt und dabei ein Vesikel ausbildet. Auch bei dieser Bewegung spielen die Aktinfilamente die tragende Rolle. Im Zellinneren vereinigt sich das Substratvesikel mit einem oder mehreren primären Lysosomen (s. S. 18 f.).

Flagellata

Euglena viridis

Vermutlich werden Sie unter dem Mikroskop auch einmal *Euglena viridis* beobachten. Dieser Einzeller aus dem Stamm der Flagellata (Geißeltierchen) hat eine lange Geißel, die ihm zur Fortbewegung dient (lokomotorische Geißel), und eine kurze Geißel, die eine Rolle bei der Zellteilung spielt.

Interessant ist, dass der Bau aller Eukaryotengeißeln, ob von Protozoen, Spermien oder vielzelligen Tieren, übereinstimmt: Der Geißelschaft wird von der Zellmembran überzogen; im Inneren befinden sich zwei zentrale Mikrotubuli, um die neun Doppel-Mikrotubuli kreisförmig angeordnet sind. Weitere Informationen über Bau und Funktionsweise dieser Geißeln finden Sie auf Seite 21.

Unter dem Mikroskop erkennen Sie die großen, sternförmig angeordneten Chloroplasten und das Assimilationsprodukt Paramylon (ein kettenförmiges Polysaccharid), das in Form zahlreicher Körner im Plasma vorliegt (s. S. 106, Abb. 4 a); *E. viridis* lebt autotroph. Die lokomotorische Geißel, die an der Basis des sog. Geißelsäckchens entspringt, trägt nicht erkennbare Fortsätze, die Mastigonemen (s. S. 106, Abb. 4 b). Die kürzere Geißel ragt nicht aus dem Geißelsäckchen heraus und verschmilzt mit der lokomotorischen Geißel an einem Punkt, den man Paraflagellarkörper nennt (nur unter dem Elektronenmikroskop erkennbar).

Mikroskopie II

Das Stigma ist ein kleiner oranger Fleck, der fälschlicherweise als Augenfleck bezeichnet wird. Es besteht aus karotinhaltigen Lipideinschlüssen, liegt der Membran des Geißelsäckchens seitlich an und dient der Lichtabschirmung: In Abhängigkeit von der Zellposition lässt es Licht nur aus einer bestimmten Richtung auf den zuvor genannten Paraflagellarkörper fallen. *E. viridis* reagiert darauf mit einer Bewegung zum Licht hin (positive Fototaxis), um die Fotosyntheserate zu erhöhen. Neben dem Geißelsäckchen liegt die kontraktile Vakuole, die ihren Inhalt in das Säckchen ergießt. Im hinteren Teil des Einzellers ist der Zellkern mit Nukleolus zu erkennen.

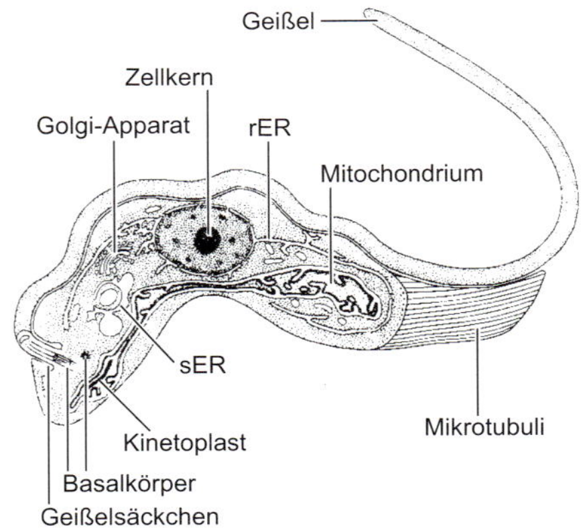

Abb. 5: *Trypanosoma brucei brucei*: Die Geißel sitzt am Vorderende. [37]

Trypanosomen

Zu den Geißeltierchen gehören auch die Trypanosomen, die parasitisch in Wirbeltieren leben, weshalb ihnen in der Medizin eine bedeutende Rolle zukommt (Abb. 5). Überträger und Zwischenwirte sind Insekten wie Stechfliegen, Mücken oder Raubwanzen. *Trypanosoma brucei gambiense* beispielsweise ist der Erreger der Schlafkrankheit. Die verwandte Nagana, eine Seuche, die Haustiere infiziert, wird von *T. brucei brucei* verursacht und von der Tsetsefliege übertragen (mehr dazu s. S. 109).

Ciliata

Die Ciliata (Wimperntierchen) gehören zu den am höchsten differenzierten Protozoen. Fortbewegung und Nahrungsaufnahme erfolgen über Cilien, sog. Wimpern. Sie sind kürzer als die Geißeln der Flagellaten, stimmen aber in ihrem Feinbau mit diesen überein (s. S. 21). Die Cilien sind über den ganzen Zellkörper verteilt oder auf einen bestimmten Bereich begrenzt. Sie können alle gleich oder unterschiedlich lang sein, einzeln oder in Cirren (Büscheln) sitzen. Ein weiteres Kennzeichen der Ciliata ist der Kerndimorphismus, d.h., sie besitzen zwei Zellkerntypen, einen großen, polyploiden Makronukleus und (meist mehrere) kleine Mikronuklei. Der Makronukleus ist der somatische Kern, er kontrolliert die asexuelle Fortpflanzung (Querteilung) sowie die Stoffwechsel- und Bewegungsvorgänge der Zelle. Die diploiden Mikronuklei (oder generativen Kerne) sind verantwortlich für die sexuellen Prozesse und können nach der meiotischen Teilung über Konjugation unter zwei Individuen ausgetauscht werden.

Im Kerndimorphismus der Ciliata findet sich eine gewisse Analogie zur Differenzierung in Keimzellen und Soma bei Metazoen.

Paramecium caudatum

Sicherlich werden Sie auch diesen äußerst interessanten Organismus unter dem Mikroskop beobachten (Abb. 6). *P. caudatum*, das Pantoffeltierchen, besitzt ein Peristom (Mundfeld), an dem Cilien die Nahrungspartikel zum Vestibulum

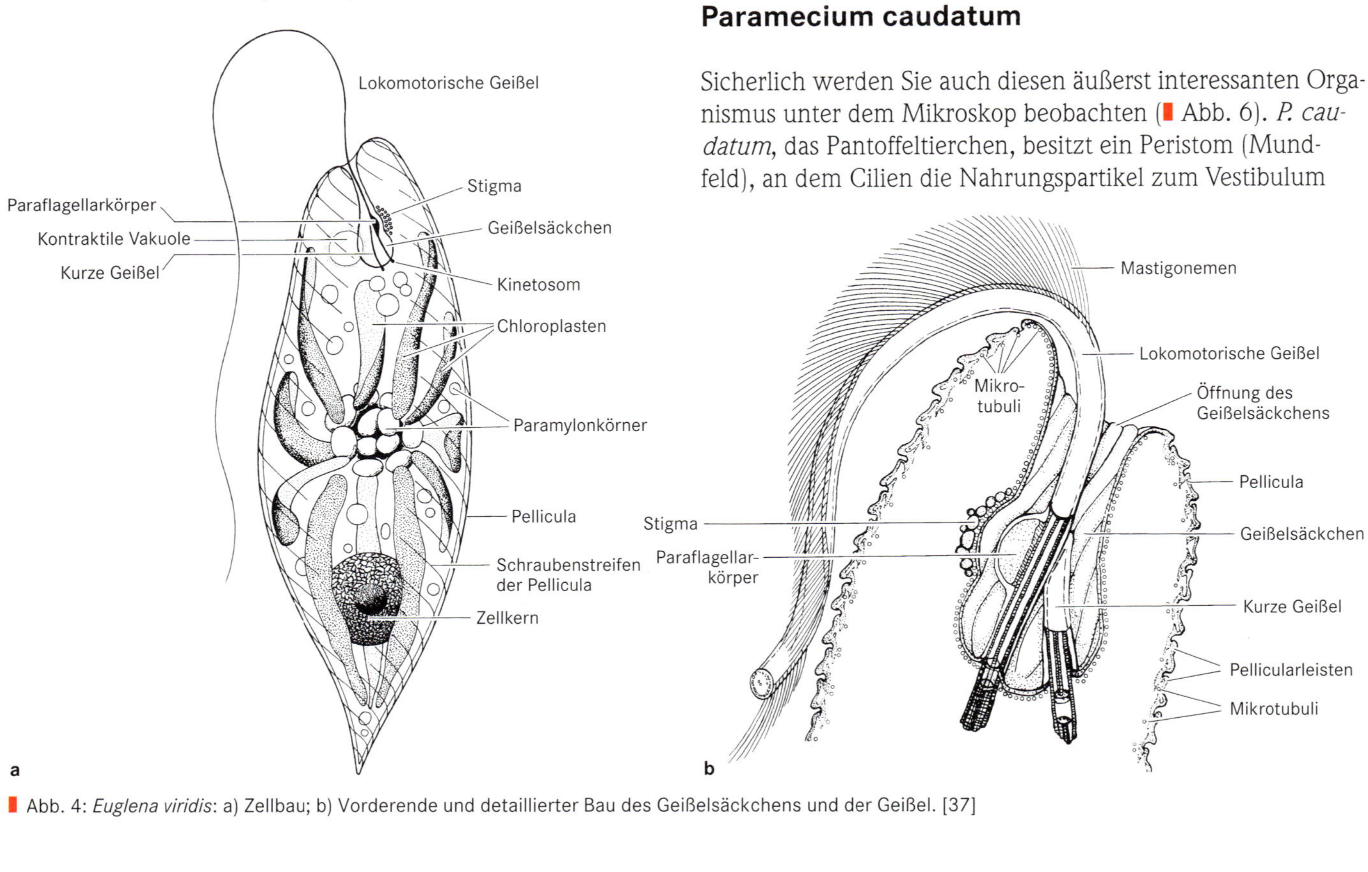

Abb. 4: *Euglena viridis*: a) Zellbau; b) Vorderende und detaillierter Bau des Geißelsäckchens und der Geißel. [37]

(Mundtrichter) strudeln. Vom sog. Cytostom, dem Zellmund, gelangen die Partikel in den Cytopharynx, wo sie in eine Nahrungsvakuole eingeschlossen werden und so in das Zellinnere gelangen. Die Nahrungsvakuole durchläuft den Zellkörper auf einer regelmäßigen Bahn (Zyklose). Die unverdaulichen Bestandteile der Nahrung werden an der Cytopyge, dem Zellafter, in das Medium entlassen. Sehr auffällig sind unter dem Mikroskop die zwei kontraktilen Vakuolen mit ihren zuführenden Sammelkanälen und je einem Porus, über den Wasser aus der Zelle gepumpt wird (Osmoregulation).

Abb. 6: *Paramecium caudatum:* schematischer Bau. [37]

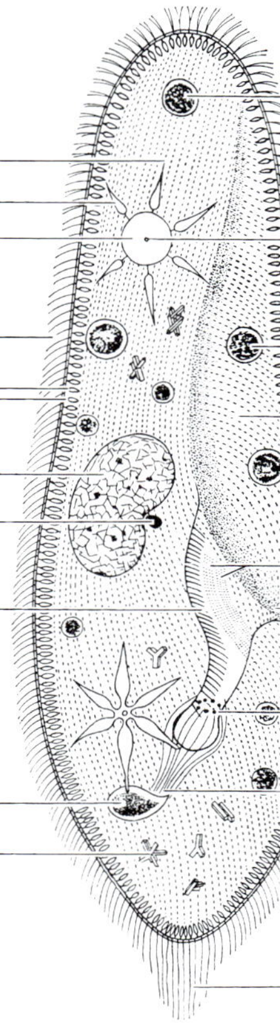

Chromosomen unter dem Mikroskop

Mitotische Teilung

In einem Wurzelspitzen-Quetschpräparat der Küchenzwiebel (*Allium cepa,* 2n = 16) können die einzelnen Phasen der Mitose (s. a. S. 29) hervorragend beobachtet werden. In der Spitze der Wurzeln findet das sog. meristematische Spitzenwachstum statt.

„Ein Meristem ist ein Gewebe, das während des gesamten Lebens einer Pflanze im undifferenzierten, embryonalen Zustand verharrt und so der Pflanze unbegrenztes Wachstum erlaubt“ [8].

Nach spezieller Präparation, die über einen Tag dauert und i. d. R. von der Praktikumsleitung durchgeführt wird, erhalten Sie Zwiebelwurzeln mit rot gefärbten Spitzen. Diese legen Sie unter das Deckglas und quetschen sie dann (leicht!) mit einem stumpfen Gegenstand wie einem Stift oder mit dem Daumen. Nun liegen die Zellen nebeneinander und können schön unter dem Mikroskop untersucht werden.
In Abbildung 7 (aus einer Original-IMPP-Prüfungsfrage) sehen Sie ein Planquadrat, das typische Mitosestadien der Küchenzwiebel zeigt (Dauer des gesamten Zellzyklus der Zwiebel = ca. 23 h, Mitose = ca. 4 h).
Je schneller sich eine Zellpopulation vermehrt, desto mehr Zellen sind in der Mitose anzutreffen; daraus kann der Mitoseindex berechnet werden (s. a. S. 29).

Riesenchromosomen

Riesenchromosomen liegen nicht nur in der Metaphase unter dem Mikroskop deutlich sichtbar vor, sondern während des gesamten Zellzyklus. Diese „Giganten“ finden sich vornehmlich in den Speicheldrüsen von Dipterenlarven (Zweiflügler). Ihr Durchmesser beträgt 2–8 µm bei einer Länge von 2–4 mm. Gebildet werden die Riesenchromosomen durch Paarung homologer Chromosomen in der Interphase (s. S. 28) und mehrfacher Verdoppelung ohne anschließende Teilung. So liegen Hunderte bis Tausende Chromatiden parallel nebeneinander und bilden das Riesenchromosom, welches auch als **polytänes Chromosom** bezeichnet wird. Bei der Transkription (s. S. 40 ff.) der DNA bilden sich sog. **Puffs** (Aufblähungen); an diesen Stellen werden die Gene aktiv, und die DNA wird aus ihrer kompakten Struktur entwunden.

Karyogrammerstellung: Auch die Erstellung von Karyogrammen gehört vielleicht zu einem Abschnitt Ihres Praktikums. Um dieses Thema nicht aus dem Zusammenhang zu reißen, haben wir uns entschieden, es auf den Seiten 56 - 57 („Die Chromosomen des Menschen“) zu besprechen.

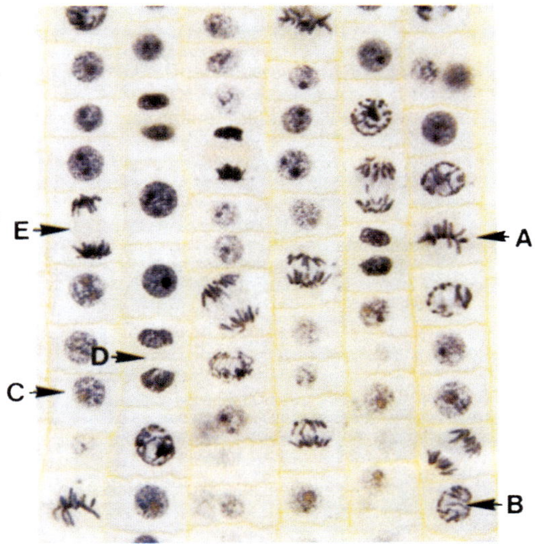

Abb. 7: Planquadrat mit typischen Mitosestadien der Küchenzwiebel *(Allium cepa):* Prophase (B), Metaphase (A), Anaphase (E), Telophase (D), Zustand nach Zytokinese (C). [24]

Parasitologie I

Parasitismus

Der Parasitismus, auch Schmarotzertum genannt, ist eine Form des Zusammenlebens zweier artfremder Individuen, bei der **ein Partner (Parasit) auf Kosten des anderen (Wirt) einseitig Nutzen zieht.** Der Parasit steht in physiologischer Abhängigkeit zum Wirt, er ernährt sich von dessen organischer Substanz. Der Wirt erleidet starke Nachteile durch den Befall mit Parasiten, was aber nicht zwangsläufig zu seinem Tode führt. Es stellt sich zunächst ein Gleichgewicht zwischen der Schädigung durch den Parasiten (durch Nahrungsentzug, Ausscheidung giftiger Stoffwechselprodukte, Schädigung von Geweben) und der Abwehrreaktion des Wirts ein. Ist der Wirt stark befallen oder bereits immungeschwächt, kann der Parasitismus auch tödlich verlaufen.
Weitere zwischenartliche Beziehungen werden auf Seite 101 besprochen.

Formen und Dauer

Es gibt **Endoparasiten,** die im Inneren eines Wirts leben (z. B. Bandwürmer [*Taenia* spp.], s. S. 110 f.) und **Ektoparasiten,** die sich auf der Oberfläche aufhalten (z. B. Zecken *[Ixodes ricinus]*, s. S. 113). Die Dauer des Parasitismus kann von unterschiedlicher Länge sein und hängt u. a. davon ab, ob der Parasit vorübergehend ohne Wirt überleben kann. Beispielsweise kann eine Zecke eine Zeit lang auch ohne Wirt leben, benötigt aber langfristig den Wirt als Nahrungsquelle; man bezeichnet sie als **temporären Parasiten. Periodische Parasiten** befallen Wirte nur in bestimmten Stadien ihrer Entwicklung, wie z. B. Maden bestimmter Fliegen (Madenfraß), **permanente Parasiten** sind dagegen in allen Entwicklungsstadien an den Wirt gebunden (z. B. *Trichinella spiralis,* s. S. 111 f.). Es gibt Parasiten, die nur einen Wirtsorganismus befallen und alle Entwicklungsphasen in ihm durchlaufen (z. B. Spulwürmer *[Ascaris lumbricoides]*, s. S. 112). Dies wird als **direkter Entwicklungsgang** bezeichnet. Zur Verbreitung außerhalb des Wirts müssen Dauerstadien in Form von Eiern oder Zysten oder die Larven ins Freie gelangen. Parasiten mit **indirektem Entwicklungsgang** benötigen zwei oder mehrere Wirte, um ihre vollständige Entwicklung durchlaufen zu können (z. B. Saugwürmer *[Fasciola hepatica]*, s. S. 110). Den Wirt, in dem der Parasit geschlechtsreif wird, bezeichnet man als **Endwirt,** die anderen Wirte, in denen sich die unterschiedlichen Larvenstadien entwickeln, als **Zwischenwirte.** Als **Fehlzwischenwirte** werden Organismen bezeichnet, die den Parasiten nicht an den eigentlichen Endwirt übertragen oder in denen er sich nicht weiterentwickeln kann, was zum Abbruch des Entwicklungszyklus führt. Der Befall kann schwere Folgen haben und beim Menschen, der als Fehlzwischenwirt des Fuchsbandwurms *(Echinococcus multilocularis)* gilt, z. B. zur alveolären Echinokokkose führen.

Krankheiten

Krankheiten, die durch Parasiten hervorgerufen werden, nennt man **Parasitosen.**

- **Anthroponosen** sind Infektionen, die von Mensch zu Mensch übertragbar sind.
- **Zoonosen** sind Infektionen, die vom lebenden Tier auf den Menschen übertragen werden.
- **Sapronosen** sind Infektionen, die von unbelebter Umwelt (z. B. Staub) auf den Menschen übertragbar sind.

Tierstämme

Die Übersicht in ▮ Tabelle 1 lässt erahnen, wie viele Parasiten es gibt. Sowohl unter den **Protozoen (Einzeller)** als auch unter den **Metazoen (Vielzeller)**

	Stamm	Klasse	Ordnung/Unterklasse	Gattung und Art
Protozoa	Rhizopoda		Amoebina	*Acanthamoeba* spp. *Entamoeba histolytica*
	Flagellata		Kinetoplastida	*Leishmania* spp. *Trypanosoma* spp.
			Diplomonadida	*Giardia lamblia*
			Trichomonadida	*Trichomonas vaginalis*
	Sporozoa		Piroplasmida	*Babesia* spp.
			Coccidia	*Plasmodium* spp. *Toxoplasma gondii*
Metazoa	Plathelminthes (Plattwürmer)	Trematoda (Saugwürmer)	Dignea	*Fasciola hepatica* (Großer Leberegel) *Dicrocoelium dendriticum* (Kleiner Leberegel) *Schistosoma* spp.
		Cestoda (Bandwürmer)	Eucestoda	*Taenia* spp. *Echinococcus* spp.
	Nemathelminthes/Aschelminthes (Rundwürmer)	Nematoda (Fadenwürmer)	Adenophora	*Trichinella spiralis* *Wuchereria bancrofti* *Trichuris trichiura*
			Secernentea	*Ascaris lumbricoides* (Spulwurm)
	Annelida	Clitellata	Hirudinea	*Hirudo medicinalis* (Blutegel)
	Arthropoda	Arachnida	Acari	*Ixodes ricinus* (Holzbock) *Sarcoptes scabiei* (Krätzmilbe)
		Insecta	Phthiraptera	*Pediculus humanus capitis* (Kopflaus) *Pediculus humanus humanus* (Kleiderlaus) (auch *P. humanus corporis*, Körperlaus, genannt) *Phthirus pubis* (Filzlaus)
			Heteroptera	*Cimex lectularius* (Bettwanze)
			Siphonaptera	*Pulex irritans* (Menschenfloh)
			Diptera	*Anopheles* spp. (Fiebermücke) *Culex* spp. (Hausmücke)

▮ Tab. 1: Übersicht ausgewählter Parasiten.

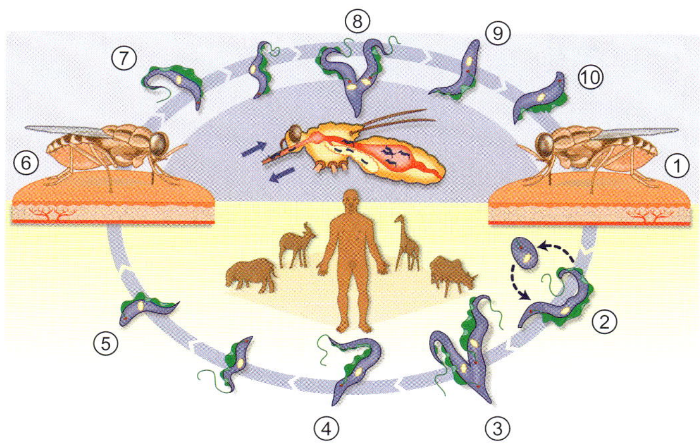

▮ Abb. 1: ① Tsetse-Fliege saugt Blut und überträgt metazyklische, trypomastigote Form, ② diese Trypanosomen vermehren sich und transformieren zur langgestreckten Form, ③ asexuelle Vermehrung, ④ Zirkulation im Blutkreislauf, ⑤ Umwandlung zur gedrungenen, trypomastigoten Form, ⑥ Tsetse-Fliege saugt Blut, nimmt Erreger auf, ⑦ Transformation zu prozyklischen Trypomastigoten im Darm, ⑧ asexuelle Vermehrung, ⑨ Umwandlung zu mesozyklischen Trypomastigoten und Wanderung zur Speicheldrüse, ⑩ Umwandlung in epimastigote Form, heften sich an Mikrovilli der Drüsenzellen an und teilen sich, anschließende Transformation in metazyklische, trypomastigote Form. [39]

befinden sich unzählige parasitäre Organismen. Diese Tabelle liefert einen Überblick über die Vielzahl der Tierstämme, unter denen sich Parasiten klassifizieren lassen, die genannten Arten sind aber keinesfalls als vollständig anzusehen.

Präparate und Entwicklungszyklen

Die folgenden Illustrationen bilden typische Vertreter der in ▮ Tabelle 1 genannten Stämme ab und könnten Ihnen als Präparate im Praktikum begegnen.
Zu einigen Vertretern wird der Entwicklungszyklus gezeigt.

Flagellata

Bau und Kennzeichen verschiedener Flagellaten finden Sie auf Seite 105ff. In ▮ Abbildung 1 ist der Lebenszyklus von *Trypanosoma brucei* dargestellt, dem Erreger der Schlafkrankheit.

Sporozoa

Dieser Stamm umfasst Protozoen, die ausschließlich endoparasitisch leben. Ihr Entwicklungszyklus verläuft z. T. sehr kompliziert. ▮ Abbildung 2 zeigt den Lebenszyklus des Blutparasiten und Malariaerregers *Plasmodium* spp. Pathologisch am bedeutendsten sind die vier Arten *P. malariae, P. vivax, P. falciparum und P. ovale.*

Klinik: Lokalisation einiger ausgewählter humanpathogener Protozoen

- **ZNS:** *Toxoplasma* spp., *Trypanosoma* spp., *Plasmodium* spp., *Entamoeba histolytica*
- **Blut:** *Trypanosoma* spp., *Plasmodium* spp.
- **Leber:** *Entamoeba histolytica, Leishmania* spp.
- **Darmtrakt:** *Entamoeba histolytica, Giardia* spp., Sporozoa
- **Haut:** *Leishmania* spp.
- **Urogenitaltrakt:** *Trichomonas* spp.

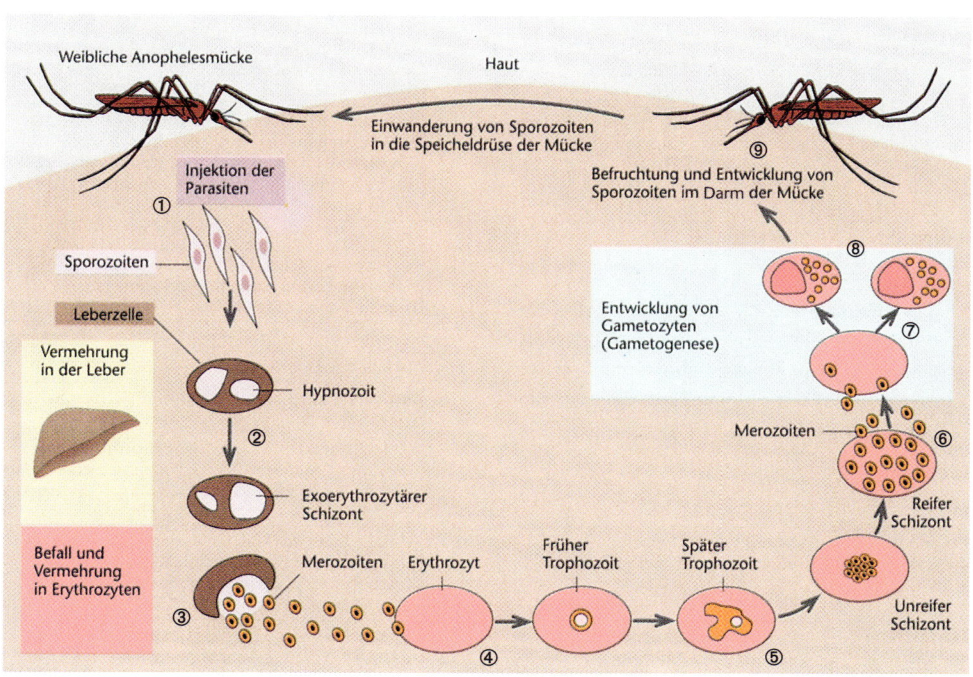

▮ Abb. 2: ① Anopheles-Mücke saugt Blut und überträgt fadenförmige Sporozoiten, ② ungeschlechtliche Vermehrung in Leberparenchymzellen (Bildung von Schizonten) oder Überdauerung als Hypnozoit, ③ Schizonten enthalten unzählige Merozoiten und platzen innerhalb weniger Tage, ④ freigesetzte Merozoiten zirkulieren im Blut und befallen Erythrozyten, ⑤ dort verwandeln sie sich in Ringformen, die zu einem Trophozoit heranreifen, dieser verwandelt sich wiederum in einen Schizont, ⑥ nach den typischen 48 h *(P. vivax)* platzen die Erythrozyten (Patient: Fieberschub) und Merozoiten werden freigesetzt, ⑦ weitere Erythrozyten werden befallen, ⑧ nach einiger Zeit erfolgt die Bildung von Geschlechtszellen (Makro- und Mikrogamonten), ⑨ Anopheles-Mücke saugt Blut und die Gamonten werden zu Gameten und verschmelzen im Darm der Mücke zu Zygoten, die über Zwischenstadien zu Sporozoiten in der Speicheldrüse werden.

Parasitologie II

Plathelminthes

Trematoda: Kleine (0,5 – 70 mm) Plattwürmer, kommen nur endoparasitisch in Tieren vor; Haut oft mit Haken, Dornen oder Höckern zur Verankerung im Wirt versehen; Mund zum Saugnapf entwickelt; Leibeshöhle von Mesenchym erfüllt; kein After, Blutgefäßsystem und Atmungsorgan; Protonephridien meist ausgebildet; meist Zwitter; Generationswechsel ist mit Wirtswechsel verknüpft.

Kleiner Leberegel: *Dicrocoelium dendriticum* lebt in den Gallengängen von Mensch und Tier. Er besitzt einen Mund- und einen Bauchsaugnapf. In Abbildung 3 sehen Sie seinen Körperbau. Das durch ihn hervorgerufene **Krankheitsbild** wird als Dicrocoeliasis bezeichnet und führt zu Verdauungsproblemen, Blähungen, Erbrechen, Diarrhö und/oder Verstopfung sowie Gallenkolik.

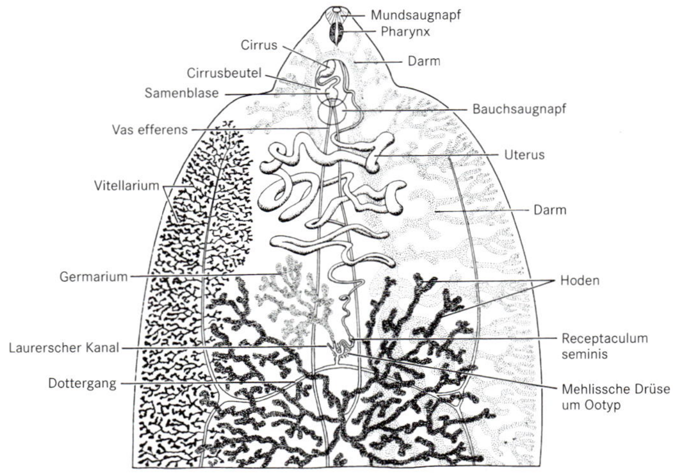

Abb. 4: *Fasciola hepatica,* vorderes Körperdrittel von ventral. [37]

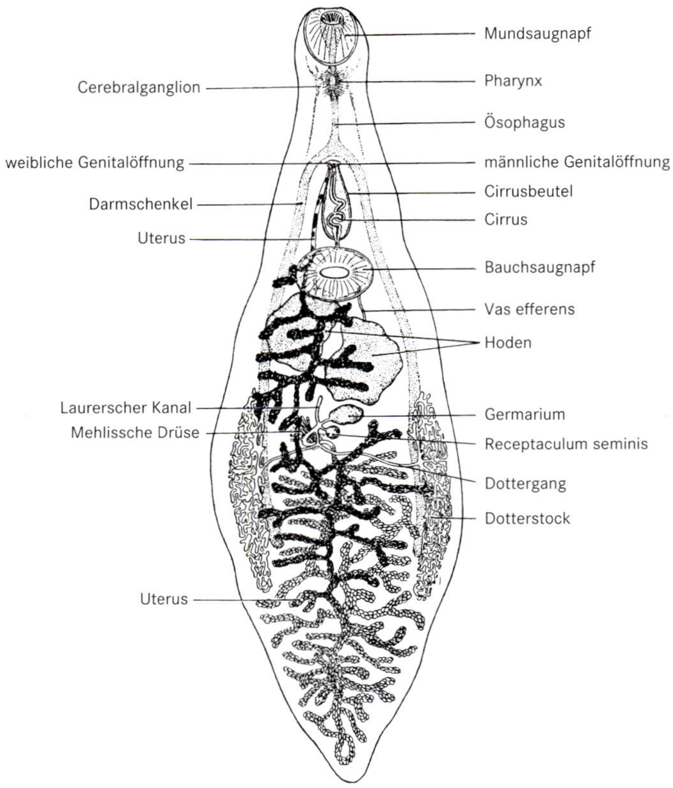

Abb. 3: Bau von *Dicrocoelium dendriticum.* [37]

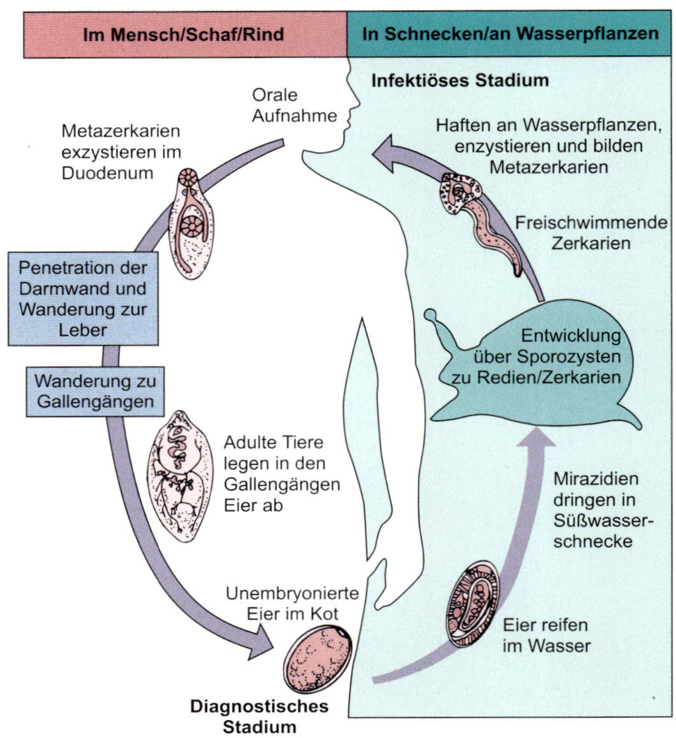

Abb. 5: Entwicklungszyklus von *Fasciola hepatica.* [28]

Großer Leberegel: *Fasciola hepatica* lebt gleichfalls parasitisch in den Gallengängen von Säugetieren. Seine Länge kann bis zu 3 cm, seine Breite 1 cm erreichen. Beim Menschen relativ selten anzutreffen, dann mit folgenden **Symptomen:** Oberbauchschmerz, Fieber, Durchfall, Juckreiz, Gelbsucht, Hautquaddeln, Gelenkschmerz, Eosinophilie. Leben viele Würmer in den Gallengängen, kann dies bis zur Leberzirrhose führen. Bau und Lebenszyklus finden Sie in Abbildung 4 und 5.

Cestoda: Alle Bandwurmarten sind Darmparasiten. Sie besitzen keinen Darm, die Nahrungsaufnahme erfolgt durch Pinozytose (s. S. 17) über die Körperwand; am Kopf liegt der Scolex (Haftorgan), dahinter Körperabschnitte, sog. Proglottiden, die durch Querfurchen abgesetzt sind (Abb. 6 und 7). In der Entwicklung durchlaufen sie einen Wirtswechsel (Abb. 8). Für *Taenia saginata* ist der Mensch der Endwirt, für *Echinococcus* spp. ist er Zwischenwirt, für *T. solium* kann er End- und Zwischenwirt sein. Der Befall zeigt nur geringe **klinische Symptome:** Verdauungsbeschwerden, übermäßiges Hungergefühl, Gewichtsverlust, Pruritus ani.

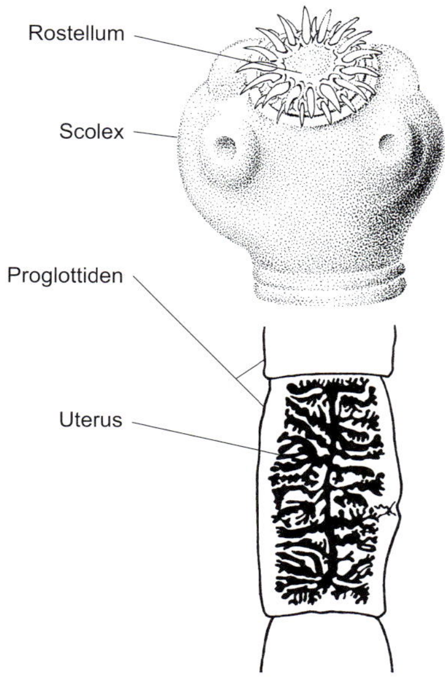

▌Abb. 6: Bau des vorderen Abschnitts des Schweinebandwurms, *Taenia solium*. [37]

Nematoda

Sehr artenreiche Gruppe, die viele Lebensräume erobert hat, freilebend und parasitisch. Drehrunder Körperbau, Länge unter 1 cm, selten werden Parasiten mehrere Meter lang; feste Kutikula auf Körperoberfläche; Darm mit After meist vorhanden; kein Blutgefäßsystem; Fortpflanzung meist getrenntgeschlechtlich.

Trichinen: *Trichinella spiralis* ist der Erreger der Trichinose. Die Weibchen leben in der Dünndarmschleimhaut (Darmtrichine, ▌Abb. 9) und entlassen rund 1500 lebende Larven, die über Lymph- und Blutstrom zur quergestreiften Muskulatur wandern (Muskeltrichine), wo sie enzystieren und 5–10 Jahre lebensfähig bleiben. Bevorzugter Befall von Diaphragma, Zunge, Augenbewegungsmuskeln und Musculus pectoralis. **Beschwerden:** Brechdurchfall, Fieber, Muskelschmerz. ▌Abbildung 10 auf Seite 112 zeigt die Entwicklung.

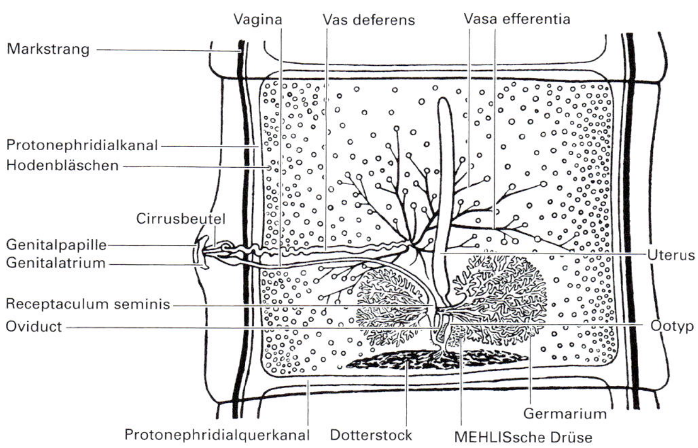

▌Abb. 7: Proglottis mittleren Reifegrads des Rinderbandwurms, *Taenia saginata*. [37]

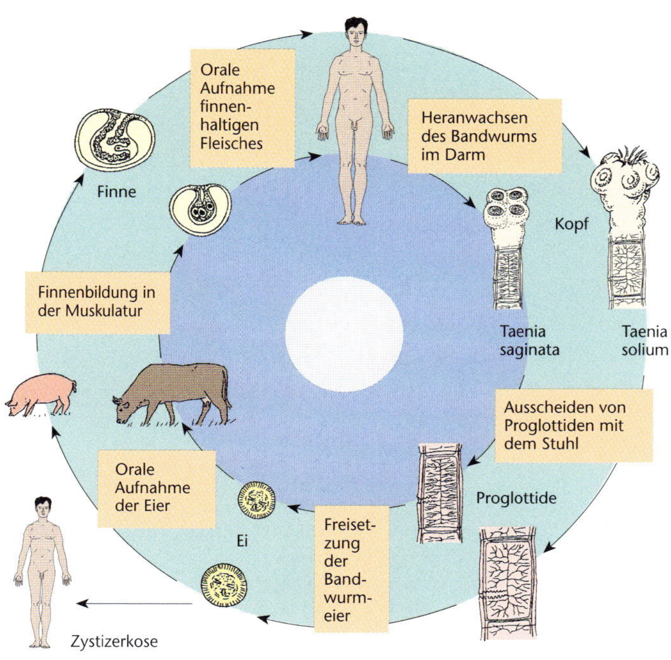

▌Abb. 8: Entwicklungszyklus des Rinder- und des Schweinebandwurms. [31]

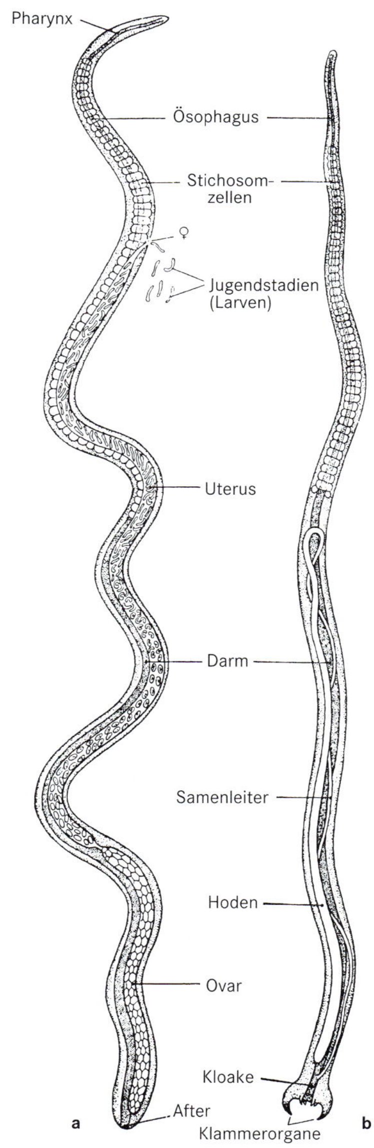

▌Abb. 9: a) Weibliche und b) männliche *Trichinella spiralis*. [37]

Parasitologie III

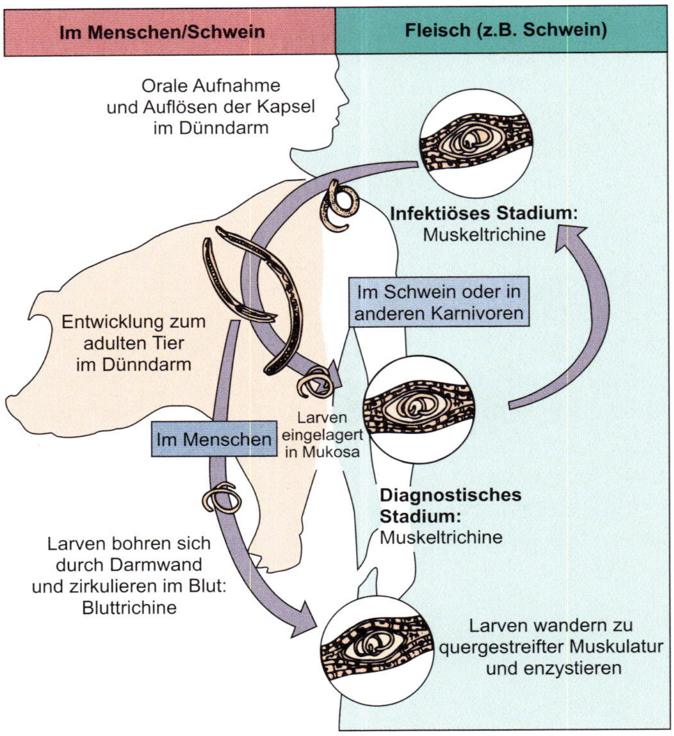

Abb. 10: Entwicklungszyklus von *Trichinella spiralis.* [28]

Abb. 11: Anatomie des weiblichen *Ascaris suum.* [37]

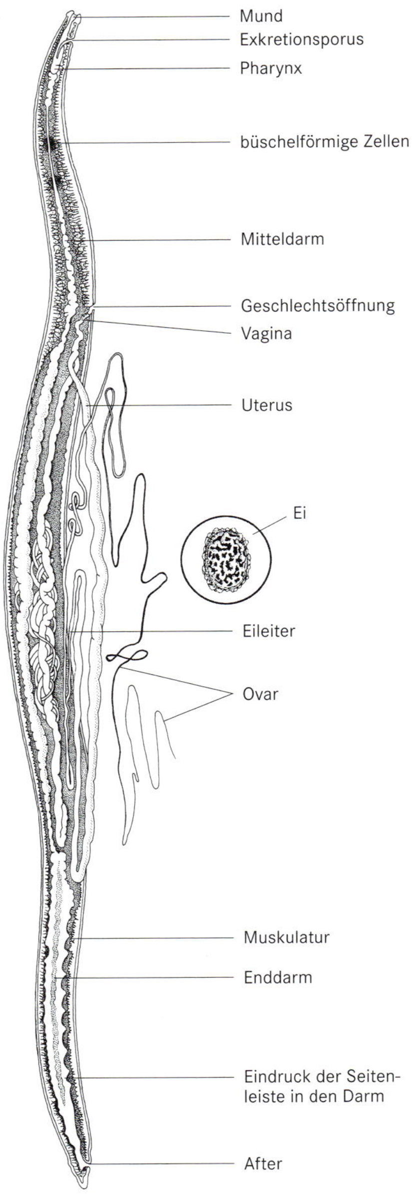

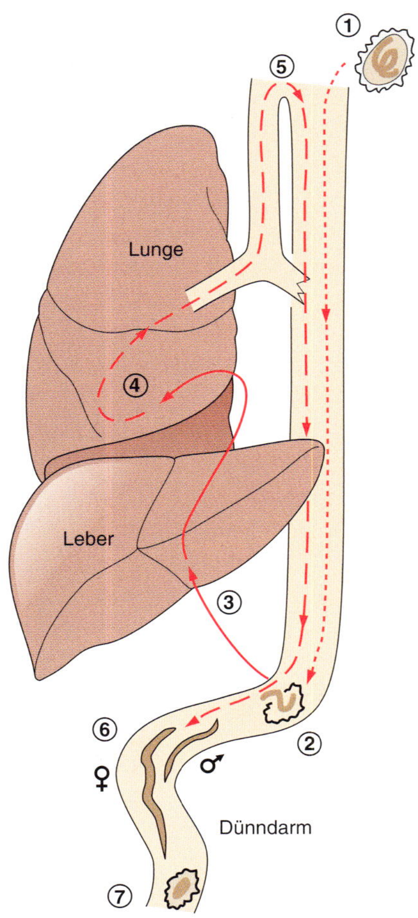

Spulwürmer: Der Schweinespulwurm *(Ascaris suum)* ist etwa 20–30 cm lang und besitzt einen spindelförmigen Körper; häufigster Dünndarmparasit unter den Würmern. Die genaue Anatomie zeigt Abbildung 11. In Abbildung 12 ist der Entwicklungszyklus von *Ascaris lumbricoides*, dem Spulwurm des Menschen, zu sehen. **Beschwerden:** Bauchschmerzen, Übelkeit, Erbrechen, Blutungen, Durchfall.

Abb. 12: Entwicklungszyklus von *Ascaris lumbricoides:* ① orale Aufnahme embryonierter Eier. ② Wanderung in den Gastrointestinaltrakt und Schlüpfen der Larven im Dünndarm, Penetration in die Schleimhaut. ③ Einschwemmung über das Blut in die Leber; über das Herz gelangen die Larven in die Lunge. ④ Wanderung im Bronchial- und Trachealumen Richtung Epiglottis. ⑤ Überwechseln in den Ösophagus, erneute Magenpassage. ⑥ Entwicklung der Larve zum adulten Wurm. ⑦ Eiausscheidung ca. 60 Tage nach Infektion. [10]

Arachnida

Zecken und Milben: Unter ihnen finden sich sowohl Land- als auch Wasserbewohner, zahlreiche Tier- und Pflanzenparasiten. Körper gegliedert in Gnathostoma (Mundregion) und Idiosoma (Rumpf); sechs Paar Extremitäten: vier Paar Laufbeine, zwei Chelizeren zur Nahrungsaufnahme und zwei Taster; Fortpflanzung getrenntgeschlechtlich.

Abb. 13: Mikroskopische Aufnahme einer Zecke (auch Holzbock genannt), *Ixodes ricinus.* [14]

Krankheiten und Beschwerden:

- **Zecken** sind blutsaugende Parasiten mit stechend-saugendem Mundwerkzeug (Abb. 13), die durch ihre Bisse viele z. T. gefährliche **Krankheiten** wie die Lyme-Borreliose oder die Frühsommermeningoenzephalitis (FSME) übertragen können.
- **Milben,** z. B. die **Krätzmilbe** (Abb. 14), verursachen Hautkrankheiten (Scabies = Acarodermatitis). Die Weibchen bohren Gänge in die Haut, in die sie ihre Eier legen; dort leben auch die Larven. Ihre Ausscheidungen führen u. a. zu Juckreiz und Kratzwunden, Bläschenbildung, Quaddeln.
- Eiweißstoffe im Kot von **Hausstaubmilben** *(Dermatophagoides pteronyssinus, D. farinae)* können beim Menschen zu allergischen Reaktionen führen. Der Kot befindet sich im Hausstaub und gelangt so in die Schleimhäute der Augen und Atemwege bzw. kommt mit der Haut in Kontakt. Folgende **Symptome** treten bei Allergikern auf: verstopfte und/oder laufende Nase, Niesreiz, gerötete Augen, Atemnotzustände, Nesselausschläge.

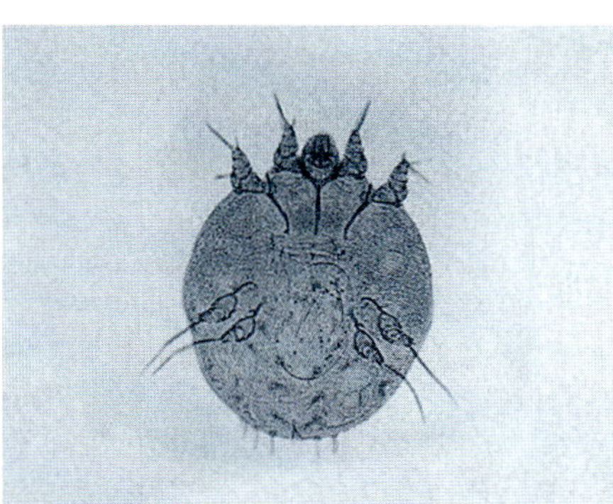

Abb. 14: Krätzmilbe, *Sarcoptes scabiei.* [26]

Insecta

Flöhe: Körper seitlich stark abgeflacht, gegliedert in Kopf, Thorax und Abdomen; Mundwerkzeuge stechend-saugend; drei Paar Sprungbeine mit „Haken" zum Festhalten am Wirt; flügellos; meist blinde Blutsauger; Fortpflanzung getrenntgeschlechtlich. **Beschwerden und Krankheiten:** Der Stich eines Flohs kann eine allergische Reaktion mit Quaddelbildung und Juckreiz verursachen. Durch seinen Stich kann der **Rattenfloh,** *Xenopsylla cheopis* (Abb. 15), die Pest übertragen.

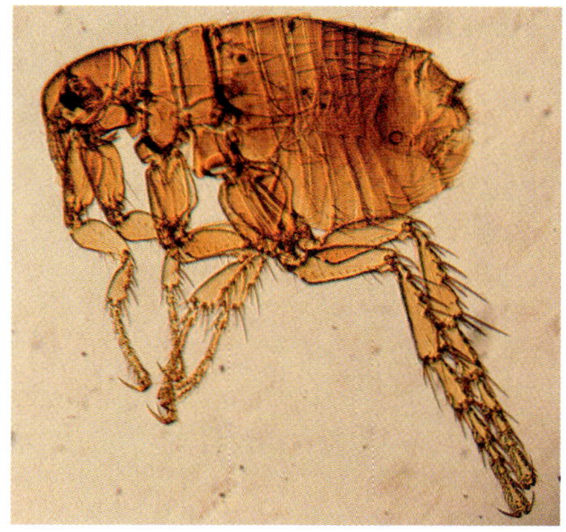

Abb. 15: Rattenfloh, *Xenopsylla cheopis.* [11]

Läuse: Körper stark abgeplattet, gegliedert in Kopf, Thorax und Abdomen, Kopf meist vorstehend; Mundwerkzeuge stechend-saugend, können auch beißend sein; drei Paar kurze Beine mit „Haken" zum Festhalten am Wirt; flügellos (Abb. 16 a). Die Nissen, die Eihüllen von **Kopfläusen** *(Pediculus humanus capitis),* kleben an Haaren (Abb. 16 b). **Beschwerden:** In unseren Breiten übertragen Läuse keine Krankheiten, ihr Biss führt jedoch zu starkem Juckreiz, und durch Kratzen kommt es zu einer Entzündung der Kopfhaut.

a

b

Abb. 16: Läuse: a) Kleiderlaus *(Pediculus humanus humanus)*; b) Kopflaus-Haarnisse *(Pediculus humanus capitis).* [14]

Embryologie bei Tieren I

Im Gegensatz zu Protozoen, die sich durch Quer- und Längsteilung oder Knospung vermehren, ist bei Metazoen die geschlechtliche Fortpflanzung die Regel. Bei der **Befruchtung** dringt das Spermium in die Eizelle ein. Dieser Vorgang löst verschiedene metabolische Veränderungen im Ei aus, und es wird **aktiviert.** Der erste Schritt auf dem Weg zur Embryonalentwicklung ist getan! In der **Embryogenese** von Tieren und Menschen gibt es viele Übereinstimmungen, daher ist die vergleichende Embryologie ein interessantes Forschungsgebiet.

Befruchtung

Am Beispiel des **Seeigels** kann der Mechanismus der Befruchtung gut erklärt werden (▮ Abb. 1).
Das Ei ist von einer Gallerthülle umgeben, die das Molekül Fertilisin enthält. Beim Kontakt mit dem Spermium löst dieser Stoff die sog. **Akrosomenreaktion** aus. Dabei verschmilzt das Akrosomenbläschen im Spermienkopf mit der Eimembran und setzt über Exozytose (s. S. 15) seinen Inhalt frei (①, ②). Nun wächst aus dem Vorderende des Spermiums der Akrosomenfortsatz, und die hydrolytischen Inhaltsstoffe des Akrosomenbläschens ermöglichen ein rasches Vordringen durch die Gallerte (③). Auf der Vitellinhülle, die der Eiplasmamembran aufliegt, befinden sich Bindinrezeptoren, an die die Bindinproteine des Akrosomenfortsatzes andocken. Dieser Mechanismus erfolgt nach dem „Schlüssel-Schloss-Prinzip" und dient der spezifischen Erkennung. So wird eine artfremde Befruchtung verhindert. Ei- und Spermiummembran verschmelzen (④), und der Kern des Spermiums dringt in das Eizytoplasma vor (⑤). Sobald die beiden Membranen verschmelzen (Plasmogamie), kommt es zu einem elektrischen Impuls, der über die Eioberfläche läuft und Natriumkanäle öffnet. Durch den Na^+-Anstieg entsteht das sog. **Befruchtungspotential,** d. h., das Membranpotential wird umgekehrt, und es kommt zur Depolarisation. Auf noch nicht geklärte Weise können bereits nach zwei Sekunden durch diesen **„raschen Block"** keine weiteren Spermien mehr in das Ei eindringen (wirksam für eine Minute). Eine weitere unmittelbare Folge der Verschmelzung ist die **Kortikalreaktion:** Auf der Innenseite der Eimembran befinden sich Vesikel, die Kortikalgranula. Diese entlassen durch Exozytose (s. S. 15) nach einer komplizierten Signaltransduktionskette, bei der der intrazelluläre Ca^{2+}-Gehalt stark ansteigt, ihren Inhalt (Enzyme und andere Makromoleküle) in den Raum, der zwischen Plasmamembran und Vitellinhülle liegt (perivitelliner Raum). Nach einer Minute kommt es zu einem **„langsamen Block":** Die Vitellinhülle hebt sich ab (⑥) und härtet aus (Befruchtungshülle). Das Ei ist nun langzeitig gegen weitere Befruchtungen geschützt. Der Stoffwechsel in der besamten Zelle steigt nach zwei Minuten an, ausgelöst durch eine pH-Wert-Erhöhung (auf die genauen Mechanismen wird hier nicht eingegangen). Etwa 20 Minuten später verschmilzt der männliche mit dem weiblichen Pronukleus (Karyogamie), es kommt zur eigentlichen Befruchtung und zur Entstehung der diploiden Zygote. Die erste Furchungsteilung findet 70–80 Minuten nach der Befruchtung statt.

Furchung

Nun folgt eine rasche, meist synchrone Teilung der Zygote in gesetzmäßig angeordnete **Blastomeren,** die den Größenverlust bei der Teilung nicht durch Wachstum ausgleichen, d. h., die Größe der Zygote wird nicht überschritten. Da die Zygote unterschiedliche Konzentrationen zytoplasmatischer Bestandteile aufweist und durch die Teilungen, die bei jedem Organismus nach einem festen Muster verlaufen, jedem Blastomer ein bestimmter Teil des Zytoplasmas zukommt, wird bereits hier eine wichtige Basis für die späteren Entwicklungsprozesse geschaffen. Es entsteht eine **Polarität,** die durch Konzentrationsgefälle zytoplasmatischer Komponenten festgelegt wird (RNA, Proteine, Dotter). Es gibt verschiedene Furchungstypen, deren Verlauf u. a. von der im Ei vorhandenen Dottermenge abhängig ist:

Fische, Reptilien und Vögel: Das Ei ist extrem dotterreich (telolecithaler Dotter) und furcht sich **partiell-diskoidal** (= meroblastisch), d. h., ein Großteil der Eizelle bleibt zunächst ungefurcht. Die Furchung findet am animalen, plasmareichen Teil des Eis statt, was zur Ausbildung der Keimscheibe führt, die dem Dotter als Kappe aufliegt.

Insekten: Das extrem dotterreiche Ei mit centrolecithalem (im Zentrum konzentriertem) Dotter furcht sich **partiell-superfiziell.** Der Zygotenkern, der im Dotter-Entoplasma-System liegt, teilt sich vielfach, und die Tochterkerne wandern in die oberflächliche Plasmaschicht. Es bildet sich ein **Syncytium,** d. h. eine Zelle mit vielen Kernen in einem gemeinsamen Zytoplasma. Es erfolgt die Teilung in viele Zellen, wovon

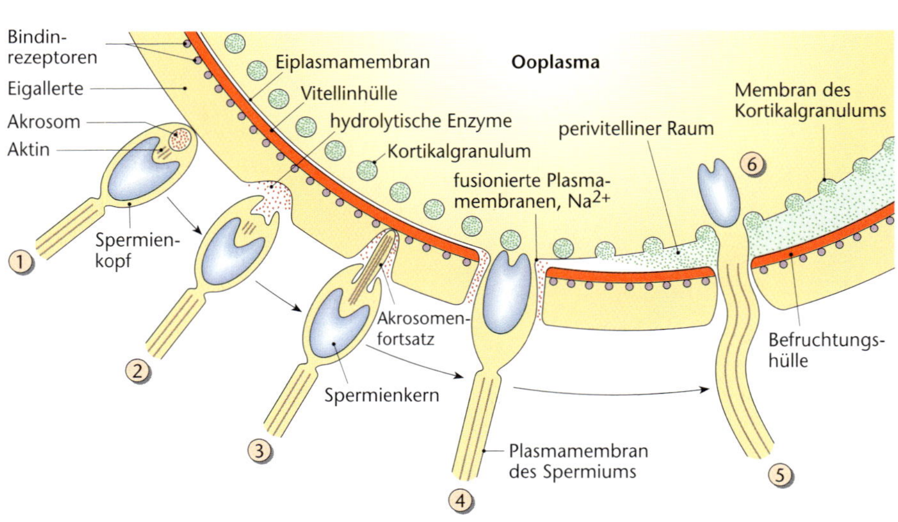

▮ Abb. 1: Schematische Darstellung der Befruchtung eines Seeigeleis (Einzelheiten s. Text). [nach 8]

Tab. 1: Übersicht über die verschiedenen Furchungstypen.

	Tiere	Dottergehalt	Dotterlage	Furchung	Kennzeichen
Meroblastier	Reptilien und Vögel	extrem dotterreich	telolecithal	partiell-diskoidal	Ausbildung der Keimscheibe
Meroblastier	Insekten	extrem dotterreich	centrolecithal	partiell-superfiziell	Bildung eines Syncytiums
Holoblastier	Amphibien	mäßig dotterreich	telolecithal	holoblastisch, total inäqual	Makro- und Mikromerenbildung
Holoblastier	Säuger	dotterarm	isolecithal	holoblastisch, total äqual	alle Zellen gleich groß
Holoblastier	Schnecken/Würmer	sehr dotterarm	centrolecithal	holoblastisch, Spiralfurchung	Blastomer immer auf Lücke mit den benachbarten Blastomeren

jede einen Kern erhält. Das entstandene **Blastoderm** besteht aus ca. 600 Zellen und umhüllt eine zentrale Dottermasse.

Amphibien: Das Ei ist mäßig dotterreich und durchläuft eine **total inäquale Furchung.** Der telolecithale Dotter wird am vegetativen Pol konzentriert. Dort entstehen große dotterhaltige **Makromere,** am animalen Pol werden kleine dotterfreie **Mikromere** gebildet.

Säuger: Das dotterarme Ei furcht sich **holoblastisch,** und zwar **total äqual.** Der isolecithale Dotter wird gleichmäßig verteilt. Alle Zellen besitzen die gleiche Größe.

Schnecken/Würmer: Das Ei ist sehr dotterarm (centrolecithaler Dotter) und durchläuft eine **Spiralfurchung.** Die Teilungsspindeln sind gegen die Äquatorial- und Meridionalebene geneigt, so steht ein Blastomer immer auf Lücke mit den benachbarten Blastomeren.

Das Produkt der Furchung ist meist die **Blastula,** auch **Blastozyste** genannt. In Tabelle 1 und Abbildung 2 werden die genannten Furchungstypen nochmals dargestellt.

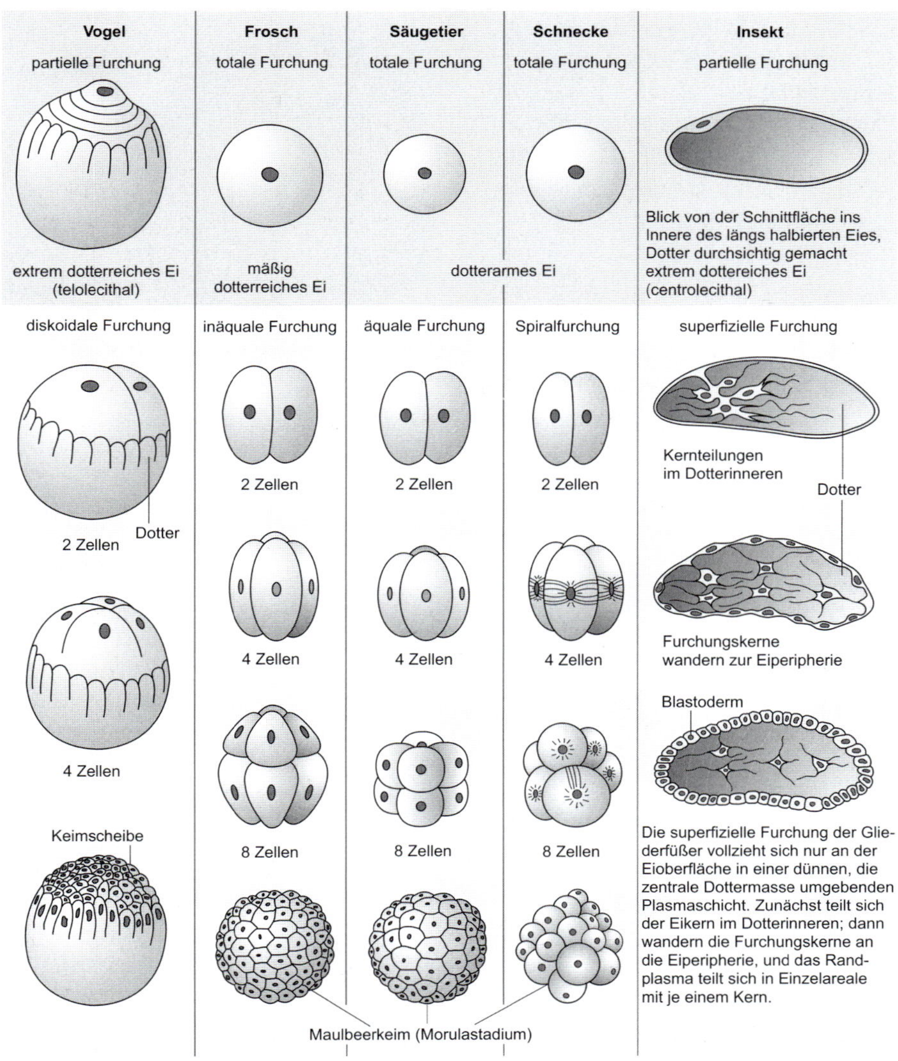

Abb. 2: Furchungstypen im Schema. [20]

Embryologie bei Tieren II

Furchung beim Frosch

Die Furchung beim Frosch ist ein klassisches Beispiel in der Biologie, das den Typ der total inäqualen Furchung schön zeigt (nach 90 Jahren Forschung ist der Frosch der am besten beschriebene Wirbeltierembryo). ▮ Abbildung 2 auf Seite 115 stellt in ihrer zweiten Spalte diesen Typ dar. Hat der Keim 32 Zellen, wird er **Morula** genannt (*lat.* morum für „Maulbeere"). Aus der Morula entwickelt sich in weiteren Teilungsschritten die **Blastula,** eine hohle Zellkugel.
Die Zellen haben nun eine sehr hohe Affinität zueinander und umschließen im Inneren das flüssigkeitsgefüllte **Blastozoel** (primäre Leibeshöhle). Aufgrund der inäqualen Teilung liegt beim Frosch das Blastozoel nicht zentral (▮ Abb. 3). Je nach Lage der Zellen in der Blastula bilden sie später **Ekto-, Meso- oder Entoderm.**

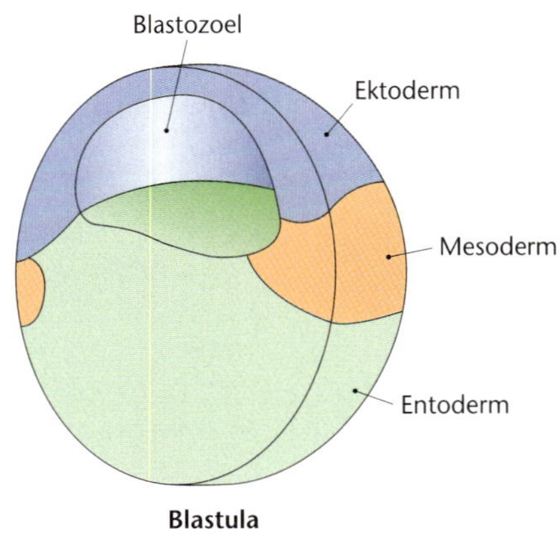

▮ Abb. 3: Froschblastula mit ca. 128 Zellen. [nach 8]

Gastrulation beim Frosch

Als Gastrulation bezeichnet man einen großen Umbauprozess, bei dem die Zellen völlig neu angeordnet werden. Ganze Zellhaufen wandern und reorganisieren den Embryo. In dieser Phase entstehen die **drei Keimblätter,** Ektoderm, Entoderm und Mesoderm (triploblastische Organisation). Aus den Zellen dieser drei Keimblätter differenzieren sich alle Zellen des Metazoenkörpers (einige niedere Vielzeller besitzen nur Ekto- und Entoderm, man bezeichnet dies als diploblastische Organisation). Dabei variiert die Gastrulation von Tierart zu Tierart nur in Einzelheiten. Die Derivate, d. h. die Gewebe/Organe, die sich aus den Keimblättern entwickeln, sind in ▮ Tabelle 2 aufgelistet.
▮ Abbildung 4 zeigt die „Wanderung" der Zellen einer Froschblastula während der Gastrulation.
Nach der Positionierung der Keimblätter ist die Gastrulation beendet, und der Embryo kann zur **Organogenese** (Organbildung) übergehen.

Neurulation und Organogenese beim Frosch

Bei Fröschen startet die Organogenese mit der Ausbildung des **Neuralrohrs**

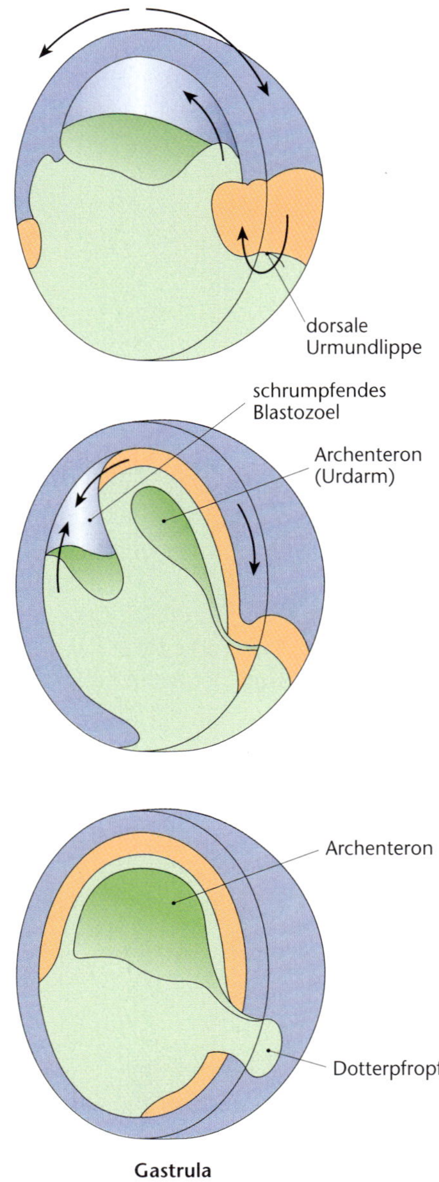

▮ Abb. 4: Gastrulation beim Frosch. [nach 8]

Derivate des		
Ektoderms	**Entoderms**	**Mesoderms**
▸ Epidermis und Derivate (z. B. Drüsen, Schuppen, Federn, Haare) ▸ Sinnesepithelien (Riechgrube, Augenblasen) ▸ Adenohypophyse ▸ Gehirn und Rückenmark aus Neuroektoderm ▸ Neuralleistenderivate aus Neuroektoderm	▸ Verdauungstrakt und seine Anhangsorgane, u. a. die epitheliale Auskleidung des Respirationstrakts, der Harnröhre/-blase, Leber-, Thymus- und Pankreasparenchym ▸ Leber ▸ Schilddrüse ▸ Lunge ▸ Pankreas	▸ Skelett und Chorda dorsalis ▸ Muskulatur (auch das Herz) ▸ Gefäßsystem ▸ Exkretionssystem ▸ Gonaden

▮ Tab. 2: Derivate der drei Keimblätter.

und der **Chorda dorsalis** (typischer/-s Achsenstab/Stützelement der Chordaten, denen auch die Vertebraten [Wirbeltiere] angehören, s. S. 118 f.). Die Chorda dorsalis entsteht durch Kondensation dorsalen Mesoderms oberhalb des Darms. Sie stützt und streckt den Embryo. Links und rechts entlang der gesamten Chorda dorsalis finden sich die Somiten, Zellblöcke mesodermaler Herkunft (Ursegmente, s. a. S. 119). Aus ihnen entwickeln sich später u. a. Wirbel und die Muskulatur, die mit dem Achsenskelett verbunden ist. Die Chordadifferenzierung induziert die Bildung der **Neuralplatte** im darüberliegenden Ektoderm. In einem Prozess der Einfaltung schließen die **Neuralwülste** die Neuralplatte ein und bilden das **Neuralrohr** (Abb. 5). Aus diesem entwickeln sich später Gehirn und ZNS. Zusätzlich spalten sich bei den Chordaten im Bereich des neuralen Rückenschlusses beidseitig die **Neuralleisten** ab. In der folgenden Entwicklung wandern diese **multipotenten Zellen** in alle Bereiche des Körpers ab und bilden unterschiedlichste Gewebe, wie Hautpigmentzellen, bestimmte Schädelknochen und -muskeln, Zahnanteile, sensorische und sympathische Ganglien des PNS. Nach Abschluss der Neurulation wird das Resultat als **Neurula** bezeichnet.

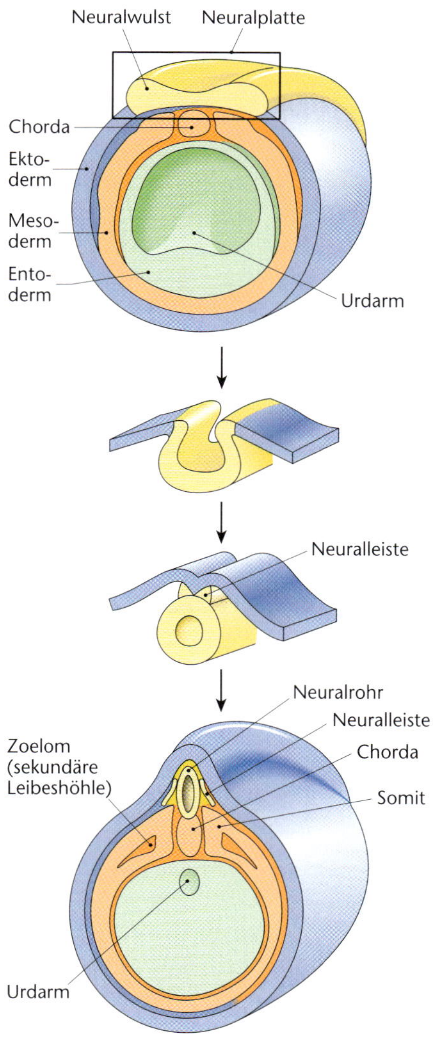

Abb. 5: Neurulation beim Frosch. [nach 8]

Klinik: Die unvollständige Ausbildung eines Organs wird als Hypoplasie bezeichnet. Unterbleibt die Entwicklung eines Organs aus der embryonalen Anlage völlig, spricht man von Aplasie.

Die komplette Amphibienentwicklung am Beispiel eines Molchs *(Necturus maculosus)* ist in der folgenden Abbildung 6 nochmals zusammengefasst. Darin erkennt man auch die Entwicklung des **Blastoporus** (Urmund), der sich an der Grenze zwischen den Makro- und den Mikromeren entwickelt. Er ist die einzige Öffnung des **Archenterons** (Urdarm). Bei der großen Gruppe der **Deuterostomier** („Neumünder"), zu der alle Vertebraten zählen, bildet sich zu einem späteren Zeitpunkt der „neue Mund" am anderen Ende des Darms, und der Urmund wird zum After.

Klinik: Stammzellen besitzen die Fähigkeit, sich zu teilen und sich weiter zu differenzieren. Je nach Entwicklungsfähigkeit werden folgende Stammzellen unterschieden:
- Kommitierte Stammzellen, die verschiedene Zellen eines Zellsystems bilden können
- Multipotente (auch pluripotente) Stammzellen, die Organe oder Organteile bilden können
- Omnipotente (auch totipotente) Stammzellen, die sich zu einem ganzen Organismus bzw. Individuum entwickeln können

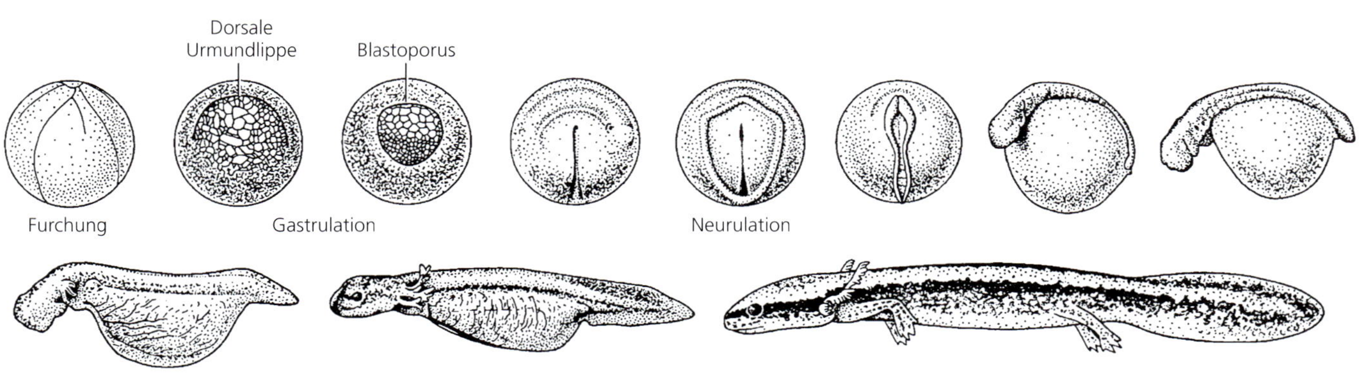

Abb. 6: Entwicklung eines Molchs. [43]

Embryologie bei Tieren III

Gastrulation und Neurulation beim Huhn

Wie in ▮ Abbildung 2 auf Seite 115 zu erkennen ist, liegt die **Keimscheibe** nach der Furchung wie eine Kappe auf dem Dotter. Die Blastomeren trennen sich in eine obere Schicht, den **Epiblast,** und eine untere Schicht, den **Hypoblast.** Zwischen ihnen befindet sich das Blastozoel (▮ Abb. 7a).
Wie beim Frosch wandern während der Gastrulation Embryonalzellen in das Innere, jedoch ist der Weg ein ganz anderer (▮ Abb. 7b). Dabei entwickelt sich die sog. **Primitivrinne,** die die anterior-posteriore Achse des Vogelembryos markiert. Die aus dem Epiblast in das Innere gewanderten Zellen bilden das Mesoderm (laterale Wanderung), andere lagern sich zu den Zellen der Hypoblastschicht und bilden das Entoderm. Die verbliebenen Epiblastzellen auf der Außenseite werden zu Ektoderm.

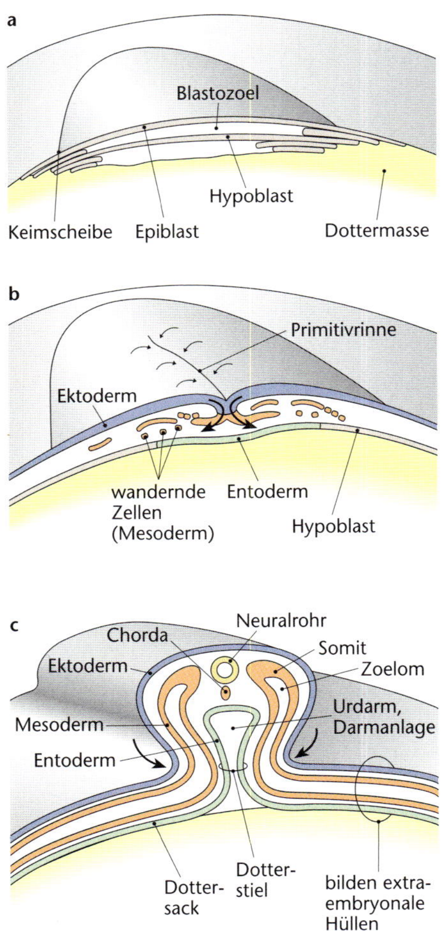

▮ Abb. 7: Furchung und Gastrulation des Hühnerembryos. [nach 8]

Beim Vogel bilden ausschließlich die Zellen der Epiblastschicht die drei Keimblätter aus!

Im dritten Schritt schnürt sich der dreischichtige Embryo fast vom Dotter ab, bleibt aber über den **Dotterstiel** mit diesem in Verbindung (▮ Abb. 7c). Neuralrohr, Chorda und Somiten entstehen wie im Froschembryo (s. S. 117, ▮ Abb. 5).

Lebendpräparat eines Hühnerembryos

Ein beliebter Versuch ist das Eröffnen eines bebrüteten Hühnereis. Es wird ein sog. **Ringpräparat** eines etwa 60 Stunden alten Hühnerembryos angefertigt: Das Ei darf vor dem Öffnen nicht mehr bewegt werden, damit die Keimscheibe oben zum Liegen kommt. Es wird vorsichtig aufgeschlagen, und der Inhalt wird in eine Lösung (Tyrode) überführt. Der Dotter muss dabei so in die Schale gleiten, dass die Keimscheibe oben aufliegt. Die Lösung samt dem größten Teil des Eiklars wird abgeschüttet. Über die Keimscheibe wird ein Ring aus Filterpapier gelegt, der nach 10 Minuten völlig durchtränkt ist. Die Dottermembran wird um den Ring herum geschnitten, und der Ring mitsamt der Keimscheibe, die daran haftet, wird angehoben und in eine Petri-Schale übertragen. Unter dem Mikroskop erkennen Sie nun einen winzigen Embryo, der eine Kopfregion, Augenbläschen, das Herz, Somiten und ein Neuralrohr aufweist.

Vergleichende Embryologie

Wie bereits erwähnt, verläuft die Embryonalentwicklung der Vertebraten teilweise homolog. Von Baer stellte Mitte des 19. Jahrhunderts schon fest, dass Vertebratenembryonen sich in ihren Entwicklungsstadien umso ähnlicher sind, je jünger sie sind **(Gesetz der Embryonenähnlichkeit).** Betrachtet man die erste horizontale Reihe in ▮ Abbildung 8, erkennt man die starke Ähnlichkeit von Hai-, Reptilien-, Vogel- und Säugerembryo. Molekularbiologen fanden bei zahlreichen Tierklassen Gene (sog. **hox-**

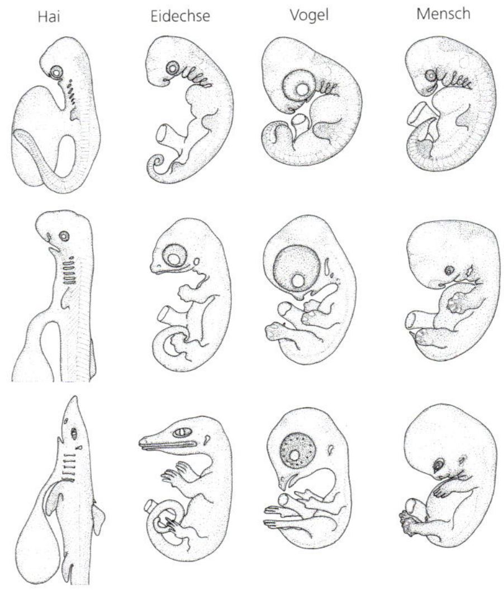

▮ Abb. 8: Vergleichende Embryologie bei Vertebraten: vier Vertreter in drei unterschiedlichen Entwicklungsstadien. [43]

Gene), die während der Embryogenese für die Körpergrundgestalt verantwortlich sind. Es gibt Gene, die bei Vertebratenembryonen die Dorsalseite „programmieren" oder bei Frosch und Maus gleichermaßen die Induktion z. B. der Kopfregion verantworten. Auch die Präparation eines dieser vier Embryonen könnte einer Ihrer Praktikumsversuche sein.

Exkurs: Abstammungsgeschichte

Passend zur vergleichenden Embryologie bietet sich hier ein kurzer Exkurs in die Abstammungsgeschichte der Vertebraten an. ▮ Abbildung 9 zeigt einen stark vereinfachten Stammbaum, der den „Weg" von der Gruppe der **Deuterostomier** (Neumünder, s. S. 117) bis zu den **Vertebraten** zeigt. Die Verwandtschaftsbeziehungen entsprechen dem derzeitigen Stand der Wissenschaft, werden jedoch laufend umgeworfen. Folgt man dem Pfad der gelben Kästchen, gelangt man bis zu den **Mammalia** (Säugetiere).
Auf diesem Pfad ist zu erkennen, dass die frühen Ursprünge der Vertebraten in der Evolution der **Chordaten** (Chordatiere) liegen. Diese sind u. a. gekennzeichnet durch ein dorsales Neuralrohr, die darunter liegende Chorda dorsalis (zentrales Stützelement, das bei Muskelaktivität Verkürzung und Kompression des Körpers verhindert, s. S. 117) und

einen Kiemendarm (Organ primär zur Nahrungsaufnahme durch Wasserfilterung, sekundär zur Kiemenatmung). **Tunicaten** (Manteltiere) besitzen diese typischen Charakteristika nur im Larvenstadium, **Somitichordaten** (Chordatiere mit Somiten [Ursegmente]) auch in ihren Adultformen. Ein weiterer evolutionärer Schritt findet mit der **Cephalisation** auf dem Weg zu den **Cranioten** (Schädeltiere, 50 000 rezente Arten) statt, die bis heute als Embryonen noch alle Chordatenmerkmale zeigen. Unter Cephalisation versteht man die Konzentration des Munds, der Kiemen und Sinnesorgane (für die aktive Erforschung neuer Umgebung) an einem abgesetzten vorderen Ende. Die Entwicklung eines Körpervorder- und -hinterendes führt zu einer neuen Dreiteilung des Körpers in Kopf, Rumpf und Schwanz. Die Gehirnentwicklung mit Groß-, Klein-, Zwischen-, Mittel- und Nachhirn als Erweiterung des vorderen Endes des Neuralrohrs ist notwendig, damit die Reize, die auf die neuen Sinnesorgane treffen, verarbeitet werden können. Zum Schutz dieser sensiblen Organe bildet sich bei den Cranioten eine neue Struktur: das Cranium aus Knorpel oder Knochen. Für die effektive Fortbewegung sorgen Myomere (segmentale Muskelpakete), die gut befestigt sein müssen. Die Bildung eines Aufhängungssystems ist erforderlich und führt bei den **Vertebraten** zur Bildung der Wirbel um das Neuralrohr. Die Chorda dorsalis wird embryonal noch angelegt, bei Adulti ist sie meist vollständig reduziert. Größe und Aktivität der Tiere nehmen zu, und der Energiebedarf steigt (Metabolismus ↑). Die Kiemen werden von knorpeligen oder knöchernen Kiemenbögen und -muskeln gestützt. Diese ermöglichen ein aktives Erweitern und Komprimieren der Kiemen, was zur verbesserten Sauerstoff- und Nahrungsaufnahme führt. In der weiteren Entwicklung wird der vorderste Kiemenbogen zu Kiefern umfunktioniert. Zum effizienteren Aufschluss der Nahrung wird der Darm in verschiedene Abschnitte untergliedert (Magen, Dick-, Dünndarm) und bildet Derivate (Leber und Pankreas). Sauerstoff, aus der Verdauung gewonnene Nährstoffe und Hormone werden über den Blutkreislauf gleichmäßig im Körper verteilt; Giftstoffe und Kohlenstoffdioxid werden von den Organen zu den Nieren bzw. Kiemen transportiert. Insgesamt findet in diesem Prozess ein Übergang von passiven Filtrierern zu aktiven Räubern statt.

Die Entwicklung landbewohnender, lungenatmender **Tetrapoden** (Vierbeiner), deren Vorfahren die oben beschriebenen wasserbewohnenden, kiemenatmenden Vertebraten sind, bringt weitere große Anpassungsprozesse aller Organsysteme mit sich, wie z. B. den Umbau des Herz-Kreislauf-Systems, der auf den Seiten 120–121 für alle fünf Vertebratenklassen besprochen wird.

Wichtig: Die beschriebene Abstammungsgeschichte soll Ihnen helfen, zu verstehen, woraus und warum Körperstrukturen gebildet werden/wurden. Diese „lineare Evolution" hat so nicht stattgefunden. Derartige Darstellungen dienen nur zur Übersicht und zeigen keinen direkten Entwicklungsweg von einer Körperstruktur zur nächsten. Übergangs- und Zwischenformen haben – auch wenn sie fossil nicht erhalten oder entdeckt worden sind – sicherlich existiert.

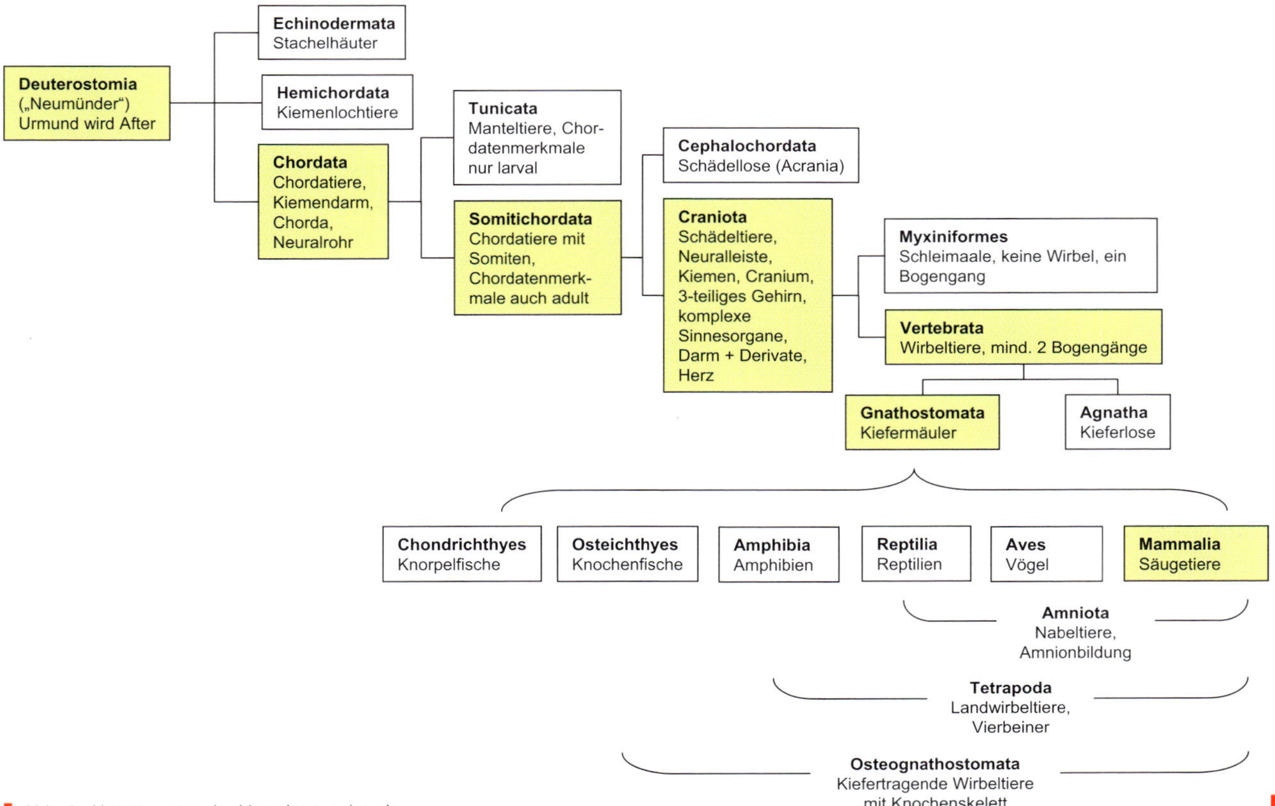

Abb. 9: Abstammung der Vertebraten (stark vereinfacht). Wichtige, die Gruppe kennzeichnende Merkmale (Synapomorphien) sind genannt. [34]

Vergleichende Anatomie der Vertebraten

Das **Herz-Kreislauf-System** aller Cranioten (s. S. 119) geht auf eine gemeinsame ursprüngliche Anlage zurück. Während der Entwicklung wird der ursprüngliche Anlageplan der Hauptblutgefäße in jedem Craniotenembryo rekapituliert (s. S. 118).
Alle Vertebraten besitzen eine zentrale Blutpumpe, das **Herz.** Ursprünglich empfängt und pumpt es sauerstoffarmes Blut des Körperkreislaufs über die **Kiemenbogenarterien (KBA)** durch die Kiemengefäße, wo die Sauerstoffaufnahme stattfindet.

Merke: Das Herz ursprünglicher und höherer Fische sowie von Amphibienlarven transportiert niemals sauerstoffreiches Blut!

Im Lauf der Evolution der Vertebraten zeigen sich eine **Reduktion der KBA** sowie ein Umbau des sehr „einfachen" Herzens zu einem Doppelherz, das bei Vögeln und Säugetieren eine **vollständige Trennung** von Körper- und Lungenkreislauf ermöglicht.

Kiemenbogenarterien und Herzbau

Ursprüngliche Fische

Bei kiemenatmenden Vertebraten liegt das Herz ventral hinter der Kiemenregion und kann bei allen Fischen in **vier aufeinanderfolgende Abschnitte** untergliedert werden: Kaudal befindet sich der dünnwandige **Sinus venosus,** in den sauerstoffarmes Blut der Körpervenen eintritt. Der folgende Abschnitt wird als **Atrium** (Vorhof) bezeichnet, das in einen muskulösen **Ventrikel** (Hauptkammer) mündet. Der letzte, rostral gelegene muskelstarke Abschnitt wird als **Conus** oder (falls erweitert) **Bulbus arteriosus** bezeichnet. Hier befinden sich Klappen, die den Blutrückstrom verhindern (▮ Abb. 1a). Bei ursprünglichen Fischen wird das sauerstoffarme Blut nach rostral über die Aorta ventralis gepumpt. Von der Aorta führen sechs KBA das Blut nach dorsal durch die Kiemengefäße (afferente KBA), wo die Sauerstoffaufnahme stattfindet. Über efferente KBA und die paarigen dorsalen Aortenwurzeln wird das sauerstoffreiche Blut zu der unpaaren Aorta dorsalis transportiert, die das Blut nach kaudal führt. Über zahlreiche abführende Gefäße werden alle Organe des Körpers mit sauerstoffreichem Blut versorgt.

Höhere Fische

Das Herz entspricht im Aufbau etwa dem der ursprünglichen Fische. Bei höheren Fischen (und Amphibienlarven) sind die KBA I und II vollständig reduziert. KBA III, IV, V und VI verlaufen, wie oben beschrieben, durch die Kiemengefäße über die Aortenwurzeln zur Aorta dorsalis (▮ Abb. 1b).

Adulte Amphibien

Adulte Amphibien besitzen Lungen und können zusätzlich über die Haut atmen. Der Körperkreislauf wird vom Lungenkreislauf getrennt. Dazu wird das Herz in **drei Kammern** – **linkes** und **rechtes Atrium** sowie einen **ungeteilten Ventrikel** – untergliedert. Der embryonal angelegte **Sinus venosus** wird in das rechte Atrium aufgenommen und übernimmt die „Schrittmacherfunktion". In das rechte Atrium münden die Körpervenen, in das linke die Lungenvenen. Muskelbalken, sog. **Trabekel,** im Ventrikel und **komplexe Strömungsverhältnisse** verhindern, dass sich sauerstoffarmes und -reiches Blut stark durchmischen. Die KBA III bilden die Kopfschlagadern, die überwiegend sauerstoffreiches Blut transportieren. Die KBA IV werden zu den paarigen Aortenwurzeln, die Mischblut führen. Bei den meisten Amphibien, wie z. B. den Fröschen, sind die KBA V reduziert; bei vielen Salamandern sind sie noch als zweiter Aortenbogen ausgebildet. Sauerstoffarmes Blut fließt über die KBA VI, die Lungen-Haut-Arterien, zu Lunge und Haut (▮ Abb. 1c).

Reptilien

Das Herz untergliedert sich in **linkes** und **rechtes Atrium** (+ Sinus venosus) und einen **teilweise getrennten Ventrikel.** Dadurch ist die Trennung von sauerstoffreichem und -armem Blut noch nicht vollkommen möglich, und zwischen Lungen- und Körperkreislauf kann kein besonders großer Druckunterschied aufgebaut werden. Krokodile sind die einzigen Reptilien, bei denen der Ventrikel durch eine Scheidewand vollkommen geteilt ist. Bei allen Amnioten zeigen sich eine ausgeprägte Asymmetrie und eine Überkreuzung der Aortenbögen. Dem Herz der Reptilien entspringen im Gegensatz zu Amphibien nicht eine ventrale Aorta, sondern **drei** Gefäße. Dies ist zunächst der rechte Aortenbogen (KBA IV), welcher den Rumpf mit sauerstoffreichem Blut versorgt. Aus ihm nehmen die KBA III, die den Kopf versorgen, ihren Ursprung. Der nach links abbiegende Aortenbogen (KBA IV) ist schwächer ausgebildet und führt Mischblut zum Rumpf. Sauerstoffarmes Blut wird über die KBA VI, die Pulmonalarterien, zur Lunge transportiert (▮ Abb. 1d).

Vögel

Bei Vögeln sind Körper- und Lungenkreislauf zwei vollständig getrennte Systeme. Das Herz ist unterteilt in **linkes** und **rechtes Atrium** (+ Sinus venosus), **linken** und **rechten Ventrikel** und kann vom Herz der Reptilien abgeleitet werden (s. u.). Aufgrund der Blutkreislauftrennung arbeitet das Herz aller Vögel mit einem deutlichen Druckunterschied zwischen linker und rechter Hälfte. So ist es möglich, den für den Körperkreislauf nötigen Druck aufzubauen, ohne eine Überlastung des Lungenkreislaufs zu riskieren. Der vom rechten Ventrikel nach links abbiegende Aortenbogen (KBA IV) wird bei Vögeln embryonal angelegt, frühzeitig aber wieder vollständig reduziert. Adulte Vögel verfügen nur über einen rechten Aortenbogen (KBA IV), der dem linken Ventrikel entspringt. Die KBA III bilden die Halsschlagadern und sind mit dem Aortenbogen verbunden, die KBA VI führen aus dem rechten Ventrikel sauerstoffarmes Blut zur Lunge (▮ Abb. 1e).

Säugetiere

Das Herz der Säugetiere ist wie bei den Vögeln in **linkes** und **rechtes Atrium** (+ Sinus venosus) sowie **linken** und **rechten Ventrikel** unterteilt. Es trennt ebenfalls sauerstoffreiches und -armes Blut und sorgt für einen deutlichen Druckunterschied zwischen linker und rechter Hälfte. Alle Säuger besitzen nur den linken Aortenbogen (KBA IV), der aber wie bei den Vögeln im linken Ventrikel seinen Ursprung nimmt (▮ Abb. 1f). Wie bei den Reptilien und Vögeln bilden die KBA III die Halsschlagadern und sind mit dem Aortenbogen verbunden. Die KBA VI führen aus dem rechten Ventrikel sauerstoffarmes Blut zur Lunge.

Merke: Das Vogelherz lässt sich eindeutig vom Herz der Reptilien ableiten. Der linke Aortenbogen (KBA IV) wird früh in der Entwicklung zurückgebildet. Dagegen hat sich das Doppelherz von Vögeln und Säugetieren in der Evolution vollkommen unabhängig voneinander zweimal entwickelt!

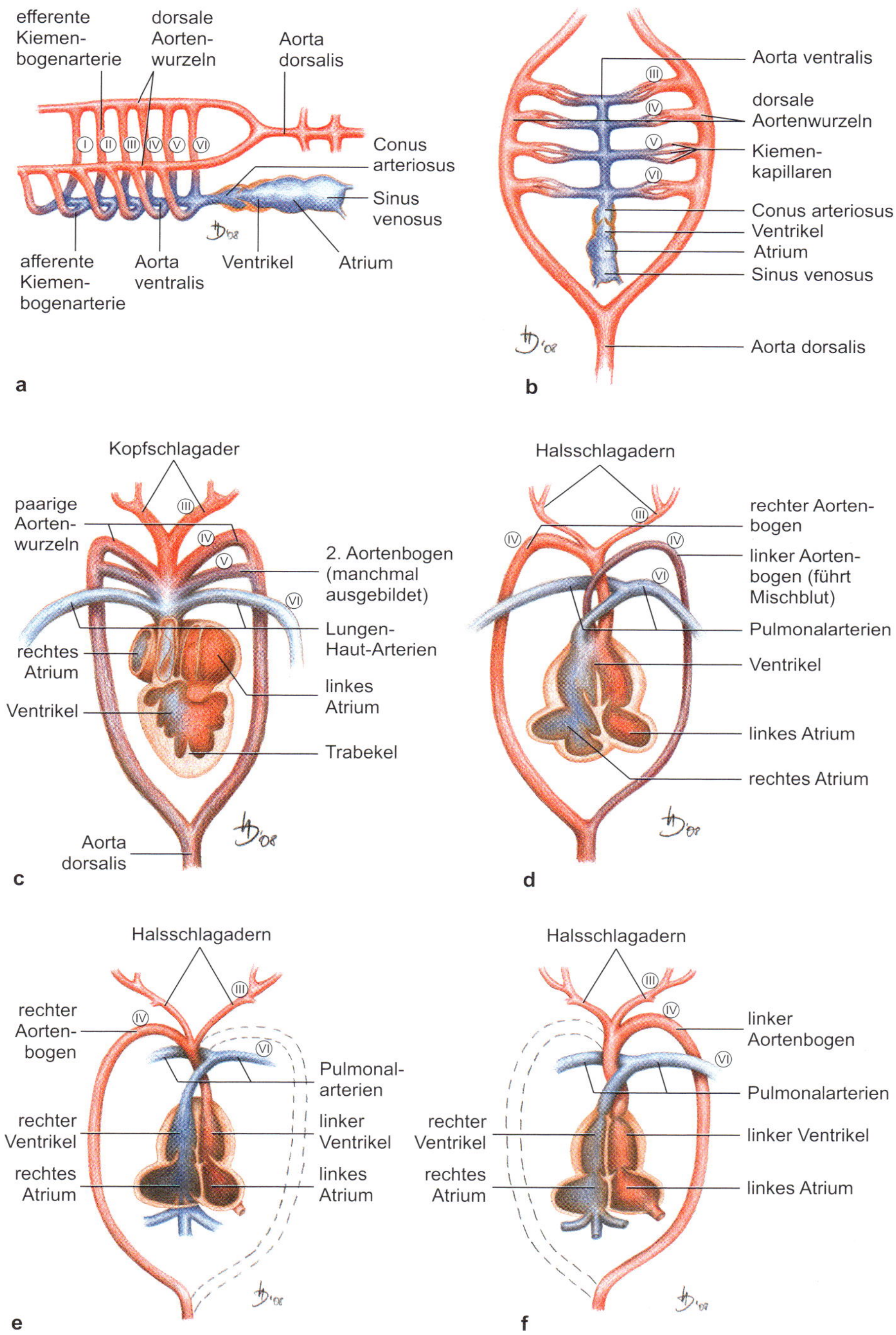

▮ Abb. 1: Schemata von Herz-Kreislauf-Systemen: a) ursprüngliche, kiemenatmende Vertebraten (Kiemenkapillaren nicht dargestellt); b) höhere Fische; c) adulte Amphibien (mit zweitem Aortenbogen KBA V, z. B. Salamander); d) Reptilien; e) Vögel, rechter Aortenbogen ausgebildet; f) Säugetiere, linker Aortenbogen ausgebildet. [15]

Blutuntersuchungen

Blutgruppenanalysen

Es kann sein, dass Sie im Praktikum die Blutgruppenbestimmung Ihres Bluts durchführen. Sollte dies nicht der Fall sein, ist es aber trotzdem ratsam, für die Prüfungen die Erbgänge und Analyseverfahren zu kennen. Beim Menschen gibt es sehr viele Blutgruppensysteme. Im Folgenden werden das AB0- und das Rhesussystem besprochen.

AB0-System

Genetische Grundlagen

Die Vererbung des AB0-Blutgruppensystems geht auf einen **autosomal-dominanten** Erbgang zurück und erfolgt **monogen,** d. h., ein Gen ist verantwortlich für die Ausprägung eines bestimmten Merkmals. Der Genort liegt auf dem Chromosomenpaar 9. Wie im Kapitel „Populationsgenetik" auf den Seiten 74–75 besprochen, kommen Gene in mehreren **Allelen** (Zustandsformen) vor. Dieses Phänomen wird als **multiple Allelie** bezeichnet. Im Fall der Blutgruppen des AB0-Systems existiert das Gen in drei Zustandsformen: A für Antigen A, B für Antigen B und 0 für kein Antigen. Bei den Antigenen handelt es sich um **Glykoproteine** auf der Zelloberfläche von Erythrozyten. Die Allele für Blutgruppe A und B sind dominant über 0. Im heterozygoten Zustand verhalten sich die Alle für Blutgruppe A und B kodominant, d. h., Personen, die beide Allele besitzen, haben Blutgruppe AB. Jeder Mensch hat Antikörper im Blutserum, die die Blutgruppe abwehren, die er selbst nicht hat (▮ Tab. 1).

Blutgruppe (Phänotyp)	A	B	AB	0
Antigene	A	B	A und B	keine
Antikörper	Anti-B	Anti-A	keine	Anti-A und -B
Genotyp	AA oder A0	BB oder B0	AB	00

▮ Tab. 1: Blutgruppen: Antigene, Antikörper und Genotypen.

Aus der folgenden ▮ Abbildung 1 geht hervor, dass die meisten Menschen in Deutschland Blutgruppe A haben, dicht gefolgt von Blutgruppe 0. Bei Bluttransfusionen ist zu beachten, dass sich die Blutgruppen nicht ohne Weiteres mischen lassen. Blut unterschiedlicher Blutgruppen verklumpt, da sich die Antikörper an die Oberflächenantigene anheften und es zu einer Agglutination der roten Blutkörperchen kommt. Dabei haben Personen mit der relativ seltenen AB-Blutgruppe insofern Glück, da sie keine Antikörper besitzen und daher Blut aller anderen Blutgruppen erhalten können.

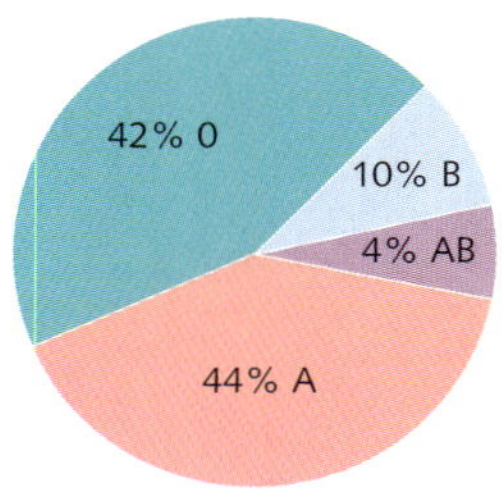

▮ Abb. 1: Häufigkeit der Blutgruppen in der deutschen Bevölkerung. [21]

Die Vererbung der Blutgruppen folgt den Mendelschen Regeln (s. S. 46 f.). Die Nachkommen können bei den in ▮ Tabelle 2 genannten Kombinationen elterlicher Allele in den Keimzellen die dort aufgelisteten Genotypen aufweisen.

Allele (Keimzellen)	A	B	0
A	AA	AB	A0
B	AB	BB	B0
0	A0	B0	00

▮ Tab. 2: Mögliche Kombinationen elterlicher Allele (Keimzellen) und die Genotypen der Nachkommen.

Mit Hilfe der Blutgruppenanalyse können Vaterschaftsausschlussverfahren durchgeführt werden, d. h., bestimmte Blutgruppenkonstellationen schließen sich aus (▮ Tab. 3).

Blutgruppe der Mutter	Blutgruppe des Kindes	Der Vater hat diese Blutgruppe NICHT
B	AB, A	B, 0
A	AB, B	A, 0
0	A, B	0
0	0	A, B, AB

▮ Tab. 3: Diese Blutgruppenkonstellationen schließen sich aus.

Analyse

Wenn man bestimmte Blutgruppen mischt, führt dies zur Agglutination. So können mittels Testseren, die Antikörper enthalten, ganz einfach die Blutgruppen bestimmt werden. Dazu werden die Seren mit Anti-A-, Anti-B- und Anti-A-/Anti-B-Antikörpern auf spezielle Platten getropft und mit einem Tropfen Blut der Testperson gemischt (▮ Abb. 2).
Dieser sog. **Tüpfeltest** könnte Ihnen im Praktikum begegnen. Dazu werden in drei Vertiefungen der Tüpfelplatte je 50 µl der drei Testantiseren pipettiert (bei jedem Serum eine andere Pipettenspitze nehmen!). Geben Sie je einen Tropfen Ihres Bluts dazu und durchmischen Sie die Reaktionspartner. Nach fünf Minuten Inkubation bei Raumtemperatur kann das Ergebnis abgelesen werden.
Es gibt auch den umgekehrten Test, bei dem Serumantikörper mit Testblutkörperchen ermittelt werden.

Rhesussystem

Genetische Grundlagen

Die genetischen Grundlagen dieses Systems entsprechen im Wesentlichen denen des AB0-Systems. Es basiert ebenfalls auf

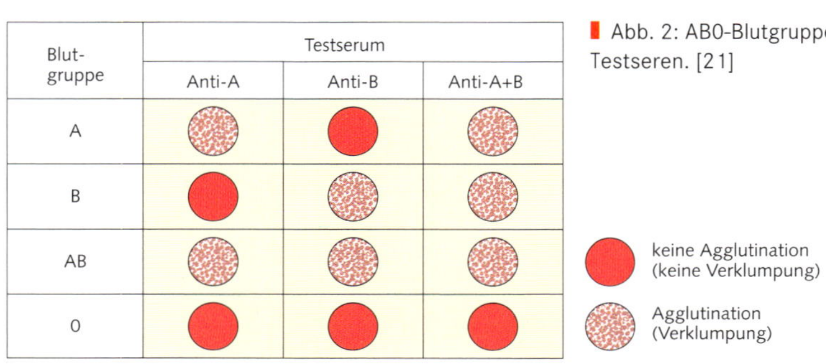

▮ Abb. 2: AB0-Blutgruppenbestimmung mit Testseren. [21]

Oberflächenantigenen, **sog. Rhesusfaktoren** (Eiweißstrukturen), auf der Erythrozytenmembran. Am bekanntesten ist der Rhesusfaktor D, welcher das stärkste antigene Potential besitzt. Personen mit dem Antigen D sind Rh^+ (Rhesus-positiv); dies trifft auf etwa 85% der mitteleuropäischen Bevölkerung zu. Die restlichen 15% sind Rh^- (Rhesus-negativ), was bedeutet, dass ihnen der Rhesusfaktor fehlt (▮ Tab. 4). Dies wird durch den Buchstaben d symbolisiert. Im Blutserum sind ursprünglich keine Antikörper gegen Rhesusfaktoren zu finden. Gelangen Erythrozyten einer Rh^+-Person in den Blutkreislauf einer Rh^--Person (Sensibilisierung), dann werden **Anti-D-Antikörper** gebildet.

Blutgruppe (Phänotyp)	Rh^+	Rh^-
Antigene	D	keine
Antikörper	keine	keine, erst **nach Exposition mit Blutgruppe Rh^+ liegt Anti-D vor**
Genotyp	DD oder Dd	dd

▮ Tab. 4: Blutgruppen: Phänotypen, Antigene, Antikörper und Genotypen.

Bei Bluttransfusionen muss beachtet werden, dass Patienten, die Rh^- sind, nur Rh^--Blut verabreicht werden kann. Rh^+-Patienten können dagegen Rh^-- und Rh^+-Blut erhalten.

Rhesus-Unverträglichkeit

Entstehung: Ein ungeborenes Kind kann geschädigt werden, wenn eine Rh^--Frau ein Rh^+-Baby erwartet (Konstellation: Mutter Rh^- [dd], Vater Rh^+ [DD oder Dd]) und durch eine vorausgegangene Schwangerschaft mit einem Rh^+-Kind sensibilisiert wurde (s. o.). Dies kann z. B. durch Risse in der Plazenta während der Geburt passieren, wobei eine geringe Menge des kindlichen Bluts in den Kreislauf der Mutter eintritt und innerhalb von Wochen die Bildung von Anti-D-Antikörpern anregt. Bei der zweiten Schwangerschaft können die Anti-D-Antikörper durch die Plazenta in den kindlichen Blutkreislauf übertreten (sehr geringe Größe) und bei einem Rh^+-Kind die Zerstörung der roten Blutkörperchen verursachen, was zu schweren Schäden oder sogar zum Tod des Ungeborenen führen kann.

Klinik: Morbus haemolyticus neonatorum, immunologischer Hydrops fetalis oder fetale Erythroblastose beschreiben den gleichen Vorgang: die Zerstörung fetaler Erythrozyten durch Antikörper der Mutter. Folgen für das Ungeborene können sein: Gelbsucht, Hirnschäden, Tod.

Anti-D-Prophylaxe: In der Schwangerschaft und nach der Geburt werden jeder Rh^--Mutter Anti-D-Antikörper injiziert. Dies führt zur Inaktivierung potenzieller Anti-D-Antikörper. Dadurch wird die Sensibilisierung verhindert.

Analyse

Der Nachweis des Rhesusfaktors im Blut erfolgt im Praktikum meist mit dem Testserum Anti-D. Kommt es zur Agglutination, so befinden sich auf der Erythrozytenoberfläche die Antigene D, die betreffende Person ist Rh^+.

Differenzialblutbild

Ein Differenzialblutbild gibt die Zusammensetzung der Leukozyten im Blut an. Bei einer gesunden Person befinden sich neutrophile, eosinophile und basophile Granulozyten sowie Lymphozyten und Monozyten im Blut (▮ Abb. 3 und 4). Für die Diagnostik von Blutkrankheiten, Infektionen und Entzündungen spielt das Differenzialblutbild eine wichtige Rolle. Wie steht es um Ihre Blutwerte? Im Praktikum kann sehr einfach Ihr eigenes Differenzialblutbild erstellt werden. Dazu wird ein Tropfen Ihres Bluts auf einen Objektträger gegeben, ausgestrichen und getrocknet. Im Anschluss erfolgt die Färbung nach Pappenheim. Ob Ihre Werte im Normbereich liegen, lässt sich errechnen, wenn Sie 100 Leukozyten auszählen und notieren, welche Sie wie oft entdeckt haben.

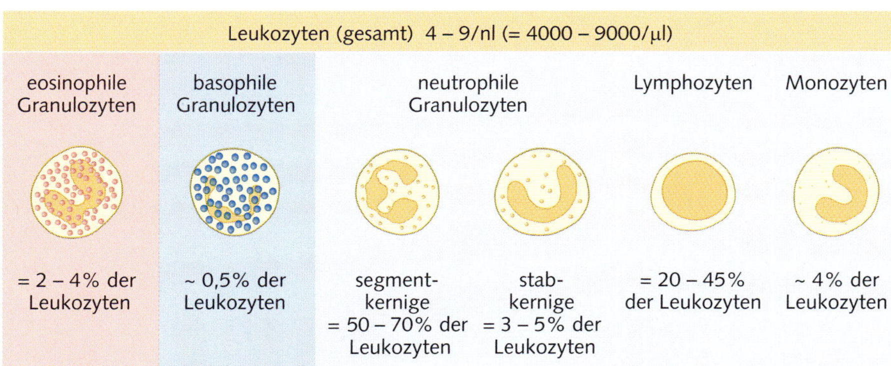

▮ Abb. 3: Leukozytentypen und ihr Anteil an der Gesamtleukozytenzahl. [21]

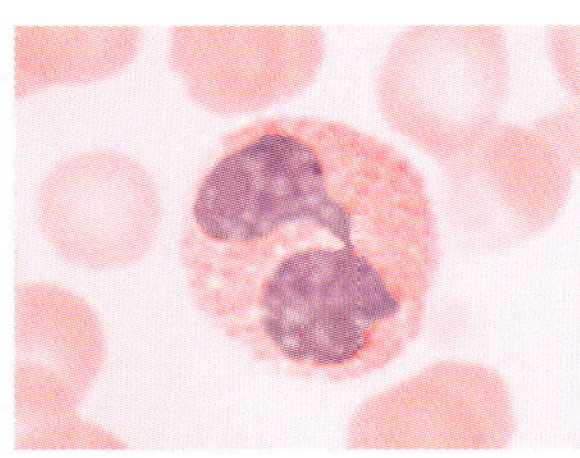

▮ Abb. 4: Neutrophiler Granulozyt, umgeben von Erythrozyten. [41]

Anhang

E Anhang

Glossar

A

abiotisch leblos, ohne Leben
Allel mutationsbedingt abweichende/alternative Zustandsform eines ↑Gens
Amplifikation (selektive) Vervielfachung eines bestimmten ↑Gens (vgl. ↑Polymerase-Kettenreaktion)
Aneuploidie Abweichungen vom normalen Chromosomensatz eines Organismus aufgrund einer ↑numerischen Chromosomenaberration (vgl. ↑Genommutation)
Antibiotikum Substanz, die Bakterien tötet oder deren Wachstum hemmt; greift in vielen Fällen die ↑Transkription oder ↑Translation an
Anticodon Abfolge von drei ↑Nukleinbasen (Basentriplett) an einer spezifischen Position der tRNA; bindet während der ↑Translation an das komplementäre ↑Codon der mRNA
Antigen Substanz, die vom Immunsystem als fremd erkannt wird; löst meist eine Immunreaktion aus, die zur Immunität führt (Immunogen); im Fall der Allergie (Allergen) ist die Reaktion übersteigert
Antikörper von B-Lymphozyten und Plasmazellen hergestelltes Immunglobulin; bindet spezifisch an das ↑Antigen und löst die humorale Immunreaktion aus
Antizipation Zunahme des Schweregrads eines Krankheitsbilds von einer Generation zur nächsten
Apoptose programmierter Zelltod
Apozytose Abspaltung von ganzen Zellteilen oder Abschnürung von ↑Vesikeln; findet in apokrinen Drüsen statt, z. B. bei der Sekretion von Milchfett an der Milchdrüse
Autolyse Selbstverdauung abgestorbener bzw. absterbender Zellen durch die aus ↑Lysosomen freigesetzten Enzyme
autosomal die ↑Autosomen betreffend
Autosomen alle ↑Chromosomen eines ↑Nukleus mit Ausnahme der ↑Gonosomen (Geschlechtschromosomen)
autotrophe Organismen gewinnen organische Nährstoffmoleküle, ohne andere Organismen zu fressen oder zu zersetzen. Sie nutzen z. B. Sonnenenergie zur Synthese organischer Moleküle aus anorganischen Substanzen (vgl. ↑heterotrophe Organismen, ↑Produzenten)

B

Bakteriophagen ↑Viren, die ausschließlich in Bakterien parasitieren
Barr-Körperchen inaktiviertes X-Chromosom weiblicher Säugetiere (vgl. ↑X-Inaktivierung)
Base ↑Nukleinbase
biotisch belebt, mit Leben
Biotop Lebensraum einer ↑Biozönose (vgl. ↑Ökosystem)
Biozönose Lebensgemeinschaft der Individuen verschiedener Arten in einem begrenzten Raum (vgl. ↑Ökosystem)
Blastula Hohlkugel, die bei Säugetieren während der frühen Keimentwicklung aus der ↑Morula hervorgeht; ein einschichtiges Epithel (Blastoderm) umgibt einen flüssigkeitsgefüllten Hohlraum (Blastozoel)

C

centrolecithal Konzentration des Dotters im Zentrum des Eis
Chemotaxis die positive oder negative, durch einen chemischen Reiz ausgelöste Bewegungsreaktion mobiler Organismen
Chiasma (Plural Chiasmata), X-förmiger Bereich der Überkreuzung homologer ↑Nicht-Schwesterchromatiden, die durch ↑Crossing-over während der ↑Meiose genetisches Material austauschen
Chromatiden ↑Schwesterchromatiden
Chromatin aggregierte Masse aus genetischem Material, bestehend aus ↑DNA und Proteinen; spezifisch anfärbbar und im Interphasekern von Eukaryotenzellen sichtbar
Chromosomen fädige Struktur im Eukaryotennukleus, bestehend aus ↑DNA und Proteinen; beim Menschen sind sie (außer in Keimzellen) paarweise vorhanden (vgl. ↑diploid); die stark kondensierten Metaphasenchromosomen können sichtbar gemacht werden
Codon Abfolge von drei ↑Nukleinbasen (Basentriplett) auf der mRNA; enthält den Code für eine Aminosäure oder für ein Stopp- bzw. Startsignal der ↑Translation; komplementär zum ↑Anticodon
Crossing-over Austausch genetischer Information zweier Nicht-Schwesterchromatiden in der Prophase I der ↑Meiose; es erfolgen ein Bruch des DNA-Strangs und eine anschließende Neuverknüpfung mit dem komplementären Teil des Partners (vgl. ↑Rekombination)

D

Deletion Verlust eines Chromosomenabschnitts infolge eines Chromosomenbruchs; fehlende Chromosomenstücke können ↑Gene enthalten; je größer das Chromosomenbruchstück, desto mehr wird die Überlebensfähigkeit des entstehenden Lebewesens beeinträchtigt (vgl. ↑strukturelle Chromosomenaberration); bei submikroskopischen Deletionen (Verlust einer oder weniger ↑Nukleinbasen) spricht man von Mikrodeletionen
Desmosomen Zell-Zell-Kontakte zwischen stark mechanisch beanspruchten Zellen; der intrazelluläre Spalt ist erweitert, der Zellkontakt entsteht durch die Assoziation der Transmembranproteine zweier Zellen
Desoxyribonukleinsäure (= DNA), doppelsträngiges, aus ↑Nukleotiden aufgebautes, schraubig gewundenes Molekül (↑Doppelhelix), das die Erbinformation enthält; die ↑Nukleotide enthalten den Zucker Desoxyribose (vgl. ↑Ribonukleinsäure)
Destruenten ↑heterotrophe Mikroorganismen (v. a. Pilze/Bakterien), die sich von toter organischer Substanz ernähren und diese zu energieärmeren, anorganischen Verbindungen abbauen
Diktyosomen ↑Golgi-Apparat
diploid Zellen mit doppeltem Chromosomensatz
DNA ↑Desoxyribonukleinsäure
dominantes Allel das ↑Allel, welches in einem ↑heterozygoten Organismus vollständig exprimiert wird
Doppelhelix DNA-Struktur nach Watson und Crick; doppelsträngige DNA-Kette, die sich helikal windet (vgl. ↑Desoxyribonukleinsäure)
Dosiskompensationsmechanismus beispielsweise ↑X-Inaktivierung
Duplikation 1.) Ein Chromosomenabschnitt ist zweimal vorhanden, nach Bruchereignissen wurde er innerhalb eines ↑Chromosoms verdoppelt einge-

baut (vgl. ↑ strukturelle Chromosomenaberration), oder 2.) Mutation, die die Verdoppelung einer oder mehrerer ↑ Nukleinbasen verursacht

E

Ektoderm äußeres der drei Keimblätter des Embryoblasten bei Säugetieren (vgl. ↑ Entoderm, ↑ Mesoderm)
Ektoparasit ↑ Parasit
Embryogenese Entwicklungsabschnitt des Keims von der Befruchtung des Eis über die ↑ Furchung und ↑ Gastrulation bis zur Herausbildung der Organanlagen (beim Menschen bis zum 16. Tag nach der Empfängnis abgeschlossen)
Endoparasit ↑ Parasit
endoplasmatisches Retikulum (= ER), großes, die Eukaryotenzelle durchziehendes Kanalsystem aus Röhren und Zisternen, das teilweise mit der Kernmembran in Verbindung tritt (raues ER = mit ↑ Ribosomen besetzt, glattes ER = ohne ↑ Ribosomen); Bildungsort von Zellorganellenmembranen und deren Bausteinen
Endozytose örtlicher Einstülpungsvorgang der Zytoplasmamembran zur Stoffaufnahme aus dem umgebenden Medium in das Zellinnere; am Ende des Einstülpungsvorgangs wird ein ↑ Vesikel in das Zellinnere abgeschnürt (vgl. ↑ Exozytose, ↑ Phagozytose, ↑ Pinozytose)
Entoderm innerstes der drei Keimblätter des Embryoblasten bei Säugetieren (vgl. ↑ Ektoderm, ↑ Mesoderm)
Euchromatin Chromatinbereich mit hoher genetischer Dichte (hohe Transkriptionsaktivität); dabei liegt das ↑ Chromatin aufgelockert vor (vgl. ↑ Heterochromatin)
Eukaryot (= Eukaryont), Organismus, der aus einer oder mehreren Eukaryozyten (Euzyten) aufgebaut ist, die einen echten, von einer Doppelmembran (zwei ↑ Phospholipid-Doppelschichten) umschlossenen ↑ Nukleus besitzen (vgl. ↑ Prokaryot)
Exon kodierender Abschnitt eines Eukaryotengens, der nach dem ↑ Spleißen der hnRNA in der mRNA erhalten bleibt und für ein Polypeptid oder Protein kodiert; benachbarte Exons werden durch ↑ Introns getrennt
Exozytose Verschmelzung eines intrazellulären ↑ Vesikels mit der Zytoplasmamembran zur Stoffabgabe aus dem Zellinneren in das umgebende Medium (vgl. ↑ Endozytose)
Expressivität Ausprägungsgrad, mit dem ein ↑ Genotyp einen ↑ Phänotyp hervorbringt (vgl. ↑ Penetranz)

F

Fimbrien ↑ Pili
Flagellum (= Geißel), lange, von der Zelloberfläche abstehende, meist peitschenartige Fortbewegungsorganellen; prokaryotische Flagellen sind rotierende, nicht von der Zytoplasmamembran umschlossene Zellanhänge, eukaryotische sind undulierende, von der Zytoplasmamembran umschlossene Ausstülpungen der Zelle
Fototaxis gerichtete Bewegung frei beweglicher Organismen zu einem Lichtreiz hin oder von ihm weg
Furchung gesetzmäßig aufeinanderfolgende mitotische Teilungen der ↑ Zygote im Anschluss an das aus der Befruchtung resultierende Zwei-Zell-Stadium (vgl. ↑ Mitose)

G

Gamet reife, zur geschlechtlichen Befruchtung befähigte Keimzelle als Endstadium der ↑ Gametogenese; beim Menschen die ↑ haploide Eizelle bzw. das haploide Spermium
Gametogenese Keimzellenbildung; bei der Frau die Oogenese, beim Mann die Spermatogenese
Gap junction (= Nexus), porenbildender Proteinkomplex (Connexon) zur Verbindung von zwei Zellen; die Proteinkomplexe der Zellen liegen so, dass sie sich im Interzellularraum verbinden und ein Kanal für den Stoffaustausch entsteht
Gastrula Becherkeim, bestehend aus einem äußeren ↑ Ektoderm und inneren ↑ Entoderm
Gastrulation Während der ↑ Embryogenese treten nach der Blastulation (vgl. ↑ Blastula) eine Einstülpung und Faltung des Keims ein, wobei die ↑ Gastrula entsteht
Geißel ↑ Flagellum
Gen (= Erbanlage), DNA-Abschnitt, der ein RNA- und/oder ein Polypeptid/Protein kodiert und bei der ↑ Reproduktion an Tochtergenerationen weitervererbt wird
Genfamilie Gruppe gleicher oder sehr ähnlicher ↑ Gene in einem Organismus, die verwandte Polypeptide/Proteine kodieren
Genkartierung Bestimmung der relativen Position eines ↑ Gens auf einem DNA-Molekül
Genmutation eine nur ein ↑ Gen betreffende Mutation, die in einem veränderten Genprodukt resultieren kann und z. B. als Enzymdefekt erkennbar ist
Genom komplette Genausstattung eines Lebewesens
Genomic imprinting ↑ genomische Prägung
genomische Prägung Bezeichnung für den elterlichen Effekt auf die Genexpression; identische ↑ Allele können bei den Nachkommen unterschiedliche Wirkungen haben, je nachdem, ob das ↑ Allel mütterlicher- oder väterlicherseits vererbt wurde
Genommutation Änderung der Chromosomenzahl im ↑ Genom; führt bei Vervielfachung des ganzen Chromosomensatzes zur ↑ Polyploidie, oder – einzelne Chromosomen betreffend – zur ↑ Aneuploidie
Genotyp Gesamtheit aller Erbanlagen eines Organismus; die exakte genetische Ausstattung/der individuelle Satz von ↑ Genen
Glykokalix kohlenhydratreiche Schicht der Zytoplasmamembranoberfläche von ↑ Eukaryoten
Golgi-Apparat Zellorganell der Eukaryozyte (vgl. ↑ Eukaryot); aufgebaut aus gestapelten Membranzisternen (Diktyosomen), die hauptsächlich Produkte des ↑ endoplasmatischen Retikulums in ihrem Inneren modifizieren und abschnüren (vgl. ↑ Lysosomen)
gonosomal die ↑ Gonosomen betreffend
Gonosomen Geschlechtschromosomen, beim Menschen mit X und Y bezeichnet; ausschlaggebend für die Geschlechtsentwicklung, Männer besitzen XY, Frauen XX (vgl. ↑ Autosomen)

H

haploid Zellen mit einfachem Chromosomensatz, z. B. die menschlichen ↑ Gameten
Haplotyp Gruppe eng gekoppelter ↑ Allele, die gemeinsam vererbt werden
hemizygot Das betroffene Gen ist nur einmal im sonst ↑ diploiden Chromosomensatz vertreten; dies trifft für die meisten Gene auf dem männlichen Y-Chromosom zu
Heterochromatin kondensierter Chromatinbereich ohne Gene (keine Transkriptionsaktivität); genetisch inaktiv (vgl. ↑ Euchromatin)
Heteroplasie in zeitlicher, quantitativer und örtlicher Hinsicht atypisches Wachstum von Zellen und Geweben
heterotrophe Organismen gewinnen organische Nährstoffmoleküle, indem sie andere Lebewesen fressen oder deren Abfallprodukte zersetzen (vgl. ↑ autotrophe Organismen)
heterozygot mit zwei verschiedenen ↑ Allelen für ein bestimmtes Merkmal ausgestattet (vgl. ↑ homozygot)
Holoblastier Bei niederen Wirbeltieren entsteht aus der ganzen Eizelle bzw. Zygote das neue Individuum. Bei Holoblastiern liegt der Hohlraum, das Blastozoel des Keims, innerhalb des Individuums (vgl. ↑ Blastula, ↑ Meroblastier)
homozygot mit zwei identischen ↑ Allelen für ein bestimmtes Merkmal ausgestattet (vgl. ↑ heterozygot)
Hormone chemische Signalstoffe des Körpers, die bereits in sehr kleinen Konzentrationen wirken; physiologisch aktive Substanzen, die vom Organismus selbst produziert werden und ihre Zielorgane/-zellen über den Blut- oder Lymphweg erreichen; beeinflussen Stoffwechsel und ↑ Reproduktion in charakteristischer Weise
hydrophil in Wasser löslich, Wasser anziehend
hydrophob in Wasser nicht löslich, Wasser abstoßend

I

Integrine Oberflächenmoleküle vieler Zelltypen, die bei der Anheftung an andere Zellen, bei der Zell-Zell-Interaktion und bei der Signalübertragung in das Zellinnere eine Rolle spielen
Intermediärfilament ↑ Zytoskelett
Insertion 1.) Nach Bruchereignissen wurde ein Chromosomenstück eines ↑ Chromosoms fälschlicherweise in ein anderes Chromosom eingebaut (vgl. ↑ strukturelle Chromosomenaberration), oder 2.) Mutation, durch den Einschub einer oder mehrerer ↑ Nukleinbasen verursacht
Intron nichtkodierender Abschnitt eines Eukaryotengens, der während des ↑ Spleißens der hnRNA entfernt wird; Introns trennen benachbarte ↑ Exons
Inversion Umkehrung der Basenfolge (zweier oder mehrerer Basen) eines Chromosomenabschnitts; Entstehung nach zwei Bruchereignissen am selben Chromosom mit anschließend verdrehtem, „invertiertem" Wiedereinbau des Chromosomenstücks (vgl. ↑ strukturelle Chromosomenaberration)
isolecithal gleichmäßige Verteilung des Dotters im Ei

K

Karyogramm mikroskopische Darstellung des geordneten Chromosomensatzes eines Menschen
Karyokinese mitotische Kernteilung
Karyotyp alle zytologisch erkennbaren Chromosomeneigenschaften (Anzahl, Größe, Gestalt) einer Zelle, eines Individuums oder einer Gruppe/Art
Kinetochor Teil des ↑ Zentromers eines ↑ Schwesterchromatids, an den sich die ↑ Spindelfasern während der Meta- und Anaphase von ↑ Mitose und ↑ Meiose anheften
Klon genetisch identischer Organismus, der aus einer gemeinsamen Gründerzelle durch Zweiteilung (bei ↑ Prokaryoten) oder durch mitotische Teilung (bei ↑ Eukaryoten) hervorgeht
klonierte DNA DNA-Abschnitt, der (gentechnisch) in einen ↑ Vektor eingebaut, in einen Wirtsorganismus (meist Bakterien) eingeschleust wurde und dort repliziert wird
Kodominanz die im ↑ Phänotyp des ↑ heterozygoten Organismus voneinander unabhängige Ausprägung von zwei ↑ Allelen, z B. der Blutgruppengene A und B (vgl. ↑ multiple Allelie)
Konduktor Individuum, das – ohne ein bestimmtes Merkmal in seinem ↑ Phänotyp aufzuweisen – das zugeordnete ↑ rezessive ↑ Gen besitzt und an seine Nachkommen weitergeben kann
Konjugation Übertragung von genetischem Material mit direktem Kontakt zwischen zwei (Bakterien-)Zellen; erfolgt unidirektional von der Spenderzelle, welche einen Fertilitätsfaktor besitzt, zur Empfängerzelle über sog. ↑ Pili
Konsument ↑ heterotropher Organismus
Kopplungsgruppe Reihe von ↑ Genen, die auf einem ↑ Chromosom so nahe zusammenliegen, dass die Chance, durch ein ↑ Crossing-over getrennt zu werden, relativ gering ist

L

lipophil in Fett löslich, mit Affinität zu Fett
Lysosom vom ↑ Golgi-Apparat abgeschnürtes ↑ Vesikel, das durch saure Phosphatase und Hydrolasen für die intrazelluläre Verdauung und die ↑ Autolyse verantwortlich ist

M

Meiose bei Organismen mit geschlechtlicher Fortpflanzung in zwei Phasen (Meiose I und II, je untergliedert in fünf Stadien [Pro-, Prometa-, Meta-, Ana- und Telophase]) verlaufende Zellteilung; führt zur Bildung von ↑ Gameten, die nur den halben Chromosomensatz derjenigen Zellen enthalten, aus denen sie hervorgingen
Meroblastier Bei Reptilien, Vögeln und Säugetieren entwickelt sich nur ein Teil des Keims zum neuen Individuum. Bei Meroblastiern liegt das Blastozoel außerhalb der Teile des Keims, der sich später größtenteils zum neuen Individuum entwickelt (vgl. ↑ Blastula, ↑ Holoblastier)
Mesoderm mittleres der drei Keimblätter des Embryoblasten bei Säugetieren (vgl. ↑ Ektoderm, ↑ Entoderm)
Microbodies ↑ Peroxisomen
Mikrodeletion ↑ Deletion
Mikrofilament ↑ Zytoskelett
Mikrotubuli ↑ Zytoskelett
Mikrovilli fingerförmige, meist unver-

zweigte Ausstülpungen der Zytoplasmamembranoberfläche am Resorptionspol bestimmter Epithelzellen, z B. der Darmwand; durch Vergrößerung der Zelloberfläche verbessern sie die Stoffaufnahme
Mitochondrium Hauptort der ↑Zellatmung; Zellorganell mit zwei Doppelmembranen (zwei ↑Phospholipid-Doppelschichten) im Zytoplasma von ↑Eukaryoten
Mitose Kernteilungsprozess bei ↑Eukaryoten, der in fünf Mitosestadien (Pro-, Prometa-, Meta-, Ana- und Telophase) untergliedert wird; anschließend erfolgen die Plasmateilung und somit die Zellteilung; die Chromosomenzahl bleibt erhalten, da die ↑Chromosomen repliziert und gleichmäßig auf die Tochterzellen verteilt werden
Morula bei vielzelligen Tieren der durch totale ↑Furchung der befruchteten Eizelle entstandene Zellkomplex mit einer „höckerigen" Oberfläche
multiple Allelie Ein ↑Gen kommt in drei oder mehr ↑Allelen vor (z. B. Gen für Blutgruppen)

N

Nekrose lokaler Zell-/Gewebstod in einem lebenden Organismus als schwerste Folge einer örtlichen Stoffwechselstörung, z B. infolge von Sauerstoffmangel (vgl. ↑Apoptose)
Neurula Stadium in der Embryonalentwicklung, das auf die ↑Gastrula folgt; gekennzeichnet durch die Neuralwülste, die zwei seitliche Streifen bilden, in denen sich auf der Rückenseite das ↑Ektoderm zum Neuralrohr aufwölbt (vgl. ↑Neurulation)
Neurulation Prozess nach der ↑Gastrulation, der beim Embryo zur Ausbildung des Neuralrohrs und zum Stadium der ↑Neurula führt
Nexus ↑Gap junction
Non-disjunction Fehler bei der ↑Mitose oder ↑Meiose, bei dem sich zwei ↑Schwesterchromatiden oder homologe ↑Chromosomen nicht korrekt trennen; häufige Ursache für ↑numerische Chromosomenaberrationen
Nukleinbasen (= Basen), basisch reagierende Heterozyklen; Bestandteile der Nukleotide, wobei Purinbasen (Adenin/Guanin) und Pyrimidinbasen (Cytosin/Uracil [↑RNA]/Thymin [↑DNA]) unterschieden werden
Nukleinsäuren Moleküle, die aus Ketten von ↑Nukleotiden gebildet werden und ↑DNA und ↑RNA aufbauen
Nukleoid 1.) Bezeichnung für das Kernäquivalent in Prokaryotenzellen (DNA-haltiger Bereich) oder 2.) bei Viren genetische Information in Form von RNA oder DNA im Inneren ihres Kapsids
Nukleolus Struktur im ↑Nukleus, bestehend aus ↑Nukleinsäuren, die maßgeblich an der Bildung von ↑Ribosomen beteiligt ist
Nukleotid Bestandteil der ↑Nukleinsäuren, bestehend aus Phosphat und einer Pentose (Zucker mit fünf C-Atomen), sowie einer von fünf ↑Nukleinbasen
Nukleosom Grundeinheit des ↑Chromatins von ↑Eukaryoten; um ein Oktamer von Histonen windet sich ein DNA-Abschnitt
Nukleus Bezeichnung für den Zellkern der ↑Eukaryoten
numerische Chromosomenaberration Veränderung der Chromosomenanzahl, welche auf eine Fehlverteilung homologer Chromosomen während der ↑Meiose zurückgeht; die Fehlverteilung kann sowohl ↑Autosomen als auch ↑Gonosomen betreffen

O

Ökosystem Summe aller Beziehungen zwischen einem Lebensraum (↑Biotop) und den darin vorkommenden Lebewesen (↑Biozönose) sowie dieser Lebewesen untereinander
Oogenese ↑Gametogenese
Operon Einheit von zwei oder mehr Strukturgenen mit verwandter Funktion und regulatorischen Sequenzen, die im Bakteriengenom vorkommt

P

Parasiten ein- oder mehrzellige Organismen (Pflanzen, Pilze, Tiere), die sich auf (= Ektoparasit) oder in (= Endoparasit) einem anderen Lebewesen (= Wirt) auf dessen Kosten ernähren; können zu Krankheitserscheinungen (= pathogener Parasitismus) führen
partielle Furchung ↑Meroblastier
Pathogenität Bezeichnung für die Eigenschaft von Substanzen, (Mikro-) Organismen etc., Krankheiten hervorzurufen
Penetranz die prozentuale Wahrscheinlichkeit, mit der ein bestimmter ↑Genotyp zu einem bestimmten ↑Phänotyp führt; besitzen alle Nachkommen diesen ↑Phänotyp, spricht man von vollständiger Penetranz (vgl. ↑Expressivität)
Peroxisomen (= Microbodies), kleine Vesikel in Eukaryotenzellen, die bei verschiedenen Reaktionen Wasserstoffperoxid (Zellgift!) herstellen und dann abbauen
Phage ↑Bakteriophage
Phagozytose aktive Aufnahme unbelebter oder belebter Partikel in das Innere einer Zelle zur Nahrungsaufnahme (z. B. Amöben) oder zur Eliminierung von Fremdelementen (z B. Fresszelle; vgl. ↑Endozytose)
Phänotyp das Erscheinungsbild; die Gesamtheit der physiologischen, physischen und molekularen Merkmale eines Lebewesens
Phospholipid-Doppelschicht Hauptbestandteil aller eukaryotischen Membranen; lipidhaltige Phosphatester von Glyzerin lagern sich zu einer Doppelschicht zusammen, wobei die ↑hydrophilen Pole nach außen und die ↑hydrophoben Pole zueinander gerichtet sind
Phylogenese die Evolutionsgeschichte einer Art oder einer Gruppe verwandter Arten
Pili (= Fimbrien), fädige Zellanhänge bestimmter Bakterien, die Zellhaftung und Übertragung von ↑DNA während der ↑Konjugation ermöglichen
Pinozytose Aufnahme von gelösten Stoffen in das Zellinnere durch ↑Endozytose (z. B. Fettresorption in Dünndarm/Leber)
Plasmid kleine DNA-Ringe im Bakterienzytoplasma, die zusätzlich zum ↑Nukleoid vorliegen können und selbstständig Replikation betreiben; sie verleihen z. B. Antibiotikaresistenzen
Polygenie Beteiligung zweier oder mehrerer ↑Gene an der Ausbildung einer phänotypischen Eigenschaft
Polymerase-Kettenreaktion (= PCR), enzymatische Vervielfältigung von

↑DNA; dient der Gewinnung einer ausreichend großen Menge ↑DNA aus einer kleinen Probe
Polymorphismus ein ↑Allel/eine Genveränderung, das/die mit einer Häufigkeit > 1% in einer Population auftritt
Polyploidie das Vorliegen von mehr als zwei vollständigen Chromosomensätzen in den Zellen eines Organismus (vgl. ↑Genommutation)
Prion infektiöses Partikel, als aberrante Variante eines natürlich vorkommenden Proteins
Produzent ↑autotropher Organismus
Prokaryot (= Prokaryont), Organismus, bestehend aus einer Prokaryozyte (Prozyte), die keinen membranumschlossenen ↑Nukleus besitzt (vgl. ↑Eukaryot)
Prophage Phagennukleinsäure, die in ein Bakterienchromosom integriert ist
Protisten Sammelbezeichnung für alle aus nur einer Zelle bestehenden, selbstständig lebenden Organismen
Provirus Virusgenom eines tier-/pflanzen-/humanpathogenen Virus, das in das Wirtsgenom integriert ist
Pseudopodien (= Scheinfüßchen), Plasmaausstülpungen, die der Bewegung und Nahrungsaufnahme amöboider Zellen dienen (z B. Amöben/bewegliche Leukozyten)
Punktmutation Mutation, die zur Veränderung eines einzigen ↑Nukleotids führt

R

Rekombination Umlagerung von Erbgut im Rahmen der Zellteilungsvorgänge (vgl. ↑Meiose); erfolgt frei durch die zufällige Verteilung väterlicher und mütterlicher ↑Chromosomen sowie durch den Austausch von Bruchstücken während eines ↑Crossing-over
rekombiniertes DNA-Molekül ↑DNA, die im Reagenzglas durch das künstliche Zusammenführen von DNA-Fragmenten entstanden ist, welche normalerweise nicht aneinandergrenzen
repetitive Elemente DNA-Sequenzen, die in vielfacher Kopie pro Chromosomensatz vorhanden sind
Reproduktion geschlechtliche/ungeschlechtliche Fortpflanzung; Erzeugung neuer Lebewesen
Rezeptor Struktur im Organismus, die spezifische Reize empfangen kann und eine darauf beruhende Folgereaktion vermittelt
rezessives Allel ↑Allel, welches im Phänotyp eines ↑heterozygoten Organismus nicht in Erscheinung tritt
Ribonukleinsäure (= RNA), einzelsträngiges, aus ↑Nukleotiden aufgebautes Makromolekül; die Nukleotide enthalten als Zucker die Ribose (hnRNA = Heterogeneous nuclear RNA, mRNA = Messenger-RNA, rRNA = ribosomale RNA, snRNA = Small nuclear RNA, tRNA = Transfer-RNA; vgl. ↑Desoxyribonukleinsäure)
Ribosom Zellorganell, bestehend aus Proteinen und rRNA, an dem die ↑Translation stattfindet
RNA ↑Ribonukleinsäure

S

Satellit endständiges Chromosomensegment, das durch eine Einschnürung vom proximalen Teil eines Arms bestimmter ↑Chromosomen abgesetzt ist
Satelliten-DNA (= hochrepetitive ↑DNA), kurze, sich tandemartig wiederholende DNA-Sequenzen ($2-10^2$ bp)
Schwesterchromatiden replizierte Form eines ↑Chromosoms; durch das ↑Zentromer sind die Schwesterchromatiden verbunden; sie werden bei ↑Mitose und ↑Meiose II getrennt
Spermatogenese ↑Gametogenese
Spindelfaserapparat spindelförmige Struktur der Zelle, ausgehend von den ↑Zentrosomen am Ende der Prophase der ↑Mitose oder ↑Meiose; verantwortlich für die Trennung von Schwesterchromatiden/homologen Chromosomen
Spleißen Prozess der Entfernung von Introns und Zusammenfügen der Exons der hnRNA durch sog. Spleißosomen
Sporen 1.) Dauerformen von Bakterien zur Überdauerung ungünstiger Umweltbedingungen (z. B. Trockenheit) oder 2.) die im Allgemeinen einzellige Fortpflanzungsform der Pilze, gebildet im Sporangium oder direkt aus den Hyphen (z. B. durch Abschnürung)
strukturelle Chromosomenaberrationen führen zu einer veränderten Chromosomenstruktur; es kommt zu Chromosomenbrüchen und Verlust oder falschem Einbau der Bruchstücke größerer chromosomaler Segmente
Substitution (= Nukleinbasensubstitution), Mutation, bei der ein ↑Nukleotid durch ein anderes ersetzt wird (vgl. ↑Transition, ↑Transversion)
Synapomorphie gemeinsamer Besitz eines oder mehrerer abgeleiteter Merkmale, die sich im gemeinsamen Vorfahr aller Spezies auf einem Ast einer Stammbaumverzweigung entwickelt haben (z. B. Merkmale der Chordata); diese Merkmale sind bei allen anderen Spezies auf dem anderen Ast nicht anzutreffen

T

telolecithal Konzentration des Dotters an einem Pol des Eis
Telomer terminaler Strukturabschnitt von ↑Chromosomen
Tight junction (= Zonula occludens), Zell-Zell-Verbindung, bei der die Zytoplasmamembranen benachbarter Zellen reißverschlussartig über integrale Proteine verbunden sind
Transduktion Gentransfer durch ↑Bakteriophagen, der der Überführung von ↑DNA eines Spenderbakteriums in das Genom eines Empfängerbakteriums durch temperente Phagen dient
Transformation 1.) Fähigkeit mancher Bakterien, freie ↑DNA über die Zellwand aufzunehmen und in ihr Inneres einzuschleusen, oder 2.) Entartung von Zellen zu Tumorzellen
Transition Austausch einer Pyrimidin- bzw. einer Purinbase gegen eine andere Pyrimidin- bzw. Purinbase als Folge einer ↑Punktmutation (vgl. ↑Substitution)
Transkription Synthese eines RNA-Strangs nach Vorlage einer DNA-Matrize mittels der RNA-Polymerase
Translation Übersetzung der Nukleotidsequenz der mRNA in die Aminosäurenabfolge eines Polypeptids
Translokation Austausch von Chromosomenmaterial zwischen nicht homologen Chromosomen durch fehlerhaftes Crossing-over (vgl. ↑strukturelle Chromosomenaberration)
Transposon mobiler DNA-Abschnitt eines ↑Chromosoms von charakteristi-

scher Länge mit einer Insertionssequenz, die ↑ Gene enthält und beidseits begrenzt ist von einer kleinen, gegenläufig-identischen, nicht informativen Nukleotidsequenz
Transversion Ersetzung einer Pyrimidinbase durch eine Purinbase (oder umgekehrt) als Folge einer ↑ Punktmutation (vgl. ↑ Substitution)

V

Vektor (= Vehikel), ein Stück DNA, aus dem man durch Einbau eines fremden DNA-Stücks ein ↑ rekombiniertes DNA-Molekül herstellen kann; dieses wird in eine Wirtszelle eingeschleust, in der es sich replizieren kann und exprimiert wird
Virion vollständiges Viruspartikel (vgl. ↑ Virus)
Viroide Erreger bestimmter Pflanzenkrankheiten; nackte, wenige Hundert ↑ Nukleotide lange RNA-Moleküle
Virulenz Infektionskraft, mit der Viren, Pilze oder Bakterien auf den Wirtsorganismus einwirken
Virus kein echtes Lebewesen, keine ↑ Reproduktion ohne Wirtszelle möglich (obligat intrazellulärer ↑ Parasit); umgeben wird das Virusgenom (↑ Nukleoid, bestehend aus ↑ DNA oder ↑ RNA) von einem Kapsid (Hülle aus Proteinen)

X

X-Inaktivierung (= ↑ Dosiskompensationsmechanismus), Abschalten der ↑ Transkription von Genen auf einem der beiden X-Chromosomen der Frau

Z

Zellatmung intrazelluläre Stoffwechselvorgänge zur Gewinnung von Energie (primär) in Form von Adenosintriphosphat (ATP); aus organischen Stoffen gewonnene Reduktionsäquivalente (Elektronen/Protonen) dienen als Energielieferanten; sie werden schrittweise auf ein energetisch niedrigeres Niveau überführt und zuletzt auf Sauerstoff (bei manchen Mikroorganismen auch Schwefel oder andere Stoffe) übertragen
Zentriol ↑ Zentrosom
Zentromer Einschnürung des ↑ Chromosoms zwischen dessen beiden Armen am Verbindungspunkt der ↑ Schwesterchromatiden; hier liegen die ↑ Kinetochore
Zentrosom (= Zentriol), Zellorganell im Zytoplasma von Eukaryoten; von spezifisch angeordneten Mikrotubuli (immer paarweise) gebildet; vor der Zellteilung verdoppelt es sich und wandert unter Bildung des ↑ Spindelfaserapparats zu den Zellpolen
Zonula adhaerens gürtelförmiger Zell-Zell-Kontakt zur mechanischen Stabilisation; hier sind Transmembranproteine, die Zelladhäsionsmoleküle, zweier Zellen miteinander verknüpft
Zonula occludens ↑ Tight junction
Zygote das befruchtete Ei; aus der Vereinigung zweier ↑ Gameten hervorgehende (meist ↑ diploide) Zelle, die sich zum Embryo entwickelt
Zytokinese Prozess zum Abschluss der ↑ Mitose; eigentliche Zellteilung im Anschluss an die ↑ Karyokinese
Zytoplasma gesamter innerer Bereich zwischen Plasmamembran und ↑ Nukleus; enthält Zellorganellen und ist Ort zahlreicher Stoffwechselvorgänge
Zytoskelett Stütz- und Bewegungsapparat im Zytoplasma aller eukaryotischen Zellen; besteht aus verschiedenen Systemen von Strukturproteinen mit der gemeinsamen Fähigkeit zur Selbstassoziation, d. h. durch Aneinanderlagerung von Proteinuntereinheiten, dünne Proteinfasern (Filamente) und feine, das Zytoplasma strukturierende Netzwerke zu bilden (Mikrofilamente [dünn, Ø 5–7 nm], Intermediärfilamente [mittel Ø 8–12 nm], Mikrotubuli [dick, Ø 25 nm])

Anhang

Quellenverzeichnis

[1] Actor, J. K.: Elsevier's Integrated Immunology and Microbiology. Philadelphia: Elsevier Mosby 2007
[2] Benninghoff, A./Drenckhahn, D.: Anatomie – Makroskopische Anatomie, Embryologie und Histologie des Menschen, Band 1. München: Elsevier Urban & Fischer 2004
[3] Böcker, W. *et al.:* Lehrbuch Pathologie. München: Elsevier Urban & Fischer, 3. Aufl. 2004
[4] Braune, W. *et al.:* Pflanzenanatomisches Praktikum I. Heidelberg: Elsevier Spektrum Akademischer Verlag, 9. Aufl. 2007
[5] Brown, T. A.: Gentechnologie für Einsteiger. Heidelberg: Elsevier Spektrum Akademischer Verlag, 5. Aufl. 2007
[6] mit freundlicher Genehmigung von PD Dr. med. Buchholz, T., München
[7] Buchta, M./Sönnichsen, A.: Das Physikum. München: Urban & Fischer 2003
[8] Campbell, N. A./(Hrsg.) Markl, J.: Biologie. Heidelberg: Spektrum Akademischer Verlag 1997
[9] Campbell, N. A./(Hrsg.) Markl, J.: Biologie. Heidelberg: Spektrum Akademischer Verlag, 6. Aufl. 2003
[10] Classen, M. *et al.:* Innere Medizin. München: Elsevier Urban & Fischer, 5. Aufl. 2003
[11] Corbis/Getty Images
[12] Deetjen, P. *et al.:* Lehrbuch Physiologie. München: Elsevier Urban & Fischer, 4. Aufl. 2004
[13] Dettmer, U. *et al.:* Intensivkurs Biochemie. München: Elsevier Urban & Fischer 2005
[14] mit freundlicher Genehmigung von Dorn, G., www.mikroskopie-gruppe-bodensee.de
[15] Dützmann, I., Frankfurt
[16] Goering, R.: Mims' Medical Microbiology. Philadelphia: Elsevier Mosby, 4th ed. 2008
[17] Golenhofen, K.: Basislehrbuch Physiologie. München: Elsevier Urban & Fischer, 4. Aufl. 2006
[18] Hick, C./Hick, A.: Intensivkurs Physiologie. München: Elsevier Urban & Fischer, 5. Aufl. 2006
[19] Kierszenbaum, A.: Histology and Cell Biology. Philadelphia: Elsevier Mosby 2002
[20] Kompaktlexikon der Biologie, Band 2. Heidelberg: Spektrum Akademischer Verlag 2001
[21] Kugler, P.: Zelle, Organ, Mensch – Bau, Funktion und Krankheiten. München: Elsevier Urban & Fischer 2006
[22] Male, D.: Immunologie auf einen Blick. München: Elsevier Urban & Fischer 2005
[23] Mayatepek, E.: Lehrbuch Pädiatrie. München: Elsevier Urban & Fischer 2007
[24] Mediscript CD-ROM 1. Abschnitt der Ärztlichen Prüfung 8/05–3/08. München: Elsevier Urban & Fischer 2008
[25] Mediscript CD-ROM 2. Abschnitt der Ärztlichen Prüfung (Hammerexamen) 8/06. München: Elsevier Urban & Fischer 2006
[26] Möllenhoff, H.: Hygiene für Pflegeberufe. München: Elsevier Urban & Fischer, 4. Aufl. 2005
[27] Muntau, A.: Intensivkurs Pädiatrie. München: Elsevier Urban & Fischer, 4. Aufl. 2007
[28] Murray, P. R.: Medical Microbiology. Philadelphia: Elsevier Mosby, 5th ed. 2005
[29] Oethinger, M.: KurzlehrbuchMikrobiologie und Immunbiologie. München: Elsevier Urban & Fischer, 11. Aufl. 2004
[30] Read, A./Donnai D.: New Clinical Genetics. Oxfordshire: Scion Publishingh Ltd. 2007
[31] Renz-Polster, H. *et al.:* Basislehrbuch Innere Medizin. München: Elsevier Urban & Fischer, 3. Aufl. 2004
[32] Rojacher, J., München
[33] Schlegel, H. G.: Allgemeine Mikrobiologie. Stuttgart: Thieme, 7. Aufl. 1992
[34] Sonnleitner, V., München
[35] Sperlich, D./Sperlich, M.: Biologie für Mediziner. Stuttgart: Gustav Fischer 1995
[36] Spicer, W. J.: Clinical Microbiology and Infectious Diseases – an Illustrated Colour Text. Edinburgh: Elsevier Churchill Livingstone, 2nd ed. 2008
[37] Storch, V./Welsch U.: Kükenthal Zoologisches Praktikum. Heidelberg: Elsevier Spektrum Akademischer Verlag, 25. Aufl. 2005
[38] Strachan, T./ Read, A.: Molekulare Humangenetik. Heidelberg: Elsevier Spektrum Akademischer Verlag, 3. Aufl. 2005
[39] TDR/Wellcome Trust
[40] Wehner, R./Gehring, W.: Zoologie. Stuttgart: Thieme, 22. Aufl. 1990
[41] Welsch, U.: Sobotta Lehrbuch Histologie. München: Elsevier Urban & Fischer, 2. Aufl. 2005
[42] Wenisch, T.: Kurzlehrbuch Physik, Chemie, Biologie. München: Elsevier Urban & Fischer 2005
[43] Westheide, W./Rieger, R.: Spezielle Zoologie, Teil 2. Heidelberg: Elsevier Spektrum Akademischer Verlag, 2004

Internetadressen

www.zytologie-online.net
Alles zum Thema Zellbiologie plus Wissenstest zum Kreuzen, mit Glossar und Index.

www.medizinische-genetik.de
Homepage des Zentrums für Humangenetik und Laboratoriumsmedizin Martinsried/München; mit gut aufbereiteten Informationen und Parameterlisten zu Zytogenetik, Molekulargenetik, Mikrobiologie/Virologie und vielem mehr.

www.genetik-gesundheit.de
Homepage des Instituts für Geschichte, Theorie und Ethik der Medizin der Johannes Gutenberg-Universität Mainz mit vielen Infos, Glossar und Datenbank zur detaillierten Literaturrecherche.

www.phschool.com/science/biology_place/biocoach/index.html
Biologische Themen aus den Gebieten Mikrobiologie und Genetik zum Üben; mit knappen Texten, animierten Bildern und Übungsfragen. (engl.)

www.learn.genetics.utha.ecu
Homepage der University of Utha; mit tollen Abbildungen und guten Erklärungen. (engl.)

http://8e.devbio.com
Homepage des englischen Titels „Gilbert, S. F.: Developmental Biology, Houndmills/Basingstoke: Palgrave Macmillan, 8th ed. 2006". Buchkapitel online, hochwertige Bilder und Grafiken. Für alle, die Embryologie vertiefen oder nachschlagen möchten. (engl.)

www.embryology.ch/indexde.html
Online-Embryologiekurs für Medizinstudenten mit ausgezeichneten Texten, Abbildungen und Quizfragen.

www.dpd.cdc.gov
Homepage der Division of Parasitic Diseases (DPD) mit Lebenszyklen und Abbildungen zahlreicher Parasiten; sortiert nach Organsystemen und Alphabet. (engl.)

Literaturempfehlungen

Brown, T. A.: Gentechnologie für Einsteiger. Heidelberg: Elsevier Spektrum Akademischer Verlag, 5. Aufl. 2007
Einführung in das Thema Gentechnologie, viele Abbildungen zeigen die Präparationsschritte und Arbeitstechniken. Für Mediziner geeignet, die den Einstieg in das Thema suchen.

Campbell, N. A./(Hrsg.) Markl, J.: Biologie. München: Pearson Studium, 6. Aufl. 2006
Das Standard-Biologiewerk schlechthin! Für Mediziner geeignet, die mehr zu biologischen Themen wissen möchten. Viele anschauliche Abbildungen, Quizfragen und ein großes Glossar bieten einen umfassenden Einblick in die Vielfalt der biologischen Disziplinen. Zur Vertiefung.

Kugler, P.: Zelle, Organ, Mensch – Bau, Funktion und Krankheiten. München: Elsevier Urban & Fischer 2006
Reich bebildertes Werk, das Grundlagenwissen von Bau und Funktionsweise des menschlichen Körpers kurz und knapp erläutert.

Storch, V./Welsch, U.: Kükenthal Zoologisches Praktikum. Heidelberg: Elsevier Spektrum Akademischer Verlag, 25. Aufl. 2005
Sehr zu empfehlen im Biologiepraktikum. Die klassischen Experimente, Präparationsanleitungen und die guten Zeichnungen sind nützlich für jeden, der (mit dem Mikroskop) zoologische Präparate untersucht.

Ude, J./Koch, M.: Die Zelle. Atlas der Ultrastruktur. Heidelberg: Elsevier Spektrum Akademischer Verlag, 3. Aufl. 2002
Dieses Buch ist ebenfalls ein guter Praktikumsbegleiter und zeigt elektronenmikroskopische Aufnahmen tierischer und pflanzlicher Zellen. Illustrationen ergänzen die Fotos, und für Mediziner interessant: Auch pathologische Aspekte werden berücksichtigt.

F Register

Register

Kursiv gesetzte Seitenzahlen beziehen sich auf Stichworte aus dem Glossar.

A

B

Register

F

G

H

I

K

Register

R

S

Register